普通高等教育印刷工程本科规划教材

印刷材料及适性

（第二版）

主　编　齐晓堃

编　著　周文华　杨永刚

主　审　董明达

文化发展出版社

Cultural Development Press

内容提要

本书是在我社2000年出版的印刷工程本科规划教材《印刷材料及适性》的基础上修订而成。全面系统地介绍了纸张、油墨及胶辊、橡皮布、润版液等相关印刷材料的结构组成、制造工艺及性能、印刷适性以及测量原理和方法。第二版教材除对原来的部分过时的内容进行删节外，补充和增添了一些全新的内容，包括各种新型承印材料（如喷墨打印纸、铝箔复合材料、电子纸、合成纸）和新型油墨（如水基油墨、大豆油墨），同时增添了胶辊、橡皮布、润版液等其他印刷材料的性能介绍。

本书体系结构合理、层次清晰、内容全面，适合作为高等院校印刷工程和相关专业的教材。

图书在版编目（CIP）数据

印刷材料及适性（第二版）／齐晓堃，周文华，杨永刚编著.—2版.—北京：
文化发展出版社，2008.1（2023.1重印）
普通高等教育印刷工程本科规划教材
ISBN 978-7-80000-714-9

Ⅰ.印… Ⅱ.①齐…②周…③杨… Ⅲ.①印刷材料-印刷适性-高等学校-教材 Ⅳ.TS802

中国版本图书馆CIP数据核字（2007）第188880号

印刷材料及适性（第二版）

主　　编：齐晓堃　　　编　著：周文华　杨永刚　　　主　审：董明达

责任编辑：魏　欣　　　　　　　　责任校对：郭　平
责任印制：邓辉明　　　　　　　　责任设计：侯　铮
出版发行：文化发展出版社（北京市翠微路2号 邮编：100036）
网　　址：www.wenhuafazhan.com
经　　销：各地新华书店
印　　刷：北京捷迅佳彩印刷有限公司

开　　本：787mm×1092mm　　　1/16
字　　数：400千字
印　　张：18
印　　数：33001～34000
印　　次：2008年2月第2版　　　2023年1月第19次印刷
定　　价：48.00元
ISBN：978-7-80000-714-9

◆ 如发现印装质量问题，请与我社印制部联系 电话：010-88275720

出版说明

20世纪80年代以来的20多年时间，在世界印刷技术日新月异的飞速发展浪潮中，中国印刷业无论在技术还是产业层面都取得了长足的进步。桌面出版系统、激光照排、CTP、数码印刷、数字化工作流程等新技术、新设备、新工艺在中国得到了普及或应用。一大批具备较高技术和管理水平的中国印刷企业开始走出国门，参与国际市场竞争，并表现优异。

印刷产业技术的发展既离不开高等教育的支持，又给高等教育提出了新要求。近20多年时间，我国印刷高等教育与印刷产业一起得到了很大发展，开设印刷专业的院校不断增多，培养的印刷专业人才无论在数量还是质量上都有了很大提高。但印刷产业的发展急需印刷专业教育培养出更多、更优秀的掌握高新印刷技术和国际市场游戏规则的高层次人才。

教材是教学工作的重要组成部分。印刷工业出版社自成立以来一直致力于专业教材的出版，与国内主要印刷专业院校建立了长期友好的合作关系。但随着产业技术的发展，原有的印刷专业教材无论在体系上，还是内容上都已经落后于产业和专业教育发展的要求。因此，为更好地服务于教育教学工作，我社邀请了北京印刷学院、西安理工大学、武汉大学、天津科技大学、湖南工业大学、南京林业大学、江南大学等主要专业院校的骨干教师组织编写了"普通高等教育印刷工程本科专业教材"。

综合来看，这套教材具有以下优点：

● 实用性强。该套教材均为高等教育印刷工程专业的必修课，突出反映了当前国际及国内印刷技术的巨大变化和发展，是国内最新的印刷专业教材，能解决当前高等教育印刷专业教材急需更新的迫切需求。

● 作者队伍实力雄厚。该套教材的作者来自全国主要印刷专业院校，均是各院校最有实力的教授、副教授以及从事教学工作多年的骨干教师，有丰富的教学、科研以及教材编写经验。

● 先进性强。该套教材涵盖了当前印刷方面的最新技术，符合目前普通高等教育的教学需求，弥补了当前教育体系中教材落后于科技发展和生产实践的局面。

● 覆盖面广。该套教材覆盖面广，包括印刷工程、印刷机械等各方面的内容，从工艺到设备，从印前到印后，均迎合当前的教学需求，为解决当前高等教育印刷工程专业教材的不足而选定。

经过有关人员、广大院校和出版社的共同努力，"普通高等教育印刷工程本科专业教材"的首批教材已经进入出版流程，希望本套教材的出版能为印刷专业人才的培养做出一份贡献。

印刷工业出版社
2008年1月

再版前言

　　普通高等教育印刷工程本科规划教材《印刷材料及适性》自2000年出版后，已经在全国开设有印刷工程专业的很多高校连续使用了多年。近几年，印刷技术的发展突飞猛进，出现了很多新技术、新工艺和新材料，为了使高等学校教材的内容更好地适应印刷专业人才的培养需要，有必要对内容进行相应的整理和更新。

　　这次再版是在保持原书结构的基础上，对原来的部分内容进行修订，包括在使用过程中所发现在排版印刷中的疏漏或错误，删除或缩写了一些过时的内容；更重要的是补充了一些新内容，包括各种新型承印材料，例如喷墨打印纸、铝箔复合材料（如金卡纸、银卡纸）、电子纸、合成纸和新型印刷油墨（如水基油墨、大豆油油墨等），同时，新增加了除承印材料和油墨之外的胶辊、橡皮布和润版液等其他印刷材料。另外，在术语的定义和材料性能测试方法中使用和标注了国家标准（GB）或国际标准（ISO）。

　　此次再版，第七章、第十五章主要由周文华整理并编写，第十六章、第十七章由杨永刚编写，其他章节均由齐晓堃编写和整理，最后由齐晓堃统一定稿。征得原来两位主编向阳、王捷先的同意，此次主编中略去他们的姓名，在此，我们对他们为本书再版所做的工作表示深深的感谢。

　　由于作者水平所限，书中难免有不足之处，恳请同行及读者提出宝贵意见。

编　者

2007 年 11 月

目 录

CONTENTS

第二篇 油墨

第一篇　承印材料

第一篇　原始佛教

第一章
印刷纸的组成及制造

纸是纸张和纸板的统称，有时也是纸张的简称。传统观念认为纸是以植物纤维为主要原料制成的薄片物质，但是随着科学技术的发展，现代纸的含义已经扩展到更大的范围。就原料而言，有植物纤维（如木材、草类）、矿物纤维（如石棉、玻璃丝）、其他纤维（如尼龙、金属丝等）。此外，还有用石油裂解产物聚合得到的高分子来制成的合成纸。尽管如此，目前用于书写、印刷、包装的纸仍然主要是以植物纤维为主要原料制成的，弄清楚这类纸的组成及其中各个成分的作用对于认识纸张的性能及印刷适性是十分必要的。

第一节 印刷纸的基本组成——植物纤维

从结构上看，纸张是纤维间通过氢键相互黏结起来的随机取向的层次网络。据此，构成网络的纤维必须满足下面两个条件：第一，纤维间能相互黏结；第二，纤维能形成随机取向的层次结构。

由此可见，造纸纤维的首要条件是在不加任何黏合剂的条件下纤维之间自身就能相互黏结。在自然界中，能够满足这一条件的纤维只有纤维素纤维（cellulose fiber）。这种纤维能够通过氢键形成随机取向的层次结构，它能够分散在水中，以水为载体，形成随机取向的层次结构，这是形成纸张层次网络的基础。所以，纤维素纤维是最基本的造纸原料，也是纸张最基本的组成。

一、造纸植物纤维原料的种类

自然界中大多数有生命的植物里所含的纤维都可以用于造纸。分离这些纤维，并且把它们分散在水中，通过脱水成型、干燥后即可制成随机取向的纤维网络。水的极性和纤维表面羟基的存在是形成分散液和成纸网络中纤维之间通过氢键黏结所必需的。通过选择合适的纤维素纤维原料和造纸工艺，可以得到各种不同用途的纸张，并且获得所需的强度、平滑度等性质。目前造纸工业用植物纤维原料主要可以分为如下几类。

1. 木材纤维原料

这是直接从树木中获得的植物纤维。用于造纸的木材纤维原料可以分为针叶木（needle - leaf trees）和阔叶木（broad - leaf trees）两类。针叶木又称为软木（softwood），质地松软，如云杉、冷杉、落叶松、柏树等。阔叶木质地较硬，故又称为硬木（hardwood），如杨木、桦木、枫木等。

2. 非木材纤维原料

这类原料又可以分为以下几种。

（1）草类纤维原料。如稻草、麦草、芦苇、玉米秆等。

（2）韧皮纤维材料。各种麻类及某些树种的树皮，如亚麻、黄麻、大麻、檀皮等。

（3）籽毛纤维材料。如棉纤维。

除上述天然植物纤维原料外，废纸作为造纸原料的用量在逐年增长。从废纸中获得的纤维称为再生纤维（secondary fiber），再生纤维的利用可以节省天然植物纤维原料并且减少造纸工业的能源消耗。

二、造纸纤维原料的化学组成及特点

造纸植物纤维原料的化学组分一般分为如下几类。

第一类是碳水化合物，主要是多糖，约占原料的一半以上，它们包括纤维素和非纤维素多糖，如半纤维素、淀粉、果胶质等。其中含量最多、称为主要组分的是纤维素和半纤维素。

第二类为苯酚类物质，这类物质占原料的 15% ~ 35%。包含于该系统的大部分苯酚类物质为木素，它也被称为主要组分。

第三类为萜烯类物质，主要指挥发性物质（如松节油）和松香酸。这类物质在针叶木中约占 5%，而在草类及阔叶木中含量较少。

第四类为其他少量组分，如脂肪酸、醇类、蛋白质及无机物等。

在纤维原料的化学组分中，纤维素、半纤维素和木素为主要组分，也是成品纸的主要成分，它们的性质对纸张的性质有很大的影响，因此，有必要了解这三种主要组分的结构和一般性质。

1. 纤维素

19 世纪 30 年代，法国农业学家 Payen 第一次从植物中分离出纤维素（cellulose），并把它看成一种独立的化学物质。他首先指出，纤维素和淀粉为同分异构物质，因为两者含有相同的碳和氢，并且水解后都得到 D - 葡萄糖。约七十五年后才得出了纤维素准确的实验式为 $(C_6H_{10}O_5)_n$。并且通过乙酰化和硝化反应确定了纤维素在每一个 $C_6H_{10}O_5$ 单元上含有 3 个自由的羟基。

后来，通过对纤维素进行酸性水解和甲基化反应及一系列研究确定纤维素是一个由脱水 D - 葡萄糖单元通过 β - 1，4 - 苷键连接而成的线形高分子化合物。其结构式为：

上面结构式中，n 为葡萄糖基的数目，称为聚合度。n 的数值为几百至几千甚至一万以上。随纤维的来源、制备方法和测定方法而异，用黏度法测得针叶木和阔叶木所提取的纤维素的平均聚合度为 4000 ~ 5000。

从上面的分析，可以得到纤维素在化学结构上有如下特点。

（1）脱水 D - 葡萄糖是纤维素的结构单元，D - 吡喃式葡萄糖基是相互以 $\beta - 1$，4 - 苷键连接而成的多糖。

（2）纤维素大分子中每个基本单元上均有三个醇羟基。这些羟基对纤维素的性质有决定性的影响，可以发生氧化、酯化和醚化反应，分子间形成氢键、吸水、润胀以及接枝共聚等，都与纤维素分子中存在的大量羟基有关。

（3）纤维素分子的两个末端基性质是不同的，在一端的葡萄糖基中，第四个碳原子上多一个仲醇羟基，在另一端的葡萄糖基中，则在第一个碳原子上多一个苷羟基，此羟基上的氢原子易移位与氧环的氧结合，使环式结构变为开链式结构，因此第一碳原子便变成醛基，显还原性，故苷羟基具有潜在的还原性。由于纤维素的每一分子链只有一端具有还原性苷羟基，故整个大分子具有极性和方向性，并且可用斐林试剂或碘液将其氧化。

（4）纤维素大分子的葡萄糖基间的连接都是 β - 苷键连接。由于苷键的存在，使纤维素大分子对水解作用的稳定性降低，在酸、碱或高温下与水作用，可使苷键断裂，使纤维素大分子降解。

2. 半纤维素

半纤维素是在植物中与纤维素共存的多糖，即除纤维素以外的碳水化合物。近代先进技术的应用和聚糖分离方法的新发展，对半纤维素有了清楚的认识。比较确切地说，半纤维素是以不同量的几种单糖基和糖醛酸基构成的往往具有支链的复合聚糖的总称。构成半纤维素的单糖主要有：D - 木糖、D - 甘露糖、D - 葡萄糖、D - 半乳糖、L - 阿拉伯糖和 4 - o - 甲基 - D 葡萄糖醛酸。

半纤维素是多种复合聚糖的总称。不同种类原料的半纤维素，它们的复合聚糖各不相同，就是同一种原料，产地不同，部位不同，它们的复合聚糖的组成也是不相同的，因此，半纤维素中各种聚糖的化学结构是不固定的。但对于某一种原料来说仍然是相近的，其结构往往大同小异，根据已知的情况，这些聚糖可以分为两大类。一类是以戊糖为主的复合聚糖，简称聚戊糖；另一类为以己糖为主的复合聚糖，简称聚己糖。针叶木半纤维素中的聚糖以聚戊糖为主。

用渗透压法测得半纤维素的聚合度一般都在 200 左右。从构成多聚糖的各种单糖基可以看出，半纤维素含有大量的羟基，因而吸水、润胀的能力比纤维素大，纤维吸水润胀的难易在很大限度上取决于所含半纤维素的多少。纸浆中保留一定量的半纤维素，对于打浆及纸张性质都有好处，它能提供更多的极性基团，在打浆过程中增加纤维的润胀、水化和细纤维化，提高纤维的柔软性，因而能提高纸张的强度。但是半纤维素含量高的纸张，形稳性差。

3. 木素

木素存在于木化植物之中，是一种具有空间网状结构的天然高分子化合物，约占植物纤维原料的 15% ~ 35%。针叶木、阔叶木和草类原料木素的化学结构各不相同，因此，木素也不是一种单一物质，而是具有共同性质的一群物质。一般认为，木素是由苯丙烷结构单元构成的，在苯基上可以连有一个甲氧基（如针叶木木素）；也可以连有两个甲氧基；还可以连有羟基。这样构成木素分子有三种基本的结构单元，它们是愈疮木基、紫丁香基和对羟苯基，如图 1 – 1 所示。

（a）愈疮木基　　　　　　（b）紫丁香基　　　　　　（c）对羟苯基

图 1 – 1　木素的基本结构单元

木素分子就是由这三种基本结构单元通过 C—O 键、C—C 键联接起来的立体网状分子。不同原料木素大分子中三种基本结构单元在数量上差别很大，这是草类木素与木材木素本质上的主要区别之一。

木素的结构与纤维素、半纤维素的结构不同，它是非线型高分子。木素存在于植物中，起到黏结纤维、增强植物组织强度的作用，在胞间层中木素的浓度最高，因此要分离纤维，就必须除去木素，这就是化学法离解纤维的原理。木素在化学结构上极不稳定，当它受到温度影响或酸、碱试剂作用时，都会引起化学变化，即使在较温和的条件下也会引起木素结构的改变。

由于木素是疏水物质，不易吸水润胀，因此，纤维中若木素含量高时会显得硬而脆弱，不便于纤维间的相互交织，所以制浆过程中要一定程度的除去木素。此外，木素残留在成纸中，受光照日晒时产生发色基团使纸张变黄，这便是新闻纸耐久性差的主要原因。

4．木材、草类和棉纤维的组成特点

木材、草类和棉纤维的主要组成情况见表 1 – 1 所示。

表 1 – 1　典型造纸原料的组成　　　　　　　　　　　　　　　　　　　　　　%

原料	组成	纤维素（克贝纤维素）	半纤维素	木素	灰分
木材	针叶木	55 ~ 63	16 ~ 18	27 ~ 30	0.25 ~ 0.60
	阔叶木	43 ~ 53	22 ~ 26	17 ~ 24	0.30 ~ 0.90
草类	稻草	36 ~ 40	18 ~ 22.5	10 ~ 14	11 ~ 15.5
	麦草	40 ~ 50	20 ~ 21	9.5 ~ 12	6 ~ 8.5
	甘蔗渣	50 ~ 59.5	20.5 ~ 26	18 ~ 20.5	1.2 ~ 2.9
	芦苇	43.7 ~ 51	21 ~ 23	21 ~ 23.5	3.1 ~ 4.5
棉纤维		95 ~ 97	1	0	0.1 ~ 0.2

从表 1 – 1 中可见，草类纤维原料的灰分（矿物质燃烧后的产物）、半纤维素含量较高，而木素、纤维素含量较低；木材纤维原料中针叶木纤维木素含量高，阔叶木则半纤维素含量较高；棉纤维差不多全是纤维素，仅含少量半纤维素和灰分，不含木素。

三、纤维的结构

纤维是植物中细而长、两端尖、呈纺锤状的细胞。因而纤维具有柔曲性，彼此交织后具有一定的结合力。在纤维原料中除纤维细胞外的其他细胞统称为杂细胞，原料中杂细胞含量越少（灰分含量低），则原料的品质越好。成纸中若杂细胞含量高，会因杂细胞交织能力差而在印刷中由于摩擦作用和油墨分离力的作用脱落下来造成印刷障碍，因此造纸过程中应尽量除去杂细胞。

用各种化学或机械方法离解出来的纤维是不能直接用于抄纸的，要弄清这个问题，有必要认识一下纤维的微细结构。要研究纤维的微细结构，则必须使用电子显微镜。在光学显微镜下只能看到直径在 300～500nm 的细纤维（fibril），在电子显微镜下，则可以看到纤维细胞壁脱木素后直径约为 25nm 的微纤维（micro – fibril）；也能观察到比微纤维更细的直径为 12nm 的次微纤维（finer micro – fibril），以及直径约为 3nm 的基微纤维（elemental fibril）。图 1 – 2 所示为 Fengel 提出的微纤维模型。

进一步的研究发现，由于微纤维、细纤维在纤维细胞壁中的不同排列，构成了纤维细胞壁的层次结构。图 1 – 3 所示为木材纤维的层次结构情况。

图 1 – 2　Fengel 提出的微纤维横切面模型

□基微纤维　▩半纤维素　▨木素

图 1 – 3　纤维的层次结构
S_1—次生壁的外层；S_2—次生壁的中层；
S_3—次生壁的内层；P—初生壁

从图可以看出，纤维间是靠一种黏结物质（木素）黏结起来的，纤维间的这一层细胞间隙质称为胞间层，该层 80% 以上为木素，不含纤维素。将植物原料分离成纸浆的过程就是克服细胞间的黏结作用，将纤维细胞离解的过程。在纤维细胞壁的生长过程中，最初形成的细胞壁称为初生壁（primary cell wall），初生壁很薄，常把胞间层与其相邻的两个初生壁合称为复合胞间层。在初生壁中约 70% 的木素和少量纤维素，在初生壁上细纤维完全是无规则取向的。在细胞停止生长后细胞壁继续增厚，这时加厚在初生壁的内侧，加厚的这一层称为次生壁（secondary cell wall）。次生壁很厚，由于纤维在壁上的排列方向不同又把次生壁分成外（S_1）、中（S_2）和内（S_3）三层。其中 S_2 层最厚，S_1、S_3 层较薄。在 S_1 层上，细纤维的排列呈交叉螺纹状，由 4～6 个薄层组成；S_2 层上细纤维呈单一螺旋取向，绕角比较陡，由几十到一百多个薄层组成，S₃层包括由螺旋状取向的细纤维组成的几个薄层，并趋向于形成一种交叉的微细纤维结构。经过造纸过程的处理后，纤维的初生壁和次生壁外层都已被破除，存在于纸张中的纤维已是细纤维化的具有良好柔曲性的纤维。

第二节 辅助材料

辅料是指为了满足纸张的不同使用性能而添加到纸张中的各种辅助剂。如要改进纸张的平滑度和不透明度，需要在纸浆中加用填料；为了使纸张具有抗水性能，必须对纸浆进行施胶；抄制白色纸张时，往往要加用少量染料，必要时还可加用增白剂等。在造纸行业，把这些填料、胶料、色料等统称为辅助材料。

一、胶料

用植物纤维生产的纸张，因纤维本身和纤维间存在大量的毛细孔，而且由于构成纤维的纤维素、半纤维素含有大量亲水的羟基，所以能吸收水或其他液体。在这种未加任何辅料的纸上书写或印刷，墨水或油墨就会迅速浸透和扩散，造成字迹图像模糊不清和透印。

为了使纸张在一定程度上不被水或其他液体所浸润，就需要在纸中加入某些具有抗液性的胶体物质或成膜物质，即所谓的胶料（size）。在造纸工业中，施加胶料的工艺过程称为施胶（sizing）。胶料的作用就是给予纸张抗液体渗透和扩散的性能。根据施胶效果的不同，施胶方法分为内部施胶和表面施胶两种。内部施胶是将胶料加入纸浆中，再抄成具有憎液性的纸和纸板，这是主要的施胶方法。表面施胶是将成型的纸或纸板浸入成膜性胶料溶液中，在纸面形成部分连续的憎液性膜层，从而使纸张具有憎液性能。表面施胶主要用于胶版纸、书写纸和要求憎液性能好的包装纸和纸板。

1. 施胶取得憎液性能的原理

不管采用何种施胶方法，或何种胶料，使纸张取得憎液性能的原理是相同的，都是通过减少液体在纸面的扩散和渗透来达到目的的。

首先从扩散来考虑。从表面化学中我们知道，液体在固体表面的扩散程度可用扩散系数来表征。

$$\lambda_{LS} = \gamma_{LV} (\cos\theta - 1)$$

式中　λ_{LS}——扩散系数；

　　　γ_{LV}——液体的表面张力；

　　　θ——液固接触角。

由上式可以看出，对于一定的液体，在一定的温度下，γ_{LV}为一定值，扩散系数 λ_{LS} 只取决于液体与固体表面接触角 θ 的大小。

（1）$\theta = 0$ 时，$\lambda_{LS} = 0$，液体完全扩散；

（2）$0 < \theta < 90°$时，$\lambda_{LS} < 0$，液体部分扩散；

（3）$90° < \theta < 180°$时，$\lambda_{LS} << 0$，液体几乎不扩散；

（4）$\theta = 180°$ 时，液体完全不扩散。

其次从渗透的角度来考虑。液体渗入纸张是一个极为复杂的过程，它包括如下几个方面的现象：液体与施胶纤维间的表面相互作用、液体在纤维上和通过纤维的扩散、纤维的润胀、液体挥发与浓缩以及液体与胶料间的化学作用。但从理论上我们知道，液体通过毛细孔的渗透可以用著名的 Washburn 方程来描述。

$$\frac{dh}{dt} = \frac{r\gamma_{LV}\cos\theta}{4\eta h}$$

式中　　　　h——渗入深度；

　　dh/dt——渗透速率；

　　　　r——毛细孔半径；

　　　　η——液体的黏度；

　　γ_{LV}——液体的表面张力；

　　　　θ——液固接触角。

从上式可以看出，对于一定的纸质和液体，r、h、η、γ_{LV} 为一定值，渗透速率 dh/dt 取决于接触角 θ 的大小，θ 越大，dh/dt 的值越小。

在未施胶的纸张上，由于纤维素为极性亲水物质，其与水的接触角接近为 0，因而水性液滴在这样的纸面上将完全扩散，渗透也最为迅速。在纸中加胶料后，这些胶体物质部分沉积在纤维表面上或部分结膜在纸面上，增加了液体在纸张表面接触角，从而减少了扩散，减慢了渗透的速率。施胶效果的好坏取决于胶料在纤维表面分布的均匀程度，若在纤维表面分布越均匀，则暴露于大气的纤维表面越少，纸张的憎液性能越好。

2．内部施胶用胶料

（1）松香胶料

松香是内部施胶最常用的一种胶料。它是由多种化合物组成的复杂的混合物，随其来源和分离方法的不同，其组成不同。松香的主要组分为松香酸，其结构为：

在溶液中，纤维和松香胶类粒子均带负电荷，要使松香胶得以附着于纤维表面，就必须借助于沉淀剂的作用。最常用的沉淀剂为硫酸铝，通常称为矾土，其化学式为 $Al_2(SO_4)_3$。在溶液中，矾土水解后生成的胶体氢氧化铝带有很强的正电荷，而松香胶粒子小，负电性小于纤维，因而首先与氢氧化铝产生互沉，达到等位点后两者互相吸附在一起，形成游离松香和氢氧化铝的吸附沉淀物。因为氢氧化铝的正电性很强，结果使得这种吸附沉淀物也带上正电荷，最后均匀地吸附在带负电荷的纤维表面。矾土水解生成氢氧化铝后，溶液呈酸性，使纸页抄造在酸性条件下进行，这也是纸张酸性的主要来源。

（2）合成胶料

虽然松香胶是广泛使用的胶料，但要满足某些特殊的需要，它仍是不理想的，如要求纸张具有较高的憎液性能，或者要求造纸过程在中性条件下进行的，或者要求产品是中性的等。合成胶料不仅可以获得高的憎液性能，而且不需用硫酸铝作为沉淀剂，因而可以在中性条件下操作和生产出中性纸。与松香胶相比，合成胶料在化学特性上有如下特点。

首先，合成胶料与纤维间为化学键联接。松香胶的胶料粒子与氢氧化铝间形成的互沉淀物是靠离子力与极性力附着在纤维表面上，合成胶料则是通过胶料分子上有活性基与纤维素反应形成联接，因而这样联接比起依靠极性联接更为憎水，对水也更为稳定。

其次，合成胶料分子的憎水部分由很长的通常为直的碳氢链组成，这与松香酸的环状特性不同。

合成胶料效能高，因而用量少，一般用量为纤维重量的 0.05% ~ 0.07%，较低的胶料用量对用户来讲是非常经济的，此外还可以增加纸张的强度。

常用合成胶料有以下三种。

①烷基乙烯酮二聚物（AKD），这是一种广泛使用的合成胶料，其结构为：

$$CH_3(CH_2)_{15} = C \longrightarrow O$$
$$CH_3(CH_2)_{15} \longrightarrow CH \longrightarrow C=O$$

在 pH = 6.5 ~ 8.5 时，能与纤维素的羟基反应生成酯；

$$CH_3(CH_2)_{15}CH_2C=O$$
$$CH_3(CH_2)_{15} \longrightarrow CH$$
$$O \longrightarrow C=O$$
$$纤维素$$

②硬酯酸酐，其结构如下：

$$CH_3(CH_2)_{16} \overset{\overset{\displaystyle O}{\|}}{-C} -O-\overset{\overset{\displaystyle O}{\|}}{C} -(CH_2)_{16}CH_3$$

它能与纤维素反应成酯，比 AKD 反应速度快。

③烷基丁二酸酐（ASA），这种胶料较前两种反应活性都大，具有如下结构：

$$CH_3(CH_2)_2CH-CH=CH-(CH_2)_{13-x}-CH_3$$
$$CH-CH_2$$
$$O=C \quad C=O \qquad x = 0 \sim 13$$
$$O$$

ASA 与其他胶料不同，它是一种由同分异构体化合物组成的液体混合物。

（3）其他胶料

其他用于内部施胶的胶料有石蜡胶、石蜡松香胶和沥青胶等。用于施胶的石蜡为石油副产品，内部施胶多选用正链石蜡胶。石蜡胶可单独使用，但更多的是与松香配合使用，即石蜡松香胶。石蜡胶和石蜡松香胶既能赋予纸张以较高的憎液性能，又能提高纸张的柔软性、弹性和光泽度，但纸张的强度会受到影响，主要用于熟肉制品包装纸、标签纸、标语纸和食品包装纸等。沥青胶主要用于防水纸板、箱纸板等。

3. 表面施胶用胶料

（1）淀粉（Starch）。淀粉与纤维素为同分异构体，纤维素为 $\beta-1$，4 连接的 D - 葡萄糖组成，而淀粉为 $\alpha-1$，4 连接的 D - 葡萄糖组成。淀粉有两种不同类型的多糖分子，即直链淀粉和支链淀粉。支链淀粉每 5～30 个葡萄糖单元上出现一个支链。

天然淀粉的胶液黏度大，不能直接用于表面施胶，多采用淀粉的衍生物，常见的有氧化淀粉和阳离子淀粉。氧化淀粉分子链上的羟基被氧化成了羧基，用这种淀粉进行表面施胶，不仅可以提高纸张的纵、横向强度，而且可以增加纸张的 Z 向强度，从而可以消除或减轻印刷中的拉毛现象。阳离子淀粉是用醚化剂（通常为二烷基氨基环氧化合物或二烷基氧基卤化物）对淀粉进行醚化，在淀粉结构上引进一个叔胺基团，而使淀粉分子具有阳离子性。

由于阳离子淀粉带有正电性，与带负电性的纤维紧密结合形成表面定向排列，因而应用阳离子淀粉进行表面施胶的胶版纸具有良好的印刷适性。研究表明，用阳离子淀粉进行表面施胶的纸张印刷，可以获得良好的印品均匀性、高的清晰度，印刷品色泽鲜艳，透印少，由于表面强度高，用高黏度的油墨印刷时也很少发生拉毛现象。

（2）动物胶。动物胶是水解带有骨原的动物物质，如从肉类工业和皮革工业中的皮和骨所得到的复杂蛋白质。表面施胶常用的动物胶为明胶。研究发现，在动物胶中加 2%～3% 的肥皂，可以提高纸张的光泽和不透明度。

（3）聚乙烯醇（PVA）。聚乙烯醇（polyvinyl alcohol）由水解醋酸乙烯酯而得，它具有很强的成膜特性，能使纸张获得较强的抗油性能。有人对氧化淀粉和聚乙烯醇的表面施胶效果进行了比较，发现采用 PVA 对于增加纸张的抗油阻力、拉毛阻力（表面强度）和空气阻力比淀粉更为有效，其结果如图 1-4 所示。PVA 可以单独使用，也可以与淀粉混合使用。

（a）抗油阻力　　　　（b）空气阻力　　　　（c）拉毛阻力

图 1-4　PVA 与淀粉的施胶效果比较
1—PVA；2—淀粉

（4）羧甲基纤维素（CMC）和甲基纤维素（MC）。研究发现，用 CMC 和 MC 进行表面施胶，均能取得良好的抗油性能，但由于两者的成膜均为水敏性的，因而憎水性能较差。实际应用中发现，用 4% 的 CMC 溶液便可取得较高的抗油能力，CMC 量仅增加 0.12kg/1000m² 便可使印刷品光泽增加 50%，用 CMC 对胶版纸进行表面施胶后，纸张的表面强度可由 Dennision 蜡棒的第 9 级增加到第 18 级。对于 MC，纸面施胶量只需使用 0.15～0.98kg/1000 m²，便可使印刷品光泽得到明显的改进。

CMC、MC 还可以与淀粉、动物胶混合使用，以使纸张同时取得抗水、抗油性能。

（5）其他表面施胶用胶料。石蜡胶、藻朊酸钠、合成树脂、苯乙烯等合成胶料均可用作表面施胶剂，这些胶料可单独使用，也可与淀粉或动物胶混合使用，以取得不同的表面性能。

4. 表面施胶对印刷纸性能的影响

（1）对纸张抗水能力的影响。用淀粉进行表面施胶本身不会增加纸张的抗水能力，即使采用动物胶，抗水能力也仅有轻微的增加。但表面施胶剂隔绝了纸张纤维直接与水分接触，因而表观上增加了纸张的抗水能力。

胶版纸在印刷中要受到润版液湿润作用，为了减少表面纤维的脱落和纸页的变形，都必须进行表面施胶。研究表明，表面施胶可以明显减少胶印中纸张的掉纸毛（fluffing）现象。

当然，通过增加纸张中针叶木的含量或增加打浆程度，也可减少掉纸毛现象，但会降低纸张的形稳性和不透明度。除胶印外，柔性版印刷用纸的表面施胶也尤为重要，因为所用油墨大多为水乳胶体（水基油墨），要求纸面比其内部具有更强的抗水能力。

（2）对纸张油渗性的影响。对于采用高光泽油墨印刷的纸和那些油性食品包装纸；油渗性是非常重要的。用来生产抗油纸的胶料有：淀粉、动物胶、聚乙烯醇，这些胶料能增加纸面与油的接触角，且在纸面形成相对连续及无孔的膜，从而防止了油的渗透。

不同用途的纸，抗油能力的要求不同，对施胶程度的要求也不一样。油性食品包装纸要求具有高的抗油能力，因而采用重表面施胶；印刷纸面施胶是为了改进印刷适性，对于采用高光泽油墨印刷的纸张，表面吸收性必须降到一定范围，具体取决于所用油墨形式和所要求的印刷效果，因而表面施胶程度应控制在一定范围。若表面胶料太少，印刷中纸张将吸收油墨中过多的连结料，则印迹无光泽。相反，若表面胶料太多，将减慢油墨的干燥速率，导致蹭脏和光亮污点。

（3）对纸张可擦性的影响。可擦性指纸张在无任何腐蚀作用下，从纸面擦去印迹的性质。具有良好可擦性的纸张在擦去印迹的"区域"，印刷或书写仍能得到满意的效果。可擦性是纸张如下几方面性质的综合效应：抗渗透能力、抗摩擦能力、表面平滑度和擦去印迹后保留施胶效果的能力。表面施胶可以从两方面改进纸张可擦性：一是减少了油墨的渗透，因而易于把油墨擦掉；二是增加了表面纤维间的黏结，从而增加了纸面的抗摩擦能力。

（4）对纸张强度的影响。表面施胶剂渗入纸张孔隙增加了纤维间的黏结，从而将明显地增加纸张的强度。如耐破度、耐折度和抗张强度。此外，表面施胶还会增加表面纤维间及与纸体间的黏结，从而增加纸张的表面强度，利于高速、高黏性油墨下的胶印，减少拉毛现象。典型的结果如图 1 - 4（c）所示。从图中可以看出，无论是淀粉还是 PVA 作为表面施胶剂，通过表面施胶后纸张的表面强度均明显地增加。

二、填料

加入填料是为了使纸张取得特定性能（如不透明度、白度等）而加入浆料中的不溶于水或微溶于水的矿物质。大多数的纸张都要加入填料，但主要用于那些对光学性质和印刷适性有要求的印刷用纸。普通印刷纸中填料含量为 10% ~ 15%。

1. 常用填料

要满足印刷的要求，印刷用纸的填料应具有下列性质：高白度、高折射率、颗粒细小、水溶能力低和较低的密度。此外还应具有良好的化学稳定性，防止与纸中组分以及造纸过程中的其他组分发生反应。目前可用作填料的原料非常之广泛，从价格低廉的滑石粉到价格昂贵的优质钛白，其中滑石粉、白土和碳酸钙是最常用的造纸填料，钛白具有特殊的性质，是最优质的填料。近几年，开发的一些新型有机和无机的合成颜料，也逐渐用作造纸填料。无机合成填料最常见的是沉淀碳酸盐，这是一种粒径非常细小的填料。有机合成填料为一些高分子物质，先把它们制成泡沫状，等其硬化后再加工成具有一定粒径分布的颗粒。

2. 填料对纸张性质的影响

如前所述，印刷用纸加入填料的主要目的是为了改进纸张的印刷适性，如增加白度、平滑度和不透明度，从而有助于印刷品质量的提高。另外，填料的加入不仅在纸页中形成更多细小的毛细孔，而且填料粒子比纤维更易被油墨润湿，因而可以改善纸张对油墨的亲和力。此外，加入填料还能改进纸张的柔软度和形稳性。当然纸张中加入填料量太高也带来一些不良的影响，主要表现为纸张强度的降低和施胶效果的下降，在印刷中容易发生掉粉、掉毛现象，印刷中填料粒子从纸面脱落下来传递到印版或胶印橡皮布上，会产生糊版现象。而且由于填料有摩擦作用，还会磨损印版。

（1）对纸张光学性质的影响

①不透明度。不透明度是指纸张不透光的性质，纸张的不透明度取决于纸张的光散射能力。光散射是指光线在纸张内部发生的一系列折射和反射现象，这种光散射能力，又取决于纸张内部光散射界面的多少（即内部独立粒子的数量）和散射界面折射率差异的大小。光散射界面越多，散射界面间折射率差异越大，则纸张的光散射能力越大，不透明度越高。没有加填的纸张是由纤维和空气组成，空气存在于纤维间孔隙中，纤维的主要组成是纤维素，折射率为1.53，空气的折射率为1.00，两者折射率不同，因此当光束照射到纸张表面时，即会有部分光在纤维与空气间界面上发生散射，亦赋予纸张一定的不透明度，但反映到印刷中，仍不能满足防止透印要求。在纸张中加入折射率大于纤维素的填料后，增加了纸张内部光散射界面的数量，即存在纤维与空气间、填料与纤维间以及填料与空气间三类不同的界面，而且在这三种界面中，填料与空气间折射率的差值较大。因此光线在填料与空气界面上得到最大散射，这是导致不透明度增加的主要方面。表1-2所示为造纸原料的折射率数值。从表中可以看出钛白的折射率在众多填料中为最大，因而其不透明效应为最大。对于折射率与纤维素接近的填料，如滑石粉、白土等，虽在它们形成的界面上折射率相差不大，但它们的加入有效地增加了纸张内部光散射的界面数量，因而也能增加光散射能力，提高纸张的不透明度。

表1-2　常用造纸原料的折射率

原料	折射率	原料	折射率
空气	1.00	白土	1.55
水	1.33	$CaCO_3$	1.56
纤维素	1.53	ZnO	2.01
石蜡	1.43	$ZnSO_4$	2.37
淀粉	1.53	TiO_2（钛白）	2.55（锐钛矿） 2.70（金红石）
动物胶	1.53	亚麻油	1.48

图 1-5　粒径对散射和反射的影响

对于一定的填料，其在纸张中光散射能力的大小，取决于填料粒子的大小和在纸张中粒子的分散情况。填料粒子越小，光通过空气与填料界面的次数越多，散射能力越大。但对于那些比照射光波长更小的粒子，散射能力随粒径的增加而增加；而对那些比照射光波长大的粒子，散射能力随粒径的增加而减少，结果如图 1-5 所示，因此，要获得最大的不透明效果，填料颗粒最好为观察光波长的一半左右，即对于普通光，取得最大不透明度的填料粒径的范围为 0.15~0.50μm。

另外，填料粒子在纸张中的分散程度也是相当重要的。填料粒子间的絮聚将增加粒子间的光学接触，减少光散射界面，从而导致纸张不透明度的下降。所以用一定量的颜料作为填料产生不透明度比等量填料在涂料中产生的不透明度要高。这不仅是由于在涂料中颜料粒子间絮聚在一起产生了一些光学接触，还由于粒子间的空间被黏合剂而不是空气填充，从而减少散射界面上折射率的差别，不透明度下降。

随着纸张中填料的增加，填料结块程度也将增加，填料的效率将降低。

②白度。用于纸张的填料如碳酸钙、钛白、锌白等均为白色颜料，因而填料的加入能增加纸张的白度。白度的增加程度部分取决于填料的白度，部分取决于颜料的粒径与遮盖能力。纸张的白度还取决于浆料的白度和打浆程度。图 1-6 所示为几种常用填料加到低白度机械浆中制得的印刷纸的白度随加填量的变化。如果将这些填料加到高白度的浆料中，填料的增加效果将降低。

图 1-6　填料加入对白度的影响

（2）对表面平滑度和印刷适性的影响。纤维相互交织而形成的网络总是存在大量的孔隙和表面凹凸不平处，加入细小颗粒填料后可以改进压光后纸张平滑度。

填料的加入能改进纸张的印刷适性是由于加填后多种现象综合作用的结果。第一，大多数的填料对印刷油墨的亲和力都大于纤维表面对印刷油墨的亲和力，因而油墨能较好地在纸张表面润湿和铺展。第二，是由于填料粒子的存在形成了更多有利于油墨渗透的细小毛孔；填料作用的大小顺序为：沉淀碳酸钙、滑石粉、硫酸锌、钛白和白土。第三，是由于填料的加入能改变纸张的平衡湿含量，因为大多数填料对水和水蒸气都是惰性的，因而填料的加入能使纸张具有更好的形稳性，更利于多色印刷。

（3）对纸张强度的影响。纤维间的结合是纸张强度的基础，填料的加入减少了纤维间的结合，所以加填会使纸张强度显著下降。其中抗张强度、耐折度和耐破度下降较大，撕裂度下降较小，如图 1-7 和图 1-8 所示。

图1-7　填料量对抗张强度的影响

1—云杉亚硫酸盐浆；2—桦木硫酸盐浆

图1-8　填料量对撕裂度的影响

进一步的研究还发现，这种影响与造纸工艺参数有关，如不打浆的纸的抗张强度受填料的影响就比打浆的纸要大得多，而且短纤维受到的影响比长纤维更大，这一点从图1-7中不难看出。另外从图中还可以看出，原料的种类和制浆方法也是非常重要的因素。基于上述原因，在实际生产中要增加纸张的不透明度和散射系数时，必须考虑对纸张强度的影响，应确定一个最佳的加填量。

（4）对纸张松厚度和挺度的影响。纸张纤维的密度为$1g/cm^3$左右，而填料的密度大多在$2.5\sim3.0g/cm^3$，因此填料的加入将会降低纸张的松厚度。但实际并非一致，如图1-9所示，当加入的填料量较少时，松厚度随填料量的增加而增加，对于短纤维的纸尤为明显，这与图1-7中短纤维纸抗张强度随填料量增加而减少得更为显著是一致的。

纸张的挺度是纸张厚度和弹性模量的函数。因此，填料对挺度的影响应将填料对松厚度和抗张强度的影响综合起来考虑。当加填量小时，填料的加入基本上不影响纸张的挺度，而当填料再增加时，挺度则随填料量的增加而显著减少，如图1-10所示。

图1-9　填料对纸张松厚度的影响

1—桦木硫酸盐浆；2—云杉亚硫酸盐浆

图1-10　填料对纸张挺度的影响

1—桦木硫酸盐浆；2—云杉亚硫酸盐浆

填料对纸张性质除上述影响外，填料含量过多还会导致印刷过程中出现掉粉掉毛和透印现象，影响印刷品的质量和印刷生产的正常进行，因此，在纸张生产过程中必须按纸张用途严格控制填料的用量。

三、色料

纸浆纤维总是略呈黄色至灰白色，即使经过漂白处理，也依然如此，这是因为纸浆纤维中所含木素倾向于吸收波长在 400～500nm 的紫色和蓝色光所致，纸浆中木素含量愈多，其色泽也就愈深，因此要使纸张具有更高的白度，往往在漂白浆中加入蓝紫色或红蓝色染料。此外，为了生产有色纸，如标语纸、广告纸、彩色牛皮纸等，还必须进行染色。色料就是用作纸张染色和调色的颜料和染料。大部分颜料是不溶于水的。染料有天然染料和合成染料之分，目前合成染料已完全取代了天然染料。染料大部分都能溶于水，或经过一定化学处理后能溶于水。

荧光增白剂除了能吸收可见光谱的光线之外，还能吸收一部分不可见的紫外光，并且能够反射波长较长的可见光，从而提高纸张的白度。

四、其他化学助剂

为了适应纸张某些特殊用途的需要，往往在纸浆或纸中掺用各种类型的非纤维性添加剂。按其用途划分，大致可以分为如下几类。

1. 湿强剂。湿强剂是为增加纸页的湿强度而加入的助剂，如脲醛树脂、三聚氰胺树脂和酚醛树脂等。

2. 干强剂。如阳离子淀粉、聚丙烯酰胺等。

3. 助留剂。为了减少造纸过程中填料和细小纤维的流失而加入的助剂，如聚丙烯胺、聚氧化乙烯和聚乙烯亚胺等。

4. 消泡剂。如硅油、松节油、十三醇、磷酸三丁酯、戊醇和辛醇等。用于消除造纸过程中的泡沫。

5. 抗水剂。如石蜡、金属皂、乙二醛、三聚氰胺甲醛树脂和丙烯酸二甲胺基乙酯等。这类助剂主要用在要求具有较高抗水能力的纸中。

第三节　印刷纸制造工艺概述

虽然造纸工业已经发展成为一个能够生产各种产品的复杂工业，但是生产这些产品的基本过程是相同的，概括起来可由如下几个工艺组成：分离纤维（制浆）→纸料的制备→纸页的抄造→纸页的整饰与加工处理。

未经涂布加工的纸张称为非涂料纸，如新闻纸、凸版纸和胶版纸等；经涂布加工过的纸张称为涂料纸，如铜版纸、玻璃卡纸等。

一、制浆

制浆是指利用化学方法或机械方法或两者结合的方法，使植物纤维离解成本色浆或漂白浆的生产过程。

1. 化学法制浆

化学法制浆就是利用化学药品的水溶液在一定温度和压力下处理植物纤维原料，将原料中的木素溶出，尽可能地保留纤维素和不同程度地保留半纤维素，使原料纤维彼此分离成浆。化学法中最有代表性的有硫酸盐法和亚硫酸盐法两种。

硫酸盐法药液的主要成分是 $NaOH + Na_2S$，溶液中 S^{2-}、HS^- 和 OH^- 都是很强的亲核试剂，与木素结构单元发生反应，使木素结构单元之间的联接发生断裂，成为溶于水的低分子物质，从而使纤维间分离成单根纤维。硫酸盐法应用范围广，各种类型的原料均可采用此法，成浆强度大，因此抄制包装用牛皮纸和纸袋纸都采用此法制浆，故又称硫酸盐浆为牛皮浆。但此法得浆率低，成浆颜色较深，要制成漂白木浆，需采用技术上较复杂的多段漂白，废液回收设备复杂。尽管如此，硫酸盐法仍然是目前最主要的制浆方法。

亚硫酸盐法根据药液的组成和 pH 值不同，一般又可分为四类：酸性亚硫酸盐法、亚硫酸氢盐法、中性亚硫酸盐和碱性亚硫酸盐法。但无论是酸法还是碱法，脱木素的主要作用都是基于溶液中的 SO_3^{2-} 和 HSO_3^- 与木素反应，在木素结构单元引进了亲水性基团——磺酸基使木素溶出，因此木素大分子没有太大的变化，当然在碱性亚硫酸盐法中 OH^- 也有一定的脱木素作用。亚硫酸盐法的未漂浆色浅易漂，纤维润胀能力大，比硫酸盐法容易打浆，成纸质地柔软，但纸质不高，而且对原料要求严格。

2. 机械法制浆

机械法制浆是利用机械方法对纤维原料进行处理，使纤维离解。用木材为原料的称为机械木浆，以草类为原料的称为机械草浆，目前工业应用的主要是机械木浆，也称磨木浆，机械草浆正在研究开发之中。机械浆保留了原料中的大量木素，显然得浆率高于化学浆。

磨木浆又分为普通磨木浆、木片磨木浆和热磨机械浆。普通磨木浆是应用机械力将原木段压在磨石表面，由旋转的磨石将木材磨解成纤维，再用水把它从磨石表面冲洗下来，即成磨木浆。普通磨木浆主要用来生产新闻纸或与化学木浆配合生产凸版纸及其他印刷用纸。木片磨木浆是在不用化学药品的情况下，分离木片中的纤维并精磨而成的纸浆。若在磨浆前对木片进行热处理，即为热磨机械浆。与普通磨木浆比较，木片磨木浆扩大了原料的范围，通过适当的预热处理，用阔叶木也能生产出较高强度的磨木浆。用木片磨木浆抄造的纸张，不透明度高，印刷性能好，可以减少纸中化学浆的用量，但热磨机械浆颜色较深。实际印刷中也发现，用机械浆配抄的印刷纸，不透明度高，纸面平滑细致，组织均匀，可压缩性好，吸墨性好，印出的字迹、图像清晰美观。

化学机械法包括半化学法和化学机械法两种方法。制浆都是先用化学药品对原料进行预处理，然后再用机械方法进行进一步磨解。由于化学处理条件比较温和，所以得浆率很高，被称为高得率浆。目前已成功地用化学机械浆来抄造新闻纸、包装纸和各种包装纸板，经过漂白后还可用于制造书写纸、杂志纸等一些较高档的印刷纸。化学机械法中的碱性过氧化氢化学机械法是制浆方法的一个发展方向。

除上述制浆方法外，目前新发展起来的新方法有蒸汽爆破法制浆和生物制浆，这些方法不仅成浆得率高，成纸强度高，而且能耗低，可以减少或消除制浆废液对环境的污染，因而是制浆的发展方向。

二、漂白

经过化学蒸煮或机械磨解等方法制得的纸浆，叫做本色浆，本色浆都有一定的颜色，深的呈暗褐色，浅的呈灰白色。浆料中的木素是纸浆呈色的主要原因。要满足纸张的使用要求，就必须对纸浆进行漂白处理，使纸张具有一定的白度。漂白的目的就是用适当的漂白剂，通过氧化或还原或分解等反应，使纸浆中残留的木素进一步溶出，或在保留木素的情况下使有色物质褪色。常用的漂白方法有两大类：一类是氧化性漂白剂，能破坏木素的结构，使其溶解，达到提高纸浆纯度，同时也提高纸浆白度的目的。此类漂白剂有 Cl_2、ClO_2 和次氯酸盐等。另一类是还原性漂白剂，它是使发色基团改变结构，使其脱色。由于不会造成纤维组分的损失，并保持原浆料的特性，因此特别适用于磨木浆、化学机械浆等高得率浆的漂白。此类漂白剂有连二亚硫酸锌、连二亚硫酸钠、过氧化氢和过氧化钠等。还原性漂白剂漂白的纸浆成纸白度稳定性差，在空气中长时间光照日晒后又会恢复原来的颜色。因此目前仍以氧化性漂白为主要的漂白方法。氧化性漂白剂为含氯漂白，由于污染严重，也将逐渐被含氧漂白方法所取代。近年来，生物漂白方法正不断得到运用，它是以一些微生物产生的酶与纸浆中的某些成分作用，形成脱木素或有利于脱木素的状况，能够极大地改善纸浆的可漂性，提高纸浆的白度。纸浆生物漂白用酶主要有半纤维素酶和木素酶等两种。生物漂白不仅明显减少了漂白污染，也可以减少化学漂剂的用量。

三、纸料的制备

1. 打浆

经过蒸煮或机械磨解、洗涤、筛选和漂白以后的纸浆，还不能直接用来抄纸。因为纸浆中的纤维缺乏必要的柔曲性，如果用它抄纸，纸张会疏松、多孔，表面粗糙，强度低，不能满足使用的要求。打浆就是利用机械方法处理水中的纤维，使其具有满足造纸机生产要求的特性，使生产的纸张能达到预期的质量指标。所以打浆是造纸过程中最重要的工段。

打浆的作用是使纤维细胞发生位移变形，破除初生壁和次生壁外层，纤维润胀和细纤维化，并受到部分切断。打浆过程中，这些作用是交错进行的。吸水润胀为纤维的细纤维化创造了有利条件；反过来，纤维的细纤维化又能促进纤维的进一步吸水润胀。纤维的细纤维化分为外部细纤维化和内部细纤维化。外部细纤维化的结果，纤维表面和两端分丝，增加了纤维的比表面积，纤维表面游离出大量具有亲水性能的羟基，在水中通过水的作用形成水桥，在干燥脱水后，转化为纤维之间氢键结合，如图 1－11 所示。

氢键只有在相邻羟基间距离小于 2.55～2.75Å 范围之内才能形成。内部细纤维化的结果，纤维变的具有高度的柔软性和可塑性，因而有利于纸页成型时增加纤维之间的交织，干燥后纤维间形成更多的氢键。所以打浆的结果，大大增强了纤维间的结合力，提高了纸张的强度。图 1－12 所示为打浆对纸张强度的影响，从图中可以看出，随着打浆的进行，纤维间结合力不断增加，除撕裂度外，抗张强度、耐破度和耐折度均不断增加，但打浆到一定程度后又开始下降。因此控制一定的打浆度，可以得到所希望的纸张强度。打浆除影响纸张的强度外，打浆还导致纸张平滑度增加，紧度增加，吸收性和不透明度下降。这些影响对于印刷纸来讲，有的是有利的，有的是不利的，因此，只有根据不同的纸张品种，选择适当的打浆工艺，才能得到具有良好印刷适性的纸张。

图 1－11　水桥与纤维间的氢键结合

图 1－12　打浆对纸张强度的影响

2. 调料

调料就是根据纸张不同用途要求，向打浆完毕的浆料中加入各种辅料，如胶料、填料和色料等，以制成适合造纸机抄造纸页的纸料。因此，调料的目的主要是从不同的角度，改进与纸浆和纸张有关的质量指标，但并不是所有纸张都必须经过调料处理。

四、纸页的抄造

1. 抄造方法和设备

纸页的抄造方法可以分为干法和湿法两大类，其主要区别在于湿法造纸以水为介质，干法造纸则以空气为介质，目前绝大多数的纸张都是湿法抄造的。

湿法造纸机按纸页成型的结构，一般可以分为长网造纸机、圆网造纸机和夹网造纸机三大类。长网造纸机和圆网造纸机是目前我国应用最多的两类造纸机，夹网造纸机是新近发展起来的新造纸设备。长网造纸机、圆网造纸机在纸页成型时都是采用单面脱水，因而会造成纸页的两面差，而夹网造纸机采用喷浆双面同时脱水，有效地减少或消除了纸页的两面差，提高了成纸的匀度。

2. 抄造过程及特点

长网纸机是目前应用最为广泛的造纸机，下面以长网造纸机为例介绍纸页的抄造过程。

图 1－13 为长网造纸机的示意图。整台造纸机是一种连续工作的联动机，由湿部和干部

两部分组成，湿部包括流浆箱、网部和压榨部；干部包括干燥部、压光部和卷纸机。由净化系统送来的纸料悬浮液，通过流浆箱以均匀、稳定的出浆速度喷到网面上，通过网部成型并脱去大部分水后，送到压榨部进一步脱水，并改善纸页性能，增加纸页的紧度和表面平滑度。纸页通过压榨部机械脱水后，被送到干燥部利用热能进一步脱水，以达到成纸干度的要求。胶版纸在干燥部还要进行表面施胶处理，以提高纸张的表面强度，适应高速印刷的要求。从干燥部出来的纸，表面还很粗糙，不能适应印刷和书写的要求。为了提高纸张的平滑度，调整纸张的厚薄，纸页还必须经过一道或几道金属压辊进行压光处理。出压光机的纸在纸机出口卷成卷筒，最后经切纸机分切成单张纸或用复卷机卷成卷筒纸。

图 1-13　长网造纸机示意图

五、纸页的涂布加工

1. 涂布加工的目的及对纸张性质的影响

我们知道，印刷的目的就是要忠实地再现原稿，它包括颜色的再现和阶调的再现两个方面。阶调的再现要求把印版上用网点组成的图像通过印刷还原在纸面上，并使油墨均匀地分布在各个网点内，这就要求纸张表面要有良好的平滑度和吸墨性。如果纸面上有较大的凹凸不平，显然就不能使细小的网点还原，造成层次丢失，图像实地部分均匀性下降，影响印刷复制效果。

纸张的纤维长短粗细，依原料不同各不相同，但一般长度在 1mm 左右，直径在几十微米左右。虽经过压光后，纸面纤维已不是松散排列，具有一定的紧度，但表面的平滑度还不能满足精细印刷品的印刷要求。如目前印刷在涂料纸上的网点线数绝大多数为 150 线/英寸（150Lpi）以上，这表示在 1 英寸内有 150 个网点，这时最大的网点间隔为 170μm 左右，也就是从这个网点中心到另一个网点中心为 170μm。除了网点与网点相重叠的暗调部分外，中间调部分的网点直径都在 170μm 以下，亮调部分的网点直径就更细小，也就在几十微米以下了。因此非涂料纸不可能达到精细印刷所需的性能要求，只能采用更粗网线的网点进行印刷。此外非涂料纸表面均匀性差，印刷后墨色不匀，光泽度低，均不能满足高档印刷的要求。为了适应和满足这一需要，就必须进行纸面涂布加工处理。

涂布加工的目的，是在表面存在的由纤维形成的凹凸不平和有较大孔隙的普通纸上，覆盖上一层由细微粒子组成的对油墨吸收性良好的涂料，以便得到具有良好的均匀性和平滑度的纸面。此外，通过涂布还可以提高纸张的光泽度，改善纸张的形稳性和不透明度。这些效果均随着涂布量的增加而增加。图 1-14 所示为随涂布量的增加纸张经超级压光后光泽的变化。图 1-15 所示为不同涂布量的纸张的表面凹凸情况。从图 1-14 和图 1-15 都可以明显看出，随着涂布量的增加，纸面越趋于平滑，表面光泽度越高。

图1-14　涂布量对纸张光泽度的影响

图1-15　不同涂布量的纸张表面凹凸状况

2．印刷涂料纸的种类

印刷涂料纸一般可以分为普通涂料纸和特殊涂料纸两大类。普通涂料纸是采用普通涂布方式把涂料涂布于原纸表面，经干燥后再进行压光处理，最后裁成单张纸或卷筒纸。如铜版纸、轻量涂料纸等都为普通涂料纸，其中铜版纸是采用高级涂料以最大限度的涂布量加工而成的高级涂料纸，它在印刷光泽度和网点的再现性方面，效果都尤为突出，因而常用于商业宣传手册、产品样本、挂历及高级书籍（如美术图片集等）的印刷。特殊涂料纸是指采用特殊涂料或特殊的加工方式制成的印刷涂料纸。如铸涂纸（即玻璃卡纸）、压花纸和无光涂料纸等都为特殊涂料纸。其中无光涂料纸因其较低的光泽而被广泛用于以阅读为主的高档印刷品的印刷。

3．印刷涂料纸的生产

涂料纸生产的一般过程如下：原纸的选择→涂料制备→涂布机涂布→干燥→压光或表面整理→分切或复卷。

涂布加工可以改善原纸的性能，但绝不意味着与原纸质量无关紧要；相反，原纸的质量对涂料纸的质量有着极重要的影响。涂料纸对原纸总的要求是：在涂布机上能顺利地进行涂布，涂层均一；用尽量少的胶黏剂，使纸页与涂层间能获得良好的结合；用尽量少的涂料，能获得合乎要求的、质量均一的涂料纸。因此必须在生产中严格控制原纸的质量。

用于涂料纸的涂料，必须具备使原纸得到很好的涂布，形成平滑的涂料层的特性；同时，又要具备良好的油墨接受性，印刷时顺利地得到预期的印刷效果。构成涂料的成分分为：颜料、胶黏剂和助剂。颜料是涂料的主要成分，占 70% ~ 80%。它是决定涂料纸油墨接受性、平滑度、光泽、白度和不透明度的主要成分。用作涂料的颜料主要有高岭土、碳酸钙、钛白和锻白等，其粒径一般在 $1 \sim 2\mu m$。胶黏剂在涂料中的作用是使颜料粒子间相互黏结，使涂层与原纸间牢固黏结。如果黏结不牢固，印刷时即会发生故障。如果是颜料粒子之间黏结不牢，则会发生掉粉掉毛现象，脱落的纸粉纸毛堆积在橡皮布上使图像变得粗糙；如果涂层与原纸之间黏结不牢，则会在印刷中产生拉毛现象。只要涂料中胶黏剂的用量足够，就不会发生上述现象。但由于胶黏剂价格高于颜料，因此从经济的角度应把胶黏剂的用量控制在最少的需要量上，一般约占颜料的 20%。此外，胶黏剂也影响涂料纸的油墨接受性和光泽等质量指标。目前常用的胶黏剂有淀粉、干酪素、聚乙烯醇和合成树脂胶乳等，其中黏结力最强的是聚乙烯醇，其黏结力相当于胶乳的2~2.5倍，干酪素的3倍，淀粉的3~4倍。图1-16给出了各种胶黏剂的用量与成品表面强度之间的关系。

从原理上讲，用颜料和胶黏剂就可以配成涂料，但在实际应用中，为了改进颜料的分散性，提高涂层的耐水性，以及改善涂料的流动等还加入不同用途的助剂。这些助剂主要有分散剂、耐水剂、流动化剂和润滑剂等。其中润滑剂是为改善超级压光的上光效果。

图1-16　胶黏剂的用量对纸表面强度的影响
1—氧化淀粉；2—干酪素；3—CMC；4—PVA

涂布作业按涂布机与造纸机的关系分为机内式（on-machine）和机外式（off-machine），按涂布次数分为单层涂布和双层涂布。机内式涂布就是在造纸机上装有涂布机，使造纸与涂布连续进行；机外式涂布就是涂布机与造纸机是完全分开的。双层涂布的纸张比单层涂布的纸具有更好的印刷适性，是提高涂料纸质量的有效方法。用于涂布作业的涂布机主要有辊式涂布机、气刀涂布机和刮刀涂布机三种。

涂料涂布于原纸表面后，不能像非涂料纸那样直接用烘缸进行干燥，因为，涂料层还处于湿润状态，直接接触干燥会使涂料沾到烘缸表面。因此，一般采用红外线干燥或热风干燥，或采用这些干燥方式干燥到一定干度后，再用烘缸进行接触干燥。

通过涂布加工，原纸的表面凹凸不平现象虽被覆盖而得到较为平整的表面，但这样的表面还存在大量细微的凹凸不平，这种状态还不能满足所要求的光泽度。为此，还必须进行表面压光处理，以提高涂料纸的光泽度。最常用的压光方法为超级压光。超级压光机由多个金属辊和纸粕辊（由人造纤维或棉布压制而成）组成，纸张在辊与辊之间通过时受压力和摩擦力作用而产生光泽。无光涂料纸不进行超级压光，或只进行轻微的压光。

复习思考题一

1. 简述植物纤维原料的主要化学组成及其特点。
2. 从纤维素的结构分析，纤维素和木素的性质对纸张性能各有什么影响？
3. 纸张的强度基础是什么？为什么纸张吸湿后强度会降低？
4. 加填为什么能提高纸张的白度、不透明度和平滑度？
5. 施胶的目的是什么？施胶有哪两种主要形式？它们各自采用什么胶料？并分析每种胶料的特点。
6. 分析表面施胶对纸张性能的影响。
7. 打浆的作用是什么？它对纸张性能有何影响？
8. 对纸页进行涂布加工的目的是什么？涂料的主要组成及其作用分别是什么？
9. 涂料中颜料粒子对纸张不透明度的影响为什么不如填料对纸张不透明度的影响明显？

第二章
纸张的结构

第一节 概述

结构是指形成整体的元素及其分布。因此，研究纸张的结构也就是研究构成纸张的元素，如纤维、填料等及其这些组分在整个纸页中的排列和分布。

造纸原料和工艺决定了纸张的结构，纸张的结构又决定了纸张的性能，从而决定了纸张的使用效果。也就是说，具有不同结构的纸张将具有不同的用途。因此，弄清楚纸张的结构特点，对于进一步认识它的性能和使用效果是非常重要的。

纸张是一种非均质材料，其结构是相当复杂的，其结构特点归纳为如下几个方面：

（1）具有多相复杂的结构元素。在纸的成分中含有较长的，也有较短的不同来源的纤维，以及填料、胶料和色料等。其中纤维是纸张结构最基本的元素，纤维原料的种类和加工方法的不同，纸页的结构性质也各不相同。

（2）结构元素在三个相互垂直方向上分布各向异性。表现在纤维的排列方向不同，不同尺寸的纤维分布不同，以及填料、胶料、色料和空气含量等的分布不同。

（3）具有孔隙结构。这是纸张能吸收水、水蒸气、油墨等液体物质的基础。

（4）结构元素之间存在结合力，这些作用力是纸张强度的基础。

（5）大多数纸张的结构都具有两面性，即纸页的两面具有不同的结构性能。

第二节 纸张的基本结构性质

一、纸张的正面和反面

纸张有正、反两面，正面为毛毯面（Felt Side/Top Side），反面为网面（Wire Side/Bottom Side）。反面由于在纸页成型过程中与铜网接触，从而使纸面产生网印痕迹，因此反面总是比较粗糙，也比较疏松；而正面则比较平滑、紧密。正、反面的各种性质都不一样，纸张的这种两面不均的现象，称为纸张的两面性。产生纸张两面性的原因是由于在纸页成型过程中单面脱水，网面细小纤维和填料流失过多所致。

纸张的两面性对印刷纸质量的影响很大，它可导致印刷品质量的不均匀性，不利于印刷品质量的控制。表2－1、表2－2中列出了几种字典纸、胶版纸正反面平滑度、表面强度及着墨效果的差别。从表中可见，纸张的正面平滑度较高，着墨效果较好，但表面强度较反面低，即在印刷中更易发生拉毛现象。相反，纸张的反面则较为粗糙，着墨效果较正面差，但表面强度较高，在印刷中不易发生拉毛现象。在实际印刷中我们也常常会发现，当采用B－B型轮转胶印机印刷书刊或报纸时，与纸张正面接触的橡皮布表面的掉粉掉毛现象要比另一面严重得多。

表2－1　几种字典纸的正反面差别

产地		瑞典	英国	日本	黄台（中国）	龙游（中国）
定量（g/m²）		42.2	44.5	42.2	41.5	452.0	42.2
平滑度（s）	正	75.0	37.4	159.0	157.0	156.0	50.7
	反	46.6	24.0	93.2	139.0	127	29.4
拉毛速度（cm/s）	正	55	78	50	50	48	79
	反	91	95	62	69	66	85
印刷密度	红色 正	0.44	0.40	0.58	0.64	0.65	0.31
	红色 反	0.42	0.37	0.58	0.62	0.55	0.28
	蓝色 正	0.38	0.45	0.57	0.65	0.75	0.44
	蓝色 反	0.31	0.37	0.57	0.54	0.60	0.40

注：产地列中瑞典42.2、英国44.5、日本42.2、黄台41.5/452.0、龙游42.2

表2－2　几种胶版纸的正反面差别

测试项目＼纸样	晨鸣 70g/m²	晨鸣 80g/m²	银鸽 70g/m²	银鸽 80g/m²	娇源 70g/m²	娇源 80g/m²	金太阳 70g/m²	金太阳 80g/m²
粗糙度（正面）PPS值（μm）	3.55	4.48	3.75	3.75	5.06	5.14	3.68	4.38
粗糙度（反面）PPS（μm）	4.01	4.54	6.10	5.19	5.46	5.66	4.13	4.86
临界拉毛速度（m/s）（正面）	2.93	2.96	2.33	2.18	2.71	2.98	2.46	2.78
临界拉毛速度（m/s）（反面）	2.98	2.98	2.47	2.33	2.93	3.01	2.89	2.94
印刷品密度（正面）青油墨	1.41	1.42	1.47	1.52	1.63	1.53	1.56	1.48
印刷品密度（反面）青油墨	1.39	1.39	1.43	1.48	1.55	1.50	1.51	1.44

为了克服纸张的这种两面性，目前国外抄纸设备已采用立式夹网造纸机，这种造纸机在网部采用两面同时脱水，从而大大减少了纸张两面的差别，也有效地解决了非涂料印刷纸在印刷中的掉粉掉毛问题。

纸张正反面表面状况的不一致，一般用放大镜可看出。如果用肉眼不能辨别时，可用水或弱碱液把纸页润湿几秒钟，以消除压光机的平滑作用，使纤维组织松散，然后在良好的光线下观察纸面，铜网印迹清晰的一面为反面，印迹较浅而且不均匀的一面为正面。也可将纸面折叠，使两面同在一面上，用硬币在两面上划一痕迹，观察两面的痕迹，较浅的一面为反面，因反面填料量低，划痕不易显出（参照 GB/T 452.2—2002）。

二、纸张的纵向和横向

纸张具有一定的方向性，在纸页抄造过程中与造纸机运转方向平行的为纸张的纵向（machine direction），与造纸机运转方向垂直的方向为纸张的横向（cross direction）。由于在纸页成型过程中纤维受到造纸机运转方向较大的牵引力作用，使纤维大多数沿造纸机运转方向排列，造成纸张的纵向和横向在许多性能上存在差别，这就是所谓的纸张的方向性。由于纸张的方向性，单张纸则可能因裁切方法不同，而分为纵向纸和横向纸两种，如图 2-1 所示。

（a）纸张纵向(纵向纸)　（b）纸张横向(横向纸)

印刷方向

图 2-1 纵向纸与横向纸

纸张的方向性在单张纸印刷中有其重要作用，特别是在胶印中。由于纸张纤维在吸湿润胀时，纤维直径方向膨润的幅度比其长度方向要大，故纸张吸湿时，横向伸长率比纵向大，一般大 2~8 倍。所以在单张纸胶印中更倾向用纵向纸张。有人试验过规格为 787mm×1092mm 的单张印刷纸，当相对湿度从 50% 升到 65% 时，纵向伸长率为 0.05%，横向伸长率为 0.15%。若 787mm×1092mm 为纵向纸，则其长边伸长为 0.55mm，短边伸长为 1.18mm；若为横向纸，则其长边伸长为 1.64 mm，短边伸长为 0.40mm，可见横向纸比纵向纸在受湿度影响时变形更为严重。因此，印刷纸最好切成纵向纸。

鉴定纸张的纵横方向，有以下几种方法（参照 GB/T 452.1—1989）。

（1）纸页卷曲法。将试样切成 50mm×50mm 见方，将试样放在水面上，注意观察纸张卷曲的方向，与卷曲轴平行的方向为纸张的纵向。

（2）纸条弯曲法。按互相垂直的方向切取试样各一条，长 200mm，宽 15mm，并在每一条试样上做一个记号，使其重叠，用手指捏住一端，另一端自由地弯向左方或右方，如两个纸条分开，下面的纸条弯曲大，则为纸张的横向；再将两纸条弯向另一方向，如上面纸条压在下面的纸条上，两个纸条不分开，上面的纸条为横向。

（3）抗张强度鉴别法。按纸条的强度分辨纸张的纵横向。一般纵向抗张强度和耐折度大于横向的抗张强度和耐折度，抗张强度或耐折度大的方向为纸张纵向，小的为横向。在实验室中，这种方法最为可靠和方便。

三、纸张的匀度

纸张的匀度（formation）是指纸张中纤维分布的均匀程度（uniformity）。匀度不仅影响纸张的外观质量，同时影响纸张的物理性能和光学性能，以及非涂料印刷纸的印刷质量，因而是纸张非常重要的结构性能。

匀度一般在均匀的光线照明下，利用目测透视纸页来检查，这种方法的检查结果不能用数值表示，只能依靠观察者的判断。目前国际上开发了三种主要测量纸张匀度的仪器，它们分别为 STFI 匀度仪、QNSM 匀度仪和 MK 公司的三维纸页结构分析仪。表 2－3 所示为三种匀度测量仪器对几种纸张的匀度测量结果（均以匀度指数表示）。从表 2－3 可见，三种测量方法的测量结果基本上是一致的。

表 2－3　几种纸张的匀度指数

试样号	STFI 法	QNSM 法	MK 法
1	8.67	61.5	2.1
2	8.14	57.0	2.0
3	10.2	73.0	2.2
4	10.6	84.0	2.5
5	9.08	61.0	2.1
6	14.1	75.0	3.0

在这三种方法中，以 MK 三维纸页结构分析仪应用最为广泛，利用该装置不仅可以测量纸张的匀度，而且可以测量纸张中纤维束集团的大小及其分布、纸张中"孔洞"的大小及其分布以及纸页的三维结构。该仪器的原理如图 2－2 所示。纸页固定在直径为 10cm，长 20cm 的滚筒上，一束可控制强度的光线射到纸页上，光线照射区域的面积在 $0.44 \sim 11mm^2$ 之间，在光源的对面有一光电管，纸页在光源与光电管之间通过，光源和光电管同步移动的同时，纸样滚筒以 150r/min 速度转动对纸样进行扫描，扫描区域的面积为 $18cm \times 25cm$。每次扫描前，滚筒沿其右端转动 20 圈，使透过所有纸样的平均光量都相同。因此该仪器实际上测量的是纸面光学密度的偏差，即纸页定量的偏差。因为大量的研究已表明纸张的定量与光学密度之间有着良好的线性关系。

图 2－2　MK 三维纸页结构分析仪示意图

第三节 纸张的水平结构及垂直结构

一、纸张的水平结构

纸张的水平结构也就是所谓的纸张的理想二维网络的统计几何结构，理想二维网络是指把 n 根纤维通过随机方法放于面积为 A 的平面上形成的理想纤维网络，简称为 2－D 纸页。尽管我们知道纸张具有多层结构，但实际上，纸页中纤维都是在平面上分布的。因此，弄清楚纸张的水平结构特性对于认识纸张的结构是十分重要的。

纸页的力学性质不仅取决于纤维间的接触，即纤维间交叉的总量，而且还取决于纤维网络中每根纤维交叉的数量。对于实际纸页，不仅每平方毫米的纤维交叉数在整个纸页平面上是不等的，而且平面上各纤维间每根纤维交叉的数量也各不相等。因此，要弄清楚 2－D 纸页的结构，必须确定出每平方毫米纤维交叉数量的分布和每根纤维交叉数量的分布。

（1）每平方毫米纤维交叉数量的分布

该分布取决于每平方毫米内的纤维或纤维段（fiber segment）数量的变化。而每平方毫米上纤维段的变化又是由于整个纸页上纤维的不均匀分布，即纤维中心（fiber-center）的不均匀分布造成的。因而，纤维中心的不均匀分布是纸页不均匀性最基本的原因。图 2－3 所示为纸页的每平方毫米纤维交叉数量的分布示意图。

（2）每根纤维交叉数量的分布

造成每根纤维交叉数量不同原因有两个，一是由于纸页中的纤维具有不同的长度；另一个方面则是由于在整个纸页上，纤维与单位长度线交叉的数量是变化的。观察线交叉点间的距离即相当于沿一根纤维交叉点间的距离，两交叉点之间的距离称为自由纤维长度（free fiber length）或间隙大小。因此，每根纤维交叉数量的分布也可用自由纤维长度的分布来表示。图 2－4 所示为纸页的每根纤维交叉数量分布情况。

图 2－3　每平方毫米纤维交叉数量的分布

图 2－4　每根纤维交叉数量的分布

在研究纸页水平结构时，除考察上述主要结构性质的分布特性外，还常测量如下几个方面的分布性质，即每平方毫米上纤维长度的分布、每根自由纤维长度数量的分布和自由纤维长度大小的分布，有关这方面的内容可以参阅有关文献和专著。

二、纸张的垂直结构

纸张的垂直结构（Vertical structure）也就是所谓的纸张的 Z 向结构。仅需要最小的放大我们就可以明显看到：纸页中每根纤维都平行于纸页平面而排列，或者仅仅与平面成很小的角度，也就是说纸页具有多层结构。但这并不是说在纸页 Z 向存在不连续层，而是表明对于任意纤维，尽管它们的长度是纸页厚度的 10～20 倍，却没有沿纸页 Z 向穿透到一定厚度。在纸内，一些纤维沿纸页顶面沉积，一些在中层，还有一些则沿本身全长接近网面排列。图 2－5 所示为纸页的横截面放大图。从图 2－5 中可见，纸页中纤维间完全是分层排列的，所以我们可以把纸页看成由多层前述 2－D 纸页组成的多平面纤维网络，即所谓的 MP 纸页。

图 2－5　纸页的横截面

在纸张的垂直结构中，最重要的结构性质是纤维间黏结的程度。纸张中纤维间的黏结状态决定了纸张在垂直方向的抗张强度，称为剥离强度或 Z 向强度。剥离强度在印刷中，尤其在轮转胶印中十分重要，印刷过程的拉毛现象就是由于纸张的 Z 向强度不足造成的。

纤维间的黏结状态常用相对黏结面积（Relative Bonded Area）来表示，简称 RBA。RBA 是指纸页中纤维间总黏结面积与发生黏结的纤维的总面积的比率，即：

$$\text{RBA} = \frac{S_{fe}}{S_b} = 1 - \frac{S_e}{S_b}$$

式中　S_b——纸页中纤维间的总黏结比表面积（cm^2/g）；

　　　S_{fe}——发生黏结的纤维的总比表面积（cm^2/g）；

　　　S_e——纸页纤维间未产生黏结部分的比表面积（cm^2/g）。

RBA 的常用测量方法有两个。一是 N_2 吸收法，该方法基于气体在固体表面吸附的 BET 理论，根据吸收前后 N_2 的压力变化测出纸页吸收的 N_2 量。由于吸收的这些 N_2 都是吸附在未发生黏结的纤维表面上，从而可求出 RBA。另一方法为光散射法，该法是基于未黏结部分表面对光的散射作用，影响纸张的光散射系数，从而根据光散射系数与 RBA 之间的关系，通过测量纸页的光散射系数便可求出 RBA。表 2－4 所列为两种方法测得的不同打浆效果的纸页的 RBA 结果。

表2－4　不同打浆效果的 RBA 值 %

打浆时间（min）	N₂ 吸收法	光散射法
0	10	8
10	22	27
13	29	31
24	40	37

在纸张垂直结构中，第二个重要的结构性质是细小纤维和填料在 Z 向的分布。由于在纸页成型过程中，细小纤维和填料通过网部流失，造成纸张正面细小纤维和填料量高于反面。沿垂直方向细小纤维和填料的分布如图2－6所示。

图2－7直观地示出了不同纸页成型方法对纸面 Z 向细小纤维和填料的分布、纤维取向情况及纤维分散情况的影响。从图中可看出不同成型工艺，其纸页 Z 向结构情况具有显著的差别。实验室方法的纸页，纤维沿 Z 向不仅分散好，而且能随机取向，

图2－6　填料在纸张 Z 向的分布

细小纤维和填料的含量呈横 V 形分布；普通长网纸机的纸页，从正面向反面纤维取向程度加重，但絮聚程度减少，这与网面受到的剪切作用有关；两种圆网纸机形成的纸页比较，不仅纤维取向情况和分散程度不同，而且细小纤维和填料的分布状况也存在较大的差别。

图2－7　不同造纸方法的纸页 Z 向结构情况

第四节　纸张的孔隙结构

纸张是一种多孔材料。纸张的许多性能，如对油墨、水及其他乳浊液、悬浊液的吸收和过滤性能，都由其孔隙结构所决定。对于印刷用纸的研究发现，若纸张的孔隙结构与油墨特性之间不相匹配，在油墨固着之前过多吸收油墨中的连结料，则会导致印刷品光泽和密度的降低。可见，纸张的孔隙结构对于印刷纸、书写纸、过滤纸、防水（油）纸及其他纸的适用性有重大的影响。本节将对与印刷过程、印刷质量直接相关的孔隙结构进行讨论。

纸张的孔隙结构是由构成纸张基本组成——多孔的纤维和纸张成形过程中纤维之间的交织情况决定的。和任何其他多孔材料一样，纸张孔隙结构的几何特性可从其孔隙率、比表面积、平均孔径、孔径分布等来描述，在此主要讨论孔隙率、平均孔半径及分布。

一、孔隙率

纸张的孔隙率是指纸张孔隙体积与纸张的总体积之比，通常由下式近似计算

$$\varepsilon = 1 - \frac{\mathrm{d}p}{\mathrm{d}f}$$

式中　ε——孔隙率；

　　　$\mathrm{d}p$——纸张的表观密度（即紧度）；

　　　$\mathrm{d}f$——绝干纤维的密度，常近似取为 $1.55\mathrm{g/cm^3}$。

上式中 $\mathrm{d}p$ 的值可由标准条件下测量纸张的厚度和定量计算出。可见，要确定纸张的孔隙率，利用此法是较为简便的。但大量研究发现，由于纸张表面粗糙度和可压缩性的影响，采用上式求得的纸张孔隙率的误差可达 50%，对于孔隙率大的纸张，这种影响尤为明显。此外，风干纤维的体积与绝干纤维加风干纤维所含水分体积之和是不相等的，这会产生进一步的误差。因此，上式只能确定出纸张孔隙率的近似值。

另一种比较简单的方法是用苯去饱和在不同温度下干燥的手抄纸样，通过对试样饱和前后称重的方法确定纸张的孔隙率。结果发现，当干燥温度从 50℃ 升到 130℃ 时。纸张的孔隙率从 0.35 增加到 0.50。苯饱和法由下式计算出纸张的孔隙率：

$$\varepsilon = \frac{W_2 - W_1}{V \cdot \mathrm{d}}$$

式中　W_1——试样饱和前的质量；

　　　W_2——试样饱和后的质量；

　　　V——纸张的体积；

　　　d——苯的密度。

也有人用乙醇代替苯进行对比实验，结果表明偏差不大于 5%，与用氮渗透法得到的结果非常一致。

二、平均孔半径

平均孔半径又称等效孔半径（equivalent pore radius），它是指长度等于纸页厚度之孔隙的当量半径。即通过单位面积上半径为平均孔半径的孔的流体流量与通过单位面积上所有孔隙的流体流量相等。由于纸张的孔隙是由大小不同的相互连通的通道所组成的一个复杂系统，因而平均孔半径同孔隙一样，仅能表示出孔隙量的相对大小，不能说明孔隙的大小、形状和分布。曾经有人利用空气渗入法得出涂料和证券纸的平均孔半径的范围为 $0.2 \sim 1.2\mu m$，所用公式为：

$$\frac{V}{t} = \frac{n\pi r^4 \Delta p}{8\eta l} \left(\frac{2p - \Delta p}{2p}\right) \left(1 + \frac{4S}{r}\right)$$

式中　V/t——空气的体积流速；

　　　Δp——纸页两面间的压力差；

　　　p——所加压力；

　　　n——毛细管数量；

　　　η——空气的黏度；

　　　r——毛细管半径；

　　　l——毛细管长度；

　　　S——滑动系数。

有人用石蜡毛细管上升法对 15 种典型纸张进行测量，结果表明从玻璃纸到滤纸的平均孔半径为 $0.01 \sim 12.6\mu m$，一般印刷纸为 $0.02 \sim 0.2\mu m$。通过对印刷纸和书写纸的三个不同方向的平均孔半径的测量，结果发现，在纵向约为 $0.13\mu m$，在横向约为 $0.08\mu m$，在厚度方向约为 $0.01\mu m$。由此可见，沿纸页纵向的平均孔半径最大，而沿厚度方向的孔半径最小。

三、孔径分布

纸张孔径的分布对于印刷纸张来讲尤为重要，这是因为印刷油墨的颜料粒子也具有一定分布，两者之间只有很好地匹配才能印刷出高质量的印刷品。

纸张是一种孔隙结构复杂的材料，如何准确地测量其孔径分布，目前最公认的是采用模型化方法，即把存在于纸张中复杂的孔隙看成一系列平行的圆柱形毛细管。据流体在毛细管内流动的理论，施加外部压力 p 将流体压入这些毛细管时，存在下列关系式：

$$p = \frac{2\gamma\cos\theta}{r}$$

式中　r——毛细管半径；

　　　θ——固液接触角；

　　　γ——液体的表面张力。

由上式可知，一定的平衡压力对应一个被流体充满的孔径。不断增加压力，测量被压入孔隙的相应流体体积，便可绘制出体积与压力（或对应半径）的关系曲线（即累积分布曲线）。由此曲线，可确定出任何 $r + \Delta r$ 范围内微分孔隙体积，作出相应的微分曲线（即频率分布曲线）。累积分布曲线定量表示了纸张内部孔隙的容量的大小，频率分布曲线则表示孔径的分布情况。

基于毛细管模型而提出的测量纸张孔径分布的方法有：水银压入法、置换法、毛细管吸入法和毛细管上升法。在诸方法中应用最多的是水银压入法，水银压入法被认为是研究多孔材料孔隙特征最有效的方法，它不仅可以测出孔隙率和比表面积，还能同时测出平均孔半径，并能从降压时排出水银的情况推测出不规则孔的形状。

水银压入的测量方法是，先将试样抽空，然后在大气压力下将水银压入纸张较大的孔隙中，再不断增加压力，使水银压入更小的孔隙中。压力不同，压入孔隙的水银的体积亦不同。用压力对相应的压入水银量作图，即可得到孔半径的分布曲线。此法已经在实际中得到了广泛应用。

由于实际纸张的孔半径不容易测量，最近，有文献报道，可以通过测量一定的工艺条件下油墨在不同纸张中渗透的深度，导出一个"渗孔比"，从而计算出纸张的孔半径。

复习思考题二

1. 什么是纸张的两面性？它是如何形成的？它对印刷纸的质量和印刷有哪些影响？如何鉴别和克服纸张的两面性？

2. 何谓纸张的方向性？在单张纸胶印过程中，纸张丝缕方向与印刷方向垂直还是平行？为什么？

3. 什么是纸张的匀度？它影响纸张的哪些性能？

4. 纸张的 Z 向强度和相对黏结面积的定义分别是什么？

5. 纸张的孔隙率和平均孔半径的定义分别是什么？

第三章
纸和纸板的基本物理性能

第一节　概述

一、纸张的质量指标

纸张的用途不一样，其质量要求也不一样。从应用需要出发，纸张的质量大体上可归纳为以下几个方面：外观质量、基本物理性质、力学性质、光学性质、化学性质以及其他特性。

1. 外观质量

外观质量是指尘埃、孔洞、针眼、透明点、皱纹、褶子、条痕、网印、毛布痕、斑点疙瘩、云彩花、裂口、色泽不一致等肉眼可以观察到的缺陷。纸张的外观质量不仅影响使用，而且在不同程度上影响纸的质量，它不但降低了纸张的使用价值和成品率，同时增加了产品的损耗，严重的会损坏设备。如硬质块等印刷时会轧坏印刷胶辊，造成印刷设备的损失；其他一些外观纸病对印刷的影响也是显而易见的。外观纸病和纸的物理性能也有密切关系，例如不均匀的纸的施胶度、透气度、平滑度、抗张强度等也会受到影响，所以对各种纸特别是印刷纸应有一定的外观质量要求。

2. 基本物理性质

基本物理性质包括纸张的定量、厚度、表观密度、平滑度、吸收性等纸张最为普遍的性能。

3. 力学性质

力学性质又称为机械性质或强度性质。它又分为静态强度和动态强度。静态强度是纸张在缓慢受力的情况下，所能承受的最大力，又称为最终强度。它主要包括下面几个质量指标：抗张强度、耐破度、撕裂度、耐折度等。动态强度是指纸张能经受瞬时冲击的程度，它反映了纸张受力后瞬时扩散的动态情况。动态强度主要包括下面几个指标：戳穿强度、环压强度、压缩强度等，这是包装用纸和纸板最重要的质量指标。

4. 化学性质

纸张的化学性质包括纸张的化学组成、纸张的吸湿性、酸碱性、耐久性等。

5. 光学性质

光学性能指白度（亮度）、色泽、光泽度、透明度、不透明度等。对印刷纸张来说，纸张的光学性能是十分重要的，它直接影响着印刷品质量。

有些纸还要求具有某些特殊性能，主要有：水溶性（例如保密文件用纸等），水不溶性（例如茶叶袋纸等），电气性能（例如电气绝缘纸的电磁性能），韧性牛皮纸具有的张力吸收性能等。根据纸张用途还有相应的检测项目来检测其性能。

二、纸张的印刷性能与纸张的质量

印刷纸是纸张品种中的一大类产品。纸张的印刷性能（printing performance），即印刷所要求的纸张性能，概括起来不外乎两方面：一是保证印刷生产的正常进行，纸和纸板应具备的性能，称为纸张的印刷运行性能（printing runability）；二是要获得预期的印刷效果，纸和纸板应具备的性能，也即纸张的印刷适性（printability）。所谓正常的印刷生产，是指纸张能无故障的顺利通过印刷机，印刷出合乎要求的印刷品。由此可见纸张的印刷运行性能是印刷对纸张最基本的要求，它是纸张的外观质量、流变性能、强度和吸湿性等基本性质的综合表现。所谓预期的印刷效果，是指能得到与使用的纸张质量等级相适应的印刷品质量。因此，纸张的印刷适性也是指直接影响印刷品质量的纸张性能，同纸张的印刷运行性能一样，纸张的印刷适性并不是一个单一的纸张性能，而是所有影响印刷品质量的纸张性能的总称。这些性能主要包括印刷平滑度、油墨接受性能、光学性质等纸张的物理性质和光学性质。在一些文献中，把纸张的印刷运行性能称为印刷运行适性，把纸张的印刷适性称为纸张的印刷质量适性，而把纸张的印刷性能统称为纸张的印刷适性。

纸张的印刷性能是以印刷过程中纸张、油墨和印刷机之间的相互作用为基础的，所以要弄清楚不同印刷方式对纸张的要求，就必须首先清楚印刷过程中纸张、油墨和印刷机相互作用的机理及相互之间的关系。但是，作为基础的纸张的基本性质也不能忽视。因为：第一，纸张的基本性质是对纸的印刷性能进行讨论后，反馈到纸张制造工艺中的重要依据；第二，纸张的基本性质，诸如纸的厚度、定量、白度、不透明度、耐久性等虽然与一般印刷性能的项目没有直接的关系，但是，它们却是对最终印刷品进行评价的必要项目。第三，纸张的印刷性能实际上是诸多纸张基本性质的综合反映。因此，研究并弄清楚纸张的基本性质是十分重要的。

三、纸张印刷性能的评价

纸张印刷性能的评价基本有下面几种方法。

1. 实际印刷法。即通过实际印刷机印刷后，以印刷效果来评价纸张的印刷性能。该法耗费大，不适于科学研究。

2. 间接测试法。该法是通过测定一些常规性质，如平滑度、吸收性、光泽度等，来间接预测纸张的印刷性能。由于常规性能指标的测定条件与实际印刷差距较大，因而不十分科学。

3. 模拟印刷适性仪测试法。这是近代发展起来的一种新方法，它模拟印刷机的条件和印刷方法，并能调节印刷压力、墨量和印刷速度，进行各种印刷试验来评价纸张的印刷性质。在上述三种方法中，这种方法是较为科学的方法，并由于所用仪器体积小，操作方便，而被广泛应用。

目前国际上模拟测定印刷性能的仪器种类较多，如联邦德国 Fogra 印刷适性试验机，日本印刷局印刷适性试验机，荷兰 IGT 印刷适性测定仪，美国 Hercules 印刷适性试验机，瑞典印刷研究所印刷适性试验机等共十多种试验机，其中，以荷兰 IGT 印刷适性测定仪应用最为广泛，并日趋标准化。

过去，对纸张印刷质量的评价只限于一些常规测试项目，如平滑度、吸收性、白度、抗张强度等，这些项目的测试都是在与印刷不相同的条件下进行的。目前的研究表明，这些常规测试项目的结果并不能完全反映纸张印刷质量的优劣，如粗糙均匀的纸张可能会比平滑的纸张印出更高质量的印刷品；某些常规指标都较高的纸张却常给印刷带来故障；这些现象只能用纸张印刷适性的观点来解释。由此可见，纸张印刷适性的研究应借助于可模拟印刷的印刷适性仪。

纸张印刷适性的研究还涉及高分子科学、流变学、表面科学等多门基础学科，是一个十分广泛的研究领域。

第二节　定量、厚度和紧度

一、定量

定量(basic weight)是指纸张单位面积的质量，以 g/m^2 表示。定量是构成纸张规格的基本度量。在技术方面，它是进行纸张各种技术指标(如强度)评价时的基本条件。在经济方面，它是每吨单价与总价格相关的基本因素。纸张是按面积大小使用的商品，然而纸张的销售是按质量进行计价的，因此，从经济的观点考虑，应尽量使用定量低的纸张。如果纸张比标准定量重，则相同重量下可印刷的份数就少。如新闻纸印刷报纸时，按定量为 $51g/m^2$，每吨纸张可印大约 46000 张报纸；若定量增加 $1g/m^2$，即为 $52g/m^2$，则每吨纸比 $51g/m^2$ 的纸要少印1000 份报纸。因此必须严格控制纸张的定量。目前国外为节约原料，纸张不断向低定量方面发展，新闻纸已降低到 $45g/m^2$，航空版为 $30g/m^2$。为此生产和印刷部门都应采用相应措施，在降低定量的同时，保证纸张和印刷品的质量。因为，降低纸张定量会增加纸张的生产成本，但降低定量会降低纸张的挺度，又会给单张纸印刷带来困难。所以，实际上是按不同的使用要求选择不同定量的纸张。

定量影响纸张的物理性能以及许多光学性能和电学性能。一般的物理性能如抗张强度、耐破度、撕裂度、紧度、厚度、不透明度等都与定量有关。为使同一类型纸张的强度相互比较，常把这些指标换算成抗张指数、断裂长、撕裂指数、耐破指数等。在纸张生产上，为严格控制定量使其波动不要太大，常采用浓度调节器或进行定量在线控制。

纸张的定量可以采用象限称或感量为 0.01g（试样的质量在 5g 以上）的天平进行测量，

称量单位面积纸样的重量，再换算为定量（参照 GB/T 451.2—2002 或 ISO 536: 1995）。

二、厚度

纸张的厚度表示纸张的厚薄程度。一般要求一批纸的厚度一致，否则制成品的厚薄就不均匀，如书刊印刷纸，若其厚度不一致，则印出的书有厚有薄，同一本书内厚薄不均匀或同一批书厚薄不均匀对读者及印刷部门皆不适宜，经济上也不合理。所以，印刷纸的厚度是一项重要的物理性能指标，同时，厚度影响印刷压力的调节，影响印刷纸的不透明度和可压缩性，是各种纸张和纸板的一项使用条件，所以要控制纸张的厚度，以便使纸张的其他物理性能、光学性能和电气性能得到适当控制。

纸张是一种可压缩性材料，其真实厚度是难以准确测量的，我们所讲的纸张厚度是指在一定测量条件下，即一定面积，一定压力下纸张两个表面之间的垂直距离。标准的测量压力为（100 ±10）kPa，接触面积为（200 ±5）mm²。此外，测量时纸张的张数不同，所得到的平均厚度值不相同，表 3 - 1 所列为两种印刷纸不同张数厚度平均值结果（参照 GB/T 451.3—2002 或 ISO 534: 1988）。从表 3 -1 可见，单张纸测得的厚度乘以张数并不等于这些纸重叠后的厚度，这与纸张的可压缩性有关。另外，厚度和定量有着密切的关系，但两者的关系不是一成不变的，这是由于另一个因素——紧度的影响造成的。

表 3 - 1　两种印刷纸不同张数厚度平均值结果

张数	1	5	10
纸张 A	61.5	58.2	58.5
纸张 B	91.4	89.6	89.5

三、紧度和松厚度

紧度是指每立方厘米纸张的质量，以 g/cm³ 表示。该单位与物质的密度单位相同，因此，也称纸张的紧度为表观密度（apparent density）。

纸张的表观紧度由定量和厚度按下式计算出：

$$D = \frac{W}{T \times 1000}$$

式中　D ——纸张的紧度，g/cm³；

　　　W ——纸张的定量，g/m²；

　　　T ——纸张的厚度，mm。

国际上更多的是测量纸张的松厚度（Bulk）。松厚度是紧度的倒数，是指 1g 重的纸张体积有多大，用 cm³/g 表示，计算公式如下：

$$V = \frac{1}{D} = \frac{T \times 1000}{W}$$

式中　V ——纸张的松厚度，cm³/g。

纸张的紧度取决于所用纤维的种类、打浆程度、抄纸时网部脱水情况、湿压程度和压光程度等，所以要根据纸张的要求采取不同的工艺条件以达到所需的紧度。一般说纸张的紧度与耐破度和抗张强度成正比，与撕裂度、透气度成反比。对有的纸张其关系不一定如此，如纸张的耐破度高而紧度低，这种纸很可能是用强韧的长纤维制成的；纸张的耐破度高而且紧度很大，这种纸张可能是用切断和水化很好的浆料制成的。纸张的紧度还直接影响纸张的吸墨性和不透明度，表 3-2 中列出了不同紧度新闻纸的二甲苯吸收性（参照 GB/T 462.2—2002），从表中可看出，紧度愈大，吸收速度愈慢（吸收时间愈长），纸张的不透明度随紧度的增加而减少。若紧度过大，纸张印刷后印迹不易干燥，易造成背面蹭脏，凸版印刷纸要求吸墨性好，因而紧度不要过高，一般在 $0.7g/cm^3$ 左右为宜。其他印刷纸中,普通胶版纸的紧度在 $0.8g/cm^3$ 左右，铜版纸的紧度在 $1.25g/cm^3$ 左右，轻量涂料纸的紧度在 $1.05g/cm^3$ 左右，无光涂料纸的紧度在 $0.9g/cm^3$ 左右。

表 3-2　紧度对纸张吸收性的影响

紧度（g/cm^3）	0.64	0.61	0.58	0.55	0.52	0.50	0.49
二甲苯吸收性（s）	19.9	15.7	14.2	13.1	11.6	10.1	8.9

第三节　平滑度与表面可压缩性

一、表观平滑度与印刷平滑度

平滑度（smoothness）是指纸张表面的平整程度，它取决于纸张表面的形貌，描述了纸张的表面结构特性。纸张的平滑度与其光泽度（gloss）有一定关系，两者都受造纸过程中压光处理的影响，但两个量的物理意义却并不相同，在数量上也不是简单的关系，如一张未经压光处理的涂料纸虽光泽度低但却相当平滑。因此，也常用粗糙度（roughness）表示纸张的平整程度。

要获得满意的印刷质量，纸张的平滑度是一个必要的条件，与平滑度同等重要的是纸张的表面可压缩性（surface compressibility）。表面可压缩性决定纸张在印刷过程中压印瞬间纸张平滑度，即印刷压力作用下纸张的平滑度。我们把印刷压力作用下纸张的平滑度称为印刷平滑度（printing smoothness）；把纸张自由状态下纸张表面的平滑度称为表观平滑度。表观平滑度取决于纸张的外观纹理结构；印刷平滑度则是纸张表观平滑度和表面可压缩性的综合效应。纸张的表现平滑度或印刷平滑度对印刷品质量有直接影响，因而是纸张最重要的印刷适性指标之一。

二、表面可压缩性

一种材料受到压力作用时体积减少，这种材料便是可压缩的。同样，与某种材料表面有关的体积受压力作用而减少时，也可以说该种材料的表面是可压缩的。即当压力作用于材料的表面时，可压缩性表面粗糙度会减小。因此，可压缩性表面在受压力作用时与其说是表面体积减少，不如说是表面粗糙度减小。

所以，用表面可压缩性能够量度随压力增加表面粗糙度减小或平滑度增加的程度。由于纸张通过印刷机压印区的时间极短，因而受压力作用表面变形的时间因素可以忽略，这样，粗糙度（R）与压力（P）间的函数关系可表示为：

$$R = f(P)$$

相应地，表面可压缩性可定义为：

$$k = \frac{\mathrm{d}R}{\mathrm{d}p} = f'(P)$$

从上式可见，表面可压缩性系数 k 并不是一个常数，而是所加压力的函数。k 值的大小，反映了随所加压力的增加，表面粗糙度 R 值减少的快慢程度。也就是说，一定压力下，表面可压缩性系数 k 值大的纸张较 k 值小的纸张具有更高的印刷平滑度。

纸张的表面可压缩性是难以单独进行测量的。在实际中，常通过测量纸张在有无压力作用下或不同压力作用下的平滑度或粗糙度来估算纸张的表面可压缩性。

三、纸张表观平滑度的测量

目前用于测量纸张表观平滑度的方法主要有：显微照相法、触针法和 OCR（Optical character recognition）法等。

显微照相法是利用高倍显微镜或电子显微镜拍摄纸张表面，得到纸面结构的照片，从照片可直观反映出纸面的粗糙程度。然后用打分分级的方法（视觉评价）对此法的结果进行定量评价。由于受评价者主观印象的影响，因此，显微照相法更多的是用于定性的评价。该法也可用于印刷品质量的评价。

胶版纸

铜版纸

新闻纸

图 3 – 1　触针式平滑度仪测得的纸面轮廓

触针式平滑度测定仪是应用扩大纸的表面凹凸的方法，对纸面平滑度进行测定。顾名思义，它是用能上下移动的细小的针尖接触纸面，然后移动纸张，把一定长度内纸面的凹凸放大后记录下来的装置。国际上常见的这类仪器有瑞典森林产品实验室的粗糙度试验机，美国 Brush 电气公司生产的表面分析仪，国内也生产类似的用于测定 PS 版表面粗糙度的仪器。图 3 – 1 所示为利用触针式表面粗糙度仪测得的不同纸张的表面外形轮廓图，从图中我们可以直观地看出不同纸张表面平滑度的差别。此外，触针式测定仪还可定量表示纸面凹凸程度，在此不作详细的说明。利用 Brash 表面分析仪，还可确定出表面凹陷低于 5.7μm 的纸页表面的百分率，研究表明，涂料印刷纸的该项数值与印刷质量的关系很大。

OCR 法是一个较好的测试方法，它是利用光学信号传递信息，即非接触测量，同时采集信号的过程比较简单，实验条件容易满足。该系统以激光为光源，保证了光束良好的方向性，以光导纤维作传感器，因此使系统可免用透镜组、光具座和导轨等大型设备，再加上利用光导纤维可以远距离传递信号，因而使系统的空间分辨能力、灵活性及对工件的可接近性等都能大大提高。该系统测试原理简述如下：

当一束准直的单色相干光投射到一光滑理想表面时，所有反射光仍保持一准直光束，这称为镜面光束，它按 Snells 定律所定的方向传播。如果反射面不是理想表面，即表面粗糙，则反射光束将散射，并呈一定角度分布，如图 3-2 所示。图中 1 为入射光束，2 为镜面反射光束，3、4 为散射光束。在某一散射角 θ_s 方向，其散射光强度 $I(P)$ 与表面粗糙度之间由下列关系式给出

图 3-2　光线在粗糙表面的散射
1—入射光束；2—镜面反射光束；3、4—散射光束

$$I(P) = \left| \frac{\sin(NKIP/2)}{\sin(KPD/2)} \right| \cdot \left| C \int_A F(x)\, e^{-iKPx}\, dx \right|^2$$

$$P = \sin\theta_s - \sin\theta_i; \quad K = \frac{2\pi}{\lambda}; \quad N = \frac{B}{D}$$

式中　θ_s ——散射角；

　　　θ_i ——入射角；

　　　λ ——激光波长；

　　　D ——x 方向的周期，即水平方向凹凸不平的尺寸；

　　　B ——入射光束的直径；

　　　A ——入射光束的截面积；

　　　C ——与入射光强有关的常量；

　　　$F(x)$——表面起伏的反射函数，其大小取决于表面下凹深度和凹陷部分形状及散射角的大小。

从上述关系式中可以看出，如果入射光的波长 λ、入射角 θ_i、光束直径 B 及截面积 A 固定，那么对于一定的散射角 θ_s 方向，其散射光将只取决于表面凸起或凹下部分水平方向大小 D 和高低 H。因此，测量 θ_s 方向散射光强度涨落可直接反映出表面粗糙度的大小，研究结果已表明，材料表面散射光的变化与表面粗糙度成正比，即材料表面越粗糙，散射光的变化（涨落）就越大。通过测量相邻位置散射光的变化可定量测出纸张表面的粗糙度。

表观平滑度反映的是纸张表面在自由状态下的轮廓情况，大量试验证明，从显微照相法所得的视觉评价结果，能较好地反映纸张在压印力较小的一些印刷中的印刷平滑度；并表明，纸张表面高且尖的峰与深且窄的谷比宽的峰和谷对于印刷更为有害。

四、纸张印刷平滑度的测量

纸张的印刷平滑度是指纸张在印刷过程中，在印刷压力作用下的表面平滑度。纸张是一种可压缩材料，因此，印刷平滑度是纸张表观平滑度与表面可压缩性两方面的综合效应。目前，已开发出许多测量纸张印刷平滑度的方法，但概括起来不外乎两类，一类为光学接触法，另一类为空气泄漏或气流法，以第二类的仪器较多。这些仪器中大多数的测量压力都较实际印刷压力低很多，因而与实际印刷中纸张的印刷效果之间存在一定的差距，但用于区别

不同纸张之间平滑度的差别仍是十分方便有效的。

1. 光学接触法

光学接触法是把玻璃三棱镜压在纸上，一束光线通过棱镜照到纸张表面，通过纸面反射的光量反映纸面在压力作用下与光学玻璃表面的接触程度。根据接触部分与未接触部分在三棱镜内反射光的不同状态，以光学的方法，确定出接触部分的面积与全部测量面积的比率，以此接触面积的百分率表示纸张印刷平滑度的大小。光学接触法中最具有代表性是 Chapman 平滑度仪，该仪器可提供 3 种不同的背衬〔玻璃背衬、胶印橡皮布背衬和薄膜状（tympan）衬垫〕及五种不同的测量压力（10.3 kPa，25.7 kPa，51.4 kPa，77.1 kPa 和 102.8 kPa）。

图 3 – 3　Chapman 平滑度仪
1—光源；2—聚光镜；3—光电池；
4—三棱镜；5—纸样；6—背衬

Chapman 平滑度仪的测量原理如图 3 – 3 所示。Chapman 平滑度仪的测量压力已接近某些印刷方式的实际印刷压力，但此法对于非接触部分的深度考虑不够，距棱镜表面 $0.4 \sim 0.8\,\mu m$ 的凹坑就被认为是非接触面，而实际印刷中这个凹坑深度是在油墨厚度范围内的，即这类凹坑对印刷质量不会有不利影响，因此，此法的测量结果与实际印刷效果可比性较差。

2. 空气泄漏法

空气泄漏法是目前使用最为普遍的一种方法。利用这种原理设计的平滑度（粗糙度）仪有别克（Bekk）型、威廉（Williams）型、格尔莱（Gurley H – P – S）型、本特生（Bendtsen）型、雪菲尔德（Sheffield）型和 PPS 型等。这些类型的仪器均是在一定压力和一定面积下，测量一定量空气通过纸张表面与另一个表面之间的间隙所需的时间，或测定空气的流速、流量以及空气压力的变化等。在众多的空气泄漏平滑度仪中，Bekk 型、Bendtsen 型和 PPS 型在评价印刷平滑度中得到广泛的应用，PPS 型是 20 世纪 70 年代才开发出来的新型平滑度仪。

图 3 – 4　别克型平滑度测试仪的结构图
1—水银；2—玻璃毛细管；3—容积管；4—三通阀；
5、9—纸样；6—底座；7—压盖；8—胶垫；10—玻璃砧；11—气道

（1）Bekk 型平滑度仪。Bekk 型平滑度仪如图 3 – 4 所示，该仪器的工作原理是在一定真空度和压力下，测出一定量的空气通过试样表面与支撑玻璃砧接触面所需的时间。按照标准的定义，则表述为"在特定的接触状态和一定的压差下，试样面积和环形板之间由大气泄入一定量空气所需的时间，以秒表示"。试样越平滑，它与玻璃砧之间的接触就越紧密，空气通过的速度就越慢，一定量的空气通过所需的时间就越长，表明纸样表面平滑度就越高。该仪器测量压

力为（100±2）kPa，有效面积为（10±0.05）cm²，测量纸样与玻璃砧之间真空度从50.66kPa下降为48.00kPa〔相当于大真空器进气量为(10±2)mL或小真空器进气量为(1±0.05)mL〕所需要的时间，用秒（s）表示（参照 GB/T 456—2002 或 ISO 5627:1995）。

别克式平滑度测定法有一定优缺点，对低平滑度的试样较适宜，误差小，但对高平滑度的试样测定时间较长，可以采用小真空器进气量进行测量。由于某些纸张存在从横断面透气的现象而使测定值降低。

纸张正反两面的平滑度不同，可以按照 GB/T 456—2002 提供的方法计算平滑度的两面差。

$$\triangle P \ (\%) \ = \frac{\left[P_{大} - P_{小} \right]}{P_{大}}$$

（2）本特生型平滑度仪。本特生型平滑度仪的特点是操作简单，测量快速准确，它与别克型比较，测定的稳定性较好。该测试器采用三个相互有关的流量计，可根据纸及纸板平整程度不同而选择使用。该仪器还可以测定可压缩性及弹性（参照 GB/T 2679.4—1994），目前我国已生产这种类型仪器。

该仪器工作原理是利用空气泄漏法，使微弱的压缩空气，通过一定测量面积的金属环，以漏过空气流量多少来测定纸及纸板的表面粗糙程度，如漏过的空气越多，则说明纸张表面越粗糙，即纸的表面平滑度越低。（参照 GB/T 2679.4—1994）。

测定透气度指在一定面积，一定真空度下，单位时间内透过纸张的空气量，以微米/帕·秒（μm/Pa·s）表示，是使空气通过一定范围的纸面来测定纸张紧密情况，如气流通过得越多，说明纸的透气度大（参照 GB/T 458—2002 或 ISO 5636:1984）。测定表面可压缩性和弹性时，是在测试头上加砝码，使压力为5kg/cm²并读取流量计上浮子的指示数，该数与平滑度相比的百分数表示试样的表面可压缩性。去掉砝码后，再读取流量计浮子上的指示数，该数与平滑度相比的百分数表示了试样的弹性（参照 GB/T 2679.4—1994）。

图3-5 所示为本特生型平滑度（粗糙度）仪的结构示意图。

图3-5 本特生型平滑度测定器
1—流量计；2—调压砝码；3—空气进口；
4—调节阀；5—测量头；6—玻璃板

（3）PPS 型粗糙度仪。20 世纪 70 年代初由英国 Bowator 造纸有限公司的 J. R. Parker 发明的采用在接近印刷压力下测量纸张印刷平滑度的空气泄漏法粗糙度仪。它的全称为 Parker Print - Surface 粗糙度仪，简称 PPS 粗糙度仪。该仪器的主要特点如下。

①采用与实际印刷相接近的测量压力作为标准压力，为 1980kPa，并在 490kPa～4900kPa 或更高范围内压力可调，并推荐对于凸印用纸采用压力为 2000kPa，对于胶印用纸采用压力为 1000kPa，对于凹印用纸采用压力为 5000kPa，所以该仪器的测量压力较其他种类的平滑度仪都高很多，测量状态更接近实际印刷状态。

②测量时纸样的背衬材料采用了实际印刷中常用的背衬材料，根据纸张采用印刷方式的

不同选用不同的背衬。也可用其他背衬材料用以研究背衬对印刷平滑度的影响。

③测量环的周长为 10.0cm，与本特生型相同，但其宽度为 51μm。

④在测量环的两面均采用了环形保护环，该保护环不仅可以起到保护测量头的目的，而且可以提高测量精度，减少测量误差。测量头的结构如图 3 - 6 所示，图 3 - 6（a）为测量头的部分截面图，图 3 - 6（b）为测量头的平面图。

（a）　　　　　　　　（b）

图 3 - 6　PPS 粗糙度仪的测量头

1—接流量计；2—进气口；3—背衬；4—纸样；5—测量环；6—保护环；7—通大气

⑤测量压力采用气动加压获得，可减少机械振动对测量结果的影响；从测量环泄漏出的空气经由一个可变面积的流量计进行测量，读数迅速。使用该仪器进行纸张粗糙度的测试已经列为我国国家标准（参照 GB/T 2679.9—1993）。

整个仪器由测量头、气动控制装置和测量板三大部分组成，如图 3 - 7 所示。由测量头上测量环与纸面之间泄漏的空气经由测量板上的流量计，并将流速换算成绝对单位的粗糙度值。有关绝对单位粗糙度换算的问题及 PPS 粗造度仪的应用将在下面进行讨论。

测量头　　　　　　　　　　　测量进气口

背衬　　　加压机构　　　加压进气口

图 3 - 7　PPS 粗糙度仪

表 3 - 3 所示为几种空气泄漏法平滑度仪的测量条件比较。从表中可见，不同仪器之间的测量条件各不相同，因此即使结果表示方法相同，测量结果差别仍是很大的。对于别克（Bekk）型和本特生（Bendtsen）型，由于测量时的压力比实际印刷时的压力小得多，因此，有些测量结果并不能反映或预测所有被测纸样在印刷中的表现，实验表明，当纸样宏观上平滑，而且微观上也平滑（测量的平滑度高）或宏观上和微观上都不够平滑（测量的平滑度低）时，测量的结果比较接近实际印刷的效果，而当纸样虽然表面不平但微观上很平滑

（如经过涂布压纹的花纹纸等）时，则用（Bekk）型和本特生（Bendtsen）型平滑度仪测量的结果与实际印刷效果之间的可比性很差。但采用 PPS 平滑度仪进行测量，由于采用的压力可以模拟实际印刷的压力，能反映出纸张的表面可压缩性，因此，测量结果与实际印刷效果比较一致。但 PPS 平滑度仪的使用要求比较苛刻，要求仪器和被测样品放置在恒温（23℃ ±1℃）、恒湿（RH55% ±5%）的条件下，并在此条件下使用。

表 3 - 3　几种空气泄漏法的测量条件

仪器	结果表示	气流宽度（mm）	压力（×10²kPa）	可变形背衬
Bekk	s/10ml	13.5	1.0	可
Gurley H - P - S	s/10ml	5.9	0.21	否
Sheffield	ml/min	0.38	1	否
Bendtsen	ml/min	0.15	1，5	否
PPS	μm	0.051	5 ~ 50	可

五、绝对单位粗糙度与 PPS 粗糙度仪的应用

1. 绝对单位粗糙度

从表 3 - 3 可见，除 PPS 法外其他几种方法都以空气流速或时间表示结果，这就不能与纤维的大小及墨膜厚度之间相比较，而测量印刷平滑度的一个重要目的就是预测要填充纸面凹坑所需的墨膜厚度。因此，有必要将空气泄漏法的结果转换为绝对单位的粗糙度。

粗糙度可定义为纸面偏离一理想参考平面或滚筒形参考表面的程度。这个参考面可以是想象的代表纸张表面平均趋势的，或是诸如印版表面的真实表面。空气泄漏法中的测量环也可看成是这样一个参考面。这样，如果测量环的宽度不超过被检测的缺陷的宽度，则从流体力学中可推得纸面与测量环之间的平均间隙 G_3：

$$G_3 = \left(\frac{12\mu bQ}{\omega\Delta P}\right)^{1/3}$$

式中　μ——空气黏度；

b——空气流过测量环的距离（气流宽度）；

Q——单位时间的空气体积流量；

ω——垂直于流动方向的长度，即测量环的长度；

ΔP——横跨测量环的压力差。

实际上，绝对粗糙度 G_3 是测量环与纸面之间的平均立方根间隙。由于空气是可压缩的，上式中

$$\Delta P = (P_{u^2} - P_{d^2})/2\,P_m$$

式中　P_u 和 P_d——测量环进气端和出气端的绝对压力；

P_m——流量测量点的绝对压力。

对于 Bendtsen 粗糙度仪，代入有关参数的数值后得到如下表达式：

$$G_3 = 1.545Q^{1/3}$$

式中　Q——以 ml/min 表示的 Bendtsen 粗糙度；

G_3——在测量条件下以 μm 表示的绝对粗糙度值。

表3-4 所示为由上式计算出的绝对粗糙度值。对于其他形式的空气泄漏式平滑度仪也可得到类似的表达式，将相对粗糙度转换为以 μm 表示的绝对粗糙度。从表3-4 中可见，由于 Bendtsen 粗糙度测量压力小，且采用刚性背衬，纸张的绝对粗糙度数值比实际印刷中采用同种纸张获得满意印刷品所需墨膜厚度要大。例如，在实际印刷中，Bendtsen 粗糙度为 100ml/min 的新闻纸，5μm 厚的墨膜便能得到表面完全覆盖的实地印刷品，然而，从表3-4 中可见，该种纸张对应的绝对粗糙度为 7.2μm。可见，即使将 Bendtsen 低压力下测得的粗糙度（平滑度）转换为绝对粗糙度后，也并不能反映纸张在实际印刷中的效果。

表3-4　以绝对单位粗糙度（μm）表示的 Bendtsen 粗糙度

Bendtsen（ml/min）	10	30	100	300	1000
绝对粗糙度（μm）	3.3	4.8	7.2	10.3	15.5

2．PPS 粗糙度仪的应用

由于 PPS 粗糙度仪的测量条件更接近实际印刷的状态，因而在印刷纸质量评价中得到广泛的应用。利用 PPS 测得的绝对粗糙度值称之为 PPS 值，表3-5 中列出了不同纸张采用软背衬、压力为 20kgf/cm^2 条件下（常表示为 S_{20}，若用硬背衬，则表示为 H_{20}）测得的 PPS 值范围。将表中新闻纸的 PPS 值与表3-4 中由 Bendtsen 粗糙度计算出的值 7.2μm 比较，不难发现，PPS 值较为真实地反映了纸张的印刷平滑度。此外，纸张的 S_{20}PPS 值与印版上印刷油墨需要量之间是近似线性关系。图3-8 所示为得到 0.90 的印刷密度，印版上所需油墨量与纸张 S_{20}PPS 值之间的关系。

图3-8　印版上油墨需要量与 PPS 值的关系

表3-5　不同纸张的 PPS 值

纸种	PPS（μm）
铸涂纸或纸板	<0.7
铜版纸或纸板	0.7~1.4
辊涂超压印刷纸	1.2~2.0
普通超压印刷纸	1.4~2.3
新闻纸	2.5~3.7
普通压光纸	3.0~4.5
书写纸	4.5~6.8

图3-9 所示为三种经不同强度压光处理的纸张，PPS 值随压力的变化曲线。从图3-9 可见，随压力的增大，PPS 值减少（相当于印刷平滑度增加），最后趋于一个恒定值。三种不同压光处理的纸张，它们的 PPS 值随压力增加而减少的速度是不同的，最后达到恒定的值也不相同。

研究表明，当 PPS≤2μm 时，即纸面与印版或橡皮布表面之间的平均间隙小于或等于 2μm 时，就足以保证转移到纸面墨膜的厚度是均匀的，印刷密度均匀性能令人满意。人们把 PPS = 2μm 时的压力称为需用印刷压力（Printing Pressure Requirement），简称为 PPR 值。并发现，印刷密度不均匀性与 PPR 值之间几乎成线性关系，图 3－10 所示为版上墨厚为 8μm 时，凹版印刷密度不均匀性与 PPR 值之间的关系图。

图 3－9　PPS 值与压力的关系

图 3－10　印刷密度不均匀性与 PPR 值的关系

　　通过上述讨论可以看出，印刷质量不单取决于纸张的表面可压缩性，也不单取决于纸张的表观平滑度，而是取决于两者综合的参数，那就是需用印刷压力（PPR），PPR 值较准确地反映了纸张印刷平滑度的大小，PPR 值越低的纸张，越容易取得满意的印刷效果。

六、印刷平滑度对印刷品质量的影响及不同印刷方式对纸张印刷平滑度的要求

　　印刷平滑度是在纸张上获得忠实于原稿的印刷品的首要条件。它决定了在压印瞬间，纸张表面与着墨的印版或橡皮布表面接触的程度，是影响油墨转移是否全面、图文是否清晰的重要因素。

　　第一，印刷平滑度影响纸张的油墨需要量，即达到一定印刷密度时，纸面或印版面所需的油墨量（墨膜厚度），如图 3－8 所示。从图中可见，纸张越粗糙即印刷平滑度 PPS 值越大，达到反射密度 0.90，版上所需墨膜越厚。版上墨膜厚度的增加，将增加印品的不均匀性和透印性，并导致不良的网点质量，增加机械性网点增大的可能性。

（a）平滑度好

（b）平滑度差

图 3－11　不同印刷平滑度纸张的网点再现性

第二，印刷平滑度影响纸张着墨的均匀性。对于实地印刷品，印刷平滑度差的纸张，印刷密度的不均匀性增加。对于网目调印刷品，印刷平滑度差的纸张、网点质量差，而且有严重的网点丢失现象，在凹印中图像的中间调和亮调部分，由于网点较小，丢失尤为严重，影响了印刷品高光部分的层次再现。图 3－11 所示为印在印刷平滑度好和印刷平滑度差的两种纸上的网目调印刷品的显微照片，从图中可直观看出印刷平滑度对网点图像印刷品质量的影响。第三，印刷平滑度还影响印刷品的光泽度。高的印刷平滑度有利于在纸

面形成均匀平滑的墨膜，从而提高印刷品的光泽度。

如果纸张比实际需要的平滑度要差，印刷工作者可以借助于下列两种措施提高印品的质量：一是采用较大的印刷压力；二是印以较厚的墨膜。

增加印刷压力有一定的限度，因为压力的增高会产生斑点；甚至在严重的情况下，能在纸张的凸起地区将印刷品压破，形成所谓"穿孔"现象。如果纸张过分粗糙，在压力还不足以使纸张的凹坑与印版有良好接触以前，就会发生穿孔。增加墨膜厚度能改进纸上油墨的颜色强度和鲜明性。但因印版上存有较多的油墨，使填塞的可能性增加，也更加剧粘脏的可能性。纸张表面性状的差别，能使油墨遮盖力出现50%的差别。

可见印刷平滑度是印刷纸和纸板一个非常重要的质量指标。但对于不同的印刷方法，由于油墨转移到纸面的方式不同，对纸张印刷平滑度的要求也不一样。对于凹印，纸面直接与印版接触，而印版大多为不可压缩的金属，因而纸张的印刷平滑度对油墨转移的均匀性起着决定作用。对于胶印，印刷平滑度的要求不如凹印那么严格，因胶印是依靠富有弹性的橡皮布来间接转移油墨，对普通的胶印产品，橡皮布的弹性能够弥补纸面的轻微粗糙而较好地把油墨转移到纸张表面。但对于高档胶印产品，加网线数高，为了保证图像层次不受损失，还必须选择印刷平滑度高的纸张和纸板（如铜版纸等）进行印刷，以保证产品的质量。

七、纸张生产工艺对平滑度的影响

提高纸浆的打浆度可以增加纸张的平滑度；长网机的振动装置可以改进成纸的平滑度；造纸机的铜网形式和毛布织法也影响平滑度。提高湿压和增加压光也可以改进平滑度，但要得到平整的纸张，不能单纯用压光手段来提高纸张的平滑度，因为经压光的纸会出现光而不平，粗糙的纸压光还会产生硬斑。这就要求纸张在压光前，本身要平，才能进一步改进纸张的平滑度。加填和表面施胶可以改进平滑度，涂料纸的表面为涂料层所构成，随涂料的性质和涂布机的特性形成不同的表面，与非涂料纸相比，可得到平滑度极高的纸面。纸浆的品种也是影响平滑度的一项重要因素，机械木浆含有纤维束，制成的纸粗糙，亚硫酸盐木浆和棉浆制造的纸张容易平整些。

第四节　纸张的油墨吸收性能

纸张是一种多孔材料，不同于塑料薄膜、铁皮之类承印物，它具有与土壤、沉积岩层相似的结构，这就是它的多孔性。由纤维网络形成的孔隙是纸张吸收油墨的基础，因而对油墨的吸收能力便成为印刷用纸的一个重要质量指标。它决定着油墨印刷到纸张表面后的渗透量和渗透速率。许多印刷故障常常就是由于纸张对油墨的吸收能力与所采用的印刷条件不相适应造成的。对油墨吸收能力过大，导致印迹无光泽，甚至产生透印或粉化现象；油墨吸收能力太小，则减慢油墨干燥速度，导致背面蹭脏，特别对于完全靠渗透干燥的印刷方式和高速印刷更甚。可见，纸张的油墨吸收性能是影响印刷品质量的重要的印刷适性指标。准确评价纸张的油墨吸收能力并预测其对印刷品质量的影响，对于印刷质量控制和纸张生产中产品质量的提高都具有十分重要的意义。

一、油墨接受性能与油墨吸收性能

纸张的油墨接受性能（ink receptivity）和油墨吸收性能（ink absorptivity）是影响纸张印刷质量的两个重要性质，两者之间有一定关系，但又是纸张的两个不同的特性。

纸张的油墨接受性能是指纸张表面在印刷过程中在印刷机上压印瞬间接收转移油墨的能力，它是纸面如下几方面性能的综合表现：

（1）表面被印刷油墨润湿的能力。

（2）表面吸收一定油墨组分的能力。

（3）表面固定和保留均匀墨膜的能力。

可见，纸张的表面自由能、印刷平滑度、吸墨性能及油墨的固化形式等均影响纸张的油墨接受性。油墨接受性能好的纸张，指的是纸张能既快又均匀地接受油墨。因此，油墨接受性能不单是纸张的性质，还取决于油墨的性质和印刷方式。只有在这些条件固定后，才单独描述了纸张的性质。纸张的油墨接受性能中包含了一定的吸收性能的作用，但和纸张的油墨吸收性能是有区别的。前者是发生在压印瞬间不到 1s 时间内的现象，而后者则发生在从油墨与纸面接触到完全固化在纸面的一个较长的时间。油墨接受性能与油墨转移性能有关，而油墨吸收性能则与纸张毛细孔对油墨中低黏度组分的吸收作用及油墨中某些组分向纸内渗透作用有关，因而，纸张的油墨吸收性能影响纸面墨膜的干燥及墨膜的表面性能。

二、印刷过程中纸张对油墨的吸收及对印刷的影响

要准确评价纸张的油墨吸收性能，必须首先弄清楚印刷过程中纸张吸收油墨的规律。在实际印刷时，纸张对油墨的吸收可分为两个阶段。

第一阶段是印刷机压印瞬间，依靠印刷压力的作用把转移到纸张表面墨膜的一部分不变化地压入纸张较大的孔隙，即油墨整体进入纸张孔隙，油墨中颜料的同时进入则会促成透印现象的发生。该阶段油墨的渗透量随印刷压力、油墨的黏度及压印时间而变化。

若印刷速度为 C，印刷压力为 P 时，油墨压入深度为 h，则速度为 C_1，压力为 P_1 时的压入深度 h_1 与 h 之间存在如下关系：

$$h / h_1 = (PC_1 / P_1 C)^{1/2}$$

由上可见，第一阶段纸张对油墨的吸收很大程度上取决于印刷压力的大小，印刷速度也起一定程度的作用。由于在此阶段油墨被整体压入纸张较大的孔隙，因而保留在纸面墨膜的性质不会受压入量多少的影响。另外像新闻纸、凸版纸等非涂料纸，由于其孔隙率高，压力过大则会将油墨过多地压入纸内而导致透印。

第二阶段则主要是依靠纸张的毛细管力吸收油墨，从纸张离开压印区，延续到油墨完全干燥为止。在这个阶段，连结料从油墨整体中分离出来，通过小孔隙和纤维粗糙的表面以相当慢的速度进入纸张内部。因而这个过程实际是连结料从油墨向纸张大孔隙迁移的过程。

第二阶段的吸收比第一阶段更为重要，这是因为连结料从油墨整体中分离出来，将改变保留在纸面墨膜的结膜性质，墨迹的固着与干燥也要在这个阶段完成。第二阶段纸张对油墨

的吸收速率决定着印刷品是否具有光泽，是否会发生透印现象。因为分离减少了留存在墨膜中的连结料，从而使光泽降低。发生透印则是由于连结料渗入纸张内部孔隙，部分取代了孔隙中的空气，由于空气—纤维、空气—填料、空气—涂料的散射界面减少，使纸张的光散射能力降低，不透明度变差，增加了透印现象发生的可能。第二阶段纸张对油墨的吸收速率可以用著名的 Washburn 公式来描述：

$$\frac{\mathrm{d}h}{\mathrm{d}t} = \frac{R^2}{8\eta h} \left(\frac{2\gamma_{LG}\cos\theta}{R} \pm \rho gh \right)$$

式中　dh/dt——纸张毛细管吸收液体的速率；

R——毛细管半径；

h——毛细管内液体的高度；

η——液体的黏度；

γ_{LG}——液体的表面张力；

θ——固液接触角；

ρ——液体的密度；

g——重力加速度。

正号表示向下流动，负号表示向上移动。

当吸收达到平衡时，dh/dt = 0，由上式得

$$h_\infty = \frac{2\gamma_{LG}\cos\theta}{R\rho g}$$

这便是毛细孔吸收的平衡深度。将 $2\gamma_{LG}\cos\theta$ 代入 Washburn 公式求积分，将对数部分展开并经化简后可得：

$$h^2 = \frac{Rt\gamma_{LG} \cdot \cos\theta}{4\eta}$$

$$h = \sqrt{\frac{Rt\gamma_{LG} \cdot \cos\theta}{4\eta}}$$

对于纸张和油墨相互作用而言，上述表达式中的 R 表示了纸张毛细管的平均孔半径，γ_{LG} 为油墨的表面张力，η 为油墨的黏度，θ 为油墨与纸张材料之间的接触角，对于非涂料纸，即为油墨与纤维之间的接触角。

实际印刷时，纸张对油墨的吸收能力不仅取决于毛细管吸力作用，还受到印刷压力的影响，而且印刷压力的作用远比毛细管吸引力大得多。在考虑了印刷压力 P 的作用之后，油墨被压入纸张的深度用 d 表示，可由下式计算：

$$d = \sqrt{\frac{PR^2}{4\eta} \cdot t}$$

上式称为 Olsson 公式，基本归纳了在各种印刷条件下，印刷压力、印刷时间、油墨黏度、纸张毛细管半径与油墨被压入纸张深度的关系。

Olsson 公式已被试验研究结果所证实。

三、压印瞬间油墨吸收性能的测量

该试验利用 IGT 印刷适性仪，先用第一印盘在纸条上印一层薄薄的油态石蜡膜，接着立

即用第二印盘在纸条上再压印一层黑墨。石蜡膜在压印初期的吸收强烈地影响着第二印黑墨在纸面的附着。石蜡在压印时压入纸内越多，则转移到纸面的黑墨越多。因此，测量墨膜的密度便可准确量度压印瞬间纸张对油墨的吸收能力。研究表明，该试验的测量结果，能较为准确地预测纸张在实际印刷机上压印瞬间对油墨的吸收能力。

四、毛细管吸收性能的测量

目前，有许多测量纸张毛细管吸收性能的方法，主要可分为油吸收方法和油墨脏污试验法两大类。

1. 油（或溶剂）吸收方法

这类方法是通过测量纸张对某些特定溶剂或油的吸收速度，描述纸张的毛细管吸收能力。常见的有二甲苯吸收性试验、油吸收性试验和 IGT 油吸收性试验。

二甲苯吸收性试验是我国规定的标准试验方法。该方法是将 1 滴二甲苯溶液滴于专用试验架上的纸张表面，测量液滴被纸面完全吸收，液滴的光泽消失时所需的时间，以秒（s）表示结果。（参照 GB/T 461.2—2002）该方法的测量结果对于以溶剂型油墨印刷的凹印纸，能较好地预测其吸墨性能。

油吸收性试验仪的基本原理是将一定量的油滴滚展在纸面上，用一束平行光以一定角度照射油痕，用光电池检测其镜面反射光，可得到一反射率随时间而变化的曲线，如图 3 - 12 所示。图中，区域 1 反射率有一个初期的上升，所用时间可以由油膜从滚筒分离到纸面后流平所花的时间计算。区域 2 反射率保持恒定直到区域 3。此后，反射率随时间增加

图 3 - 12　油滴的反射率随时间的变化

而减少，直到与加油滴前的反射率相等。这种方法的最大优点是可以从曲线直观地看到纸张吸收油的速率。区域 3 段曲线越陡，说明吸收越快。油吸收性试验方法的缺点是测量结果受纸张表面平滑度和光泽度的影响较大。

IGT 油吸收性试验则是利用 IGT 印刷适性仪，按一定印刷条件把一滴用苏丹红着色的化学纯酞酸二丁酯溶液印在纸面上形成一条红色油痕，将油痕长度的倒数乘以 1000，表示油吸收性。油痕越长，说明纸张越光滑，吸收性越小。一般认为，油痕长度在 75mm 以上的纸张印刷后成膜光泽度非常高；油痕长在 60～75mm 之间成膜光泽度一般；油痕长度在 50～60mm 之间成膜光泽度较差；油痕长度小于 50mm，成膜光泽度非常差。该方法也曾作为测定印刷纸吸收性能的国家标准。该方法的最大缺点是不能准确地区别吸收性较接近的纸张。表 3 - 6 所示为用此法测得的几种印刷纸的吸收性结果。

表 3 - 6　几种印刷纸的 IGT 油吸收性

纸种	油痕长度（mm）		吸收性（mm^{-1}）	
	反面	正面	反面	正面
铜版纸	78	99	12.3	10.1
书籍纸	37	39	27.0	25.6
机涂纸	97	110	10.3	9.1

以油吸收性试验预测纸张的吸墨能力虽已普遍采用，但在实际印刷时，纸张孔隙对油墨连结料的吸收不仅取决于纸张本身所固有的吸收能力，而且还取决于墨膜中颜料粒子间形成的毛细管的大小，即取决于颜料粒子的大小及分散度。墨膜中的毛细管起着保持连结料不让连结料从油墨整体中分离出去的作用。所以，采用油吸收性试验的方法并不能真实预测实际印刷时纸张对油墨的吸收。研究发现，其试验结果与印刷质量的相关性也不如下述的方法好。

2. 油墨脏污试验法（Ink-Stain Test）

国外已采用油墨脏污试验法，控制造纸的质量和预测印刷时纸张的吸墨能力。其中最为著名的可能要属 K&N 油墨试验，该项试验自 1930 年以来便广为使用。K&N 油墨是一种将白色颜料分散在有色油中形成的非干性油墨。

油墨脏污试验的程序如下：

①将过量的试验油墨涂于纸张表面；

②让油墨在纸面保留一定的时间；

③用软布或脱脂棉将过量的油墨擦掉；

④分别测量脏污区域的反射率与干净纸面的反射率。

K&N 油墨试验程序在 TAPPI 标准 RC – 19 中有所描述，并已定为我国标准方法。特定油墨在纸面保留时间为 2min，擦墨程序则在特定的仪器上进行。试验结果用 K&N 值表示，K&N 值的计算则不大相同，在美国，K&N 值按下式计算：

$$K\&N = \frac{R_F}{R_\infty} \times 100\%$$

式中　R_F——油墨脏污区域的反射率；

　　　R_∞——足够厚空白纸面的反射率。

在英国标准和我国标准中，K&N 值则按下式计算：

$$K\&N = \frac{R_\infty - R_F}{R_\infty} \times 100\%$$

上式在欧洲也被采用。

大量研究表明，通过油墨脏污试验预测纸张的吸墨能力是一种很科学的方法，不仅便于常规测试，而且由于采用的是油墨而不是油，测得的结果与印刷质量（主要在光泽度和透印方面）有着良好的相关性。在不少文献中，把 K&N 值的大小用来表示纸张的油墨接受能力的大小，以此评价纸张的油墨接受性能。但从该方法的测量原理来看，K&N 值反映的是纸张的油墨吸收性能。

3. 影响油墨脏污试验结果的因素

（1）油墨与纸张接触的时间不同，纸张对油墨吸收的量不同，用 K&N 值表示的吸收性能也不同。

图 3 – 13 为同种试验油墨在不同纸张上保留不同时间擦掉后测得的反射密度对接触时间所作的曲线。从图 3 – 13 可看出：

①不同的接触时间，脏污后的密度值是不同的。即纸张对油墨的吸收量在不同时刻是不同的。

②不同纸张吸收油墨的速率是不一样的。

图 3-13　不同接触时间的脏污密度值（4 种不同纸张）

A 类纸（铜版纸）在开初 2min 密度值增加的速率很快，说明其印刷后的二次吸收（毛细管吸收）迅速，意味着油墨接触到纸张后发生快速固着。在达到最高值期间，曲线平缓显示出吸收良好。A 类纸在 2min 后仍显示出高的吸收值，采用通常的 K&N 试验，便可正确预测其吸收能力。

B 类纸张在开始 2min 显示的吸收较小，但试验继续进行到 10min，其吸收值才相当高。从这一点可以看出，如果只看前 2min 吸收的大小，就会误认该纸的吸收能力太小。从整个曲线看，B 类纸虽然起初吸收量较小，不如 A 类纸那么容易着墨，但由于毛细管吸收缓慢并不会给干燥、固着带来麻烦。

C 类纸最初的吸收量同 B 一样小，但约 10min 后就不如 B 那么大。这是由于 C 类纸的涂料中含有较高比例的胶乳，并经过良好的压光处理，造成它最后的吸收量不高。这类纸对着墨不利，不易干燥，但不容易导致蹭脏。

图 3-14　油墨黏度对 K&N 值的影响

D 类纸是一种便宜的机内涂布纸，它不仅最初吸收小，而且最后吸收也小。利用普通的 K&N 试验便可预测出这类纸容易蹭脏，干燥时可能产生麻烦。

（2）试验油墨的黏度影响油墨脏污试验的测量结果。图 3-14 为不同黏度的 K&N 油墨在 3 种纸上的试验结果。从图可看出，不管何种纸，其 K&N 值均随油墨油相黏度的增加而减少，这与前面提到的 Washburn 公式是相符的。

（3）当用 K&N 值表示纸张对油墨的吸收能力去比较不同纸张时，还应考虑纸张表面的光反射能力。从图 3-15 可看出不同反射能力的纸张其 K&N 值的差别。消除纸张表面反射能力影响的最佳方法，是利用 K&N 指数 X 表示，X 值可由下式计算：

$$X = \frac{R_\infty - R_F}{R_\infty \cdot R_F} \times 100\% = \left(\frac{1}{R_F} - \frac{1}{R_\infty} \right) \times 100\%$$

用 X 指数的优点是它与传递到纸面的墨量成线性关系，如图 3-16 所示。

图 3 – 15　不同反射能力的纸张其 K&N 值的差别

图 3 – 16　K&N 指数与纸面墨量关系

（4）几乎所有吸收性试验都要碰到纸张表面粗糙度的问题，油墨脏污试验也同样与此有关。在油墨脏污试验中，经擦墨程序会把油墨留在纸面凹坑中，纸张表面越粗糙，则保留的油墨越多。

五、不同印刷方法对纸张的油墨吸收性能的要求

油墨在纸上的附着是靠纸的毛细管作用，把油墨中的部分连结料吸入纸中，故纸张吸收性的大小，直接影响着油墨对纸张的渗透和结膜情况。每种印刷纸都必须具有与印刷方法和印刷条件相适应的吸收性能，以保证获得饱满、清晰、牢固的印迹。

除了普通新闻纸印刷之外，单张纸平版胶版采用的大多是树脂型连结料所制备的油墨，其在纸上最后的干燥是依靠油墨连结料中干性植物油的氧化结膜。所以，只有纸张具有较弱的吸收性，才能避免油墨连结料甚至颜料的过分渗透，使纸面得到鲜艳光亮的墨膜。但若吸收性太差，虽然印刷质量好，但是容易引起印刷时纸张粘脏现象，影响图文印刷效果，故一般控制纸张的二甲苯吸收性在 40～50s，印刷效果较好。

凹版印刷用的是低黏度的挥发性油墨，油墨黏度低，依靠溶剂挥发，树脂在纸上结成墨膜，所以凹版印刷纸的吸收性以弱些为好。可是，如果吸墨速度太慢，会使纸张和印版紧密接触时，造成油墨无处渗透而生成斑点或层次不清，在多色印刷中导致粘脏现象。所以，凹版印刷机都配备有热风干燥装置，以加速溶剂的挥发，促进油墨的干燥。对于薄膜类承印材料，由于没有吸收性能，完全依靠溶剂的挥发，树脂逐渐形成凝胶而干燥。

柔性版印刷，印版上图文凸起，印刷压力小，主要使用水基油墨，连结料主要由水和水溶性树脂及乳液组成，油墨在纸上的固着主要依赖于纸的吸墨性能，同时加热会促进溶剂和氨的挥发，使油墨在纸张上结膜干燥。所以，柔性版印刷用纸张应有良好的吸墨性能，使油墨能迅速在纸上附着。对于薄膜类承印材料，由于不具有吸收性，所以目前主要使用溶剂型油墨，依靠连结料中溶剂的挥发，树脂逐渐形成凝胶而干燥。而水基油墨中，水是主要溶剂，水的挥发速率远远低于各种有机溶剂，在正常的印刷速度下，在薄膜上不能实现油墨的固着和干燥。

复习思考题三

1. 定量、紧度、松厚度和厚度的定义分别是什么？它们之间有何关系？

2. 为什么现在倾向使用低定量纸张？为什么纸张厚度的均匀性比其绝对值更重要？

3. 影响印刷纸紧度的因素有哪些？分析纸张紧度的大小对其强度、吸收性（油墨透印或油墨的干燥）及不透明度的影响。

4. 什么是纸张的表观平滑度？测量方法有哪些？什么是纸张的印刷平滑度？其测量方法又有哪些？哪个平滑度对印刷品质量有直接的影响？

5. 什么是纸张的表面可压缩性？它是如何影响印刷质量的？

6. 针对利用空气泄漏法测量印刷平滑度的几种仪器，比较其测量条件、测量精度和结果表示法各有什么不同？

7. PPS 值是指什么？PPR 值又指什么？PPR 值有何实际意义？

8. 纸张的印刷平滑度对印刷品质量有何影响？纸张的生产工艺对其平滑度有何影响？

9. 纸张对油墨的接受性和吸收性有什么不同？加压渗透和自由渗透的渗透深度表达公式各是什么？这两个阶段对印刷品光泽、透印等性能有何影响？

10. 影响油墨脏污试验结果的因素有哪些？并分析之。

第四章

纸和纸板的力学性质

第一节　概述

纸张的力学性质又称为机械性质，因为印刷纸一般是在需要负担相当大的应力条件下使用的，所以，机械强度是印刷纸的基本的和重要的性能之一，也是使其在现代高速造纸机上不断头，适应高速轮转印刷机印刷所必备的条件。

纸的机械强度通常是用使纸的整体性遭到破坏和结构发生不可逆改变的那些应力数值来表示的。根据作用于纸上的力的性质不同，通常用抗张强度，耐折度、耐破度、撕裂度等不同指标来表示。

在实际使用中，纸张是否容易发生拉断、折断、撕裂等而遭到破坏，不只是单纯地由上述一项或几项强度来决定的，而是与纸张的流变性质，如黏弹变形、蠕动变形和应力松弛特性密切相关，因此，应该从纸张的强度指标与其他相关性能的结合上，分析和认识纸张的机械性能。

无论何种纸张，在"Z"向受到压力作用时，其"Z"向都会产生变形。变形的大小取决于纸张表观密度的大小。对于印刷纸来讲，不仅要求有较好的压缩变形，而且由于要进行多色印刷，还要求具有压力去除后能恢复的特性。在本章中，将对纸张的流变性质、机械强度、"Z"向压缩特性及表面强度等进行详细的讨论和分析。

第二节　纸张的流变性质

近年来，应用流变学的方法对纸张力学性质进行基本研究，引起了相当注意。通过这些研究，可了解纸张在实际应用（如印刷）中的性能，并有助于解释常规检验结果的意义。

一、纸张的黏弹性变形

纸张是一种多相复杂且非均质的高分子材料，和其他任何高分子材料一样，纸张在受到力的作用时会表现出其固有的特性——黏弹性（Viscoelastic property）。在讨论纸张的黏弹性之前，需要说明应力、变形、理想弹性固体和理想液体的意义。

应力是物质为了抵抗外力，而在单位面积上发生的内力（N/m^2）；变形（或称应变）是物体尺寸发生变化的数量对原有尺寸的比率。理想弹性固体在外力作用下，其瞬时的变形程度与负荷成直线比例关系，而当去除负荷后，能恢复其原有规格。若用 σ 表示应力，ε 表示其变形，则有：

$$\varepsilon = \frac{\sigma}{E}$$

式中　E——物体的杨氏模量。

最大应力是物体在保持能恢复其原有形态条件下能承受的最大负荷，也称之为弹性极限。弹性固体不用考虑时间因素。对于液体则需要考虑时间因素，理想液体的流动要依时间与负荷而定。纸张与许多高分子材料相似，具有弹性性能和与时间有关系的流动性能。这就意味着，引起特定变形而产生的应力，将因产生变形所用的时间而变化。纸张所产生的这种变形称之为黏弹性变形。对于理想的流体，其应力 σ 与变形 η 之间遵循牛顿定律：

$$\sigma = \frac{\eta \mathrm{d}\varepsilon}{\mathrm{d}t}$$

式中　η——液体的黏度；

t——应力作用时间。

对于一定的应力 σ_0，上式积分后得：

$$\varepsilon = \frac{\sigma_0 t}{\eta}$$

纸张的这种应力—变形对时间的依赖关系可以用试验的方法来证明：采用均匀的纸样，先用肖伯尔抗张强度仪进行试验，测得纸样的平均裂断负荷为980N（添加负荷的时间约为4s），也即纸样的抗张强度为980N。如果改用88.2N的负荷，经过11min纸条就会裂断；如继续进行试验，发现用78.4N的负荷，经过14h，纸条裂断；如用58.8N负荷，经20d纸条才裂断；如果用39.2N负荷，需要经过220d纸条才裂断。如图4-1、图4-2所示。图4-1为不同负荷的变形随时间的变化曲线，图4-2为负荷与裂断纸条所需时间之间的关系曲线。在使用纸张的时候，无论弹性变形或黏性变形都是重要的，至于两者之间哪一个更为重要，决定于纸张的用途。

图4-1　不同负荷下纸张的蠕变

图4-2　负荷与裂断时间的关系

二、纸张的蠕变特性

连续增加施加于纸条上的重量，并测定纸条的延伸长度（变形），得到一条曲线，在开始的时候，是一条直线（符合虎克定律），然后，开始向变形轴的方向弯曲。换句话说，纸张在开始时是纯粹的弹性体，在发生了1%～2%的变形以后，开始产生流动性。如果负荷保持不变，纸张无限地流动，直到发生裂断。这种滞延流动，称之为蠕变（Creep）。图4－3表示了一种典型的蠕变。如撤去负荷，纸张会部分恢复其原有形态，但是，仍有部分变形不能恢复，形成了永久变形。变形的恢复可以用两部分来表示，瞬时部分和与时间有关系的部分。用75%磨木浆和25%的牛皮木浆制成纸张，其变形恢复情况，表示于图4－4中。有些印刷纸要求变形恢复的比率比较大，以保证使用各种纸印刷时，能恢复其原有的状态。

图4－3　在75%裂断负荷作用下，
纸张的蠕变与时间的关系

图4－4　应力（2.75kgf/cm）作用5min后
的变形恢复情况

A—B 是瞬时恢复；B—C 是蠕变恢复

如前面指出的那样，变形速率（Rate of straining）是很重要的，如果纸张变形很快，容易恢复其原有形状（显示真正的弹性）。如果纸张变形缓慢，就易于保持其最后的形状（显示流动性）。

三、纸张的应力松弛特性

如果纸张的变形保持一定，应力将随时间增大而减小，这种现象称为应力松弛(Relaxation)。应力随时间的变化关系如图4－5所示。应力松弛是保持纸张在一定伸长情况下所必需的应力递降的结果，这种现象与液体的触变性(thirotropy)相似。应力松弛速率快的纸张，会更容易使负荷消失，因此，与应力松弛速度慢的纸张

图4－5　应力随时间的变化关系

相比，更不易裂断。纸袋纸需要有高的松弛速率，以求吸收纸袋在使用过程中所受的应力，显然松弛速率快和抗张强度小的纸袋纸，比抗张强度大而松弛速率慢的纸张更好使用。在平版印刷机上印刷用的纸张，应有较高的应力松弛速率，以抵抗在印刷时突然发生的应力。近代生产的新闻纸，比过去生产的新闻纸，抗张强度较低。但近代的新闻纸使用情况较好，这是因为

有较好的流动性。蠕变纸已有广泛的应用,因为经蠕变的纸抗张强度虽然比未经蠕变的纸小,但蠕变处理使纸张更加绵韧,因而能吸收突然的振动,而不致将应力积聚于纸上某点。一般应力松弛与时间的关系,在开始时上升较快(直到5min后),以后变得较慢。

第三节　纸张的"Z"向压缩变形特性

纸张在"Z"向产生变形的大小取决于纸张孔隙率的大小,即纸张的表观密度。新闻纸孔隙率占50%以上,故在压力作用下的"Z"向变形较大,而对于像玻璃纸这样密度高的纸,其孔隙率一般都在10%以下,在压力作用下几乎不产生变形。

对于印刷纸张来讲,不仅要求具有较好的压缩变形,而且由于要进行多次套色印刷,因而要具有在压力去除后能恢复的特性,这就是纸张的"Z"向弹性,前者称为"Z"向塑性。

一、"Z"向压缩变形的整体特性

纸张在受到压力作用时,压力与压缩量随时间的变化关系如图4-6所示。图中 d 为纸张的最初厚度,K 为压力最大时的压缩量,R 为压力去除后的弹性恢复量,$(K-R)$ 即为永久变形量,因此,纸张的压缩率、弹性恢复率和塑性变形率分别为:

压缩率 $=K / d \times 100\%$

弹性恢复率 $=R / K \times 100\%$

塑性变形率 $=K-R / K \times 100\%$

图4-6　压缩量与压力随时间的变化

图4-7所示为不同纸浆的打浆度与压缩率之间的关系曲线,图4-7(a)中,A为漂白

（a）　　　　　　　　　　　　（b）

图4-7　打浆度与纸张压缩率之间的关系曲线

A—漂白亚硫酸盐虾夷松浆；B—未漂白硫酸盐红松浆；C—未漂白亚硫酸盐红松浆；D—漂白硫酸盐红松浆；

E₁、E₂—磨木浆；F—漂白亚硫酸盐桦木浆；G—未漂白硫酸盐桦木浆；H—漂白半化学桦木浆

57

亚硫酸盐虾夷松浆，B 为未漂白硫酸盐红松浆，C 为未漂白亚硫酸盐红松浆，D 为漂白硫酸盐红松浆，E₁、E₂ 均为磨木浆。图 4-7（b）中 F 为漂白亚硫酸盐桦木浆，G 为未漂白硫酸盐桦木浆，H 为漂白半化学桦木浆。从图 4-7 可见，一般漂白纸浆比未漂纸浆的压缩率大，阔叶木纸浆比针叶木浆的压缩率小，磨木浆的压缩率比化学浆的压缩率大近十倍。

图 4-8 为图 4-7 中八种纸浆的弹性恢复率与打浆度之间的关系曲线，从图可见，硫酸盐纸浆比亚硫酸盐纸浆的弹性恢复率大，未漂白纸浆比漂白纸浆的弹性恢复率大，而磨木浆的弹性恢复率最小。图 4-9 所示为磨木浆中亚硫酸盐纸浆含量对纸张压缩率和弹性率的影响。从图 4-9 中可见，随着亚硫酸盐浆含量的增加纸张的压缩率急剧减小，在含量超过 60% 以后，弹性恢复率才渐渐增加。图 4-10 所示为涂料印刷纸涂布量对纸张压缩率和弹性恢复率的影响，从图 4-10 可见，随着涂布量的增加，纸张的压缩率减小，而弹性恢复率几乎没有变化。图中括号内的数据表示绝对压缩量。图 4-11 所示为纸张的水分对压缩率和弹性恢复率的影响，从图可见，随着纸张水分的增加，纸质变得更为柔软，压缩率随之增加，而弹性恢复率随之减小。

（a）　　　　　　　　　　（b）

图 4-8　打浆度与纸张的弹性恢复率之间的关系曲线

A—漂白亚硫酸盐虾夷松浆；B—未漂白硫酸盐红松浆；C—未漂白亚硫酸盐红松浆；D—漂白硫酸盐红松浆；
E₁、E₂—磨木浆；F—漂白亚硫酸盐桦木浆；G—未漂白硫酸盐桦木浆；H—漂白半化学桦木浆

**图 4-9　亚硫酸盐浆含量对纸
张压缩率和弹性恢复率的影响**

**图 4-10　涂布量对纸张
压缩率和弹性恢复率的影响**

**图 4-11　纸张的水分对纸张
压缩率和弹性恢复率的影响**

二、"Z"向压缩变形随时间变化的特性

由于造纸的原料和造纸的工艺不同，纸张"Z"向压缩变形率随时间的延长所产生的结果是不同的。图4－12所示为三种纸张在压力为1.83×10^6 N/m² 下的压缩率随时间变化的曲线，图中纸张1为机涂纸（Machine Coated Paper），相当于仿铜版纸，纸张2、纸张3均为不含磨木浆的压光纸。从图4－12可见，对于3种纸张压缩率自加重力1.83×10^6 N/m² 后立即由0上升到3%～7%，而后上升速度较慢。纸张3在经过4.5h后去除负荷，纸1经过约5h后去除负荷，纸张2在经过约5.6h后去除负荷，三种纸

图4－12　压缩变形随时间的变化
1—机涂纸；2、3—不含木浆的压光纸

张在去除负荷后压缩率均迅速回降，而后缓慢回降，在经过15～36h后，无磨木浆的压光纸2和3几乎恢复其原厚度，而机涂纸1仍残留相当大的塑性变形率。从图中曲线形状看，压缩变形对时间的变化特性与纸张受张力作用的蠕变变形的情形类似，即变形为三部分组成：敏弹性变形、滞弹性变形和不可逆塑性变形。

三、"Z"向变形特性对印刷的影响

纸张的"Z"向变形是在力的作用下才产生的。在印刷中，纸张在印刷压力作用下的"Z"向变形，可以产生一种缓冲作用，使纸张与印版（或胶棍）之间得以良好地接触，使油墨得以均匀地转移。也就是说弹塑性好的纸张，即使其表面结构较为粗糙，也能取得良好的油墨均匀转移。例如涂布后的机加工纸（如布纹纸），由于这种纸页在其"Z"向具有良好的弹塑性，即使用一般平滑度仪测定其平滑度值很低，但仍能取得良好的印刷效果。

但必须指出的是对于多色印刷用纸，由于在套色过程中要受到几次压缩，因而不仅要具有较高的压缩率，也应有较高的弹性恢复率，也就是说要具有较高的弹性。

第四节　纸和纸板的机械强度

纸张是一种凝胶触变结构的可逆体系，受力的作用会发生变形（弹性变形和塑性变形）。当受力负荷过大时，纸张的结构便被破坏。在印刷过程中，纸张受到不同方向张力的作用。强度性质决定着纸张在印刷过程受张力作用的结果：强度足够高，则可以保证印刷操作的正常进行，反之将出现运行故障。可见，强度性质对印刷生产是很重要的。

从微观看，纸张是纤维素纤维通过氢键作用而结合的。因此，纸页的强度一方面取决于纤维本身的强度，另一方面又取决于纤维之间的结合强度，即取决于纤维结合点的数量和结

合的质量。此外，其他一些因素对强度也有重要的影响。如填料的种类和数量，助剂的种类和数量，纤维的柔软性和长短，纤维在纸页上的分布等。可是，对于印刷运行适性来说，纸张的强度并非是一个明确的概念，因为在印刷过程中，纸页可能同时受到张力作用、折叠作用及撕裂作用。抗张强度高，并不意味着耐折性能好。以抗张强度为例，即便纵（X）向、横（Y）向抗张强度好，并不等于垂直于纸面的"Z"向抗张强度好。因此谈及纸页在印刷过程的强度性质，必须特指具体内容。

纸张的强度性质包括许多指标，现择其中与印刷适性关系较大的简述如下。

一、抗张强度与伸长率

抗张强度（tensile strength）是指纸或纸板所能承受的最大张力，以宽度为 15mm 的标准试样测得的纸样断裂时荷重来表示。测量结果有如下几种表示方法（参照 GB/T 453—2002 或 ISO 1924—1：1992）。

1. 绝对抗张力

即以标准所规定的纸或纸板试样宽度，在抗张强度测试仪上直接读出的荷重 F，用千克（kg）或牛顿（N）来表示。

2. 裂断长（breaking length）

裂断长是一个假定的强度概念，它表示一定宽度的纸条，其悬挂的纸条长度不能承受自身的重量时而自行断裂时的长度，单位为米（m）。适用于比较不同定量的纸或纸板。裂断长表示了纸或纸板抗张强度的相对值，不能用仪器直接测量，可以根据纸张的定量和抗张强度值进行计算。计算公式如下：

$$L = \frac{F}{B \cdot W}$$

式中　L——裂断长，m；
　　　B——试样宽度，m；
　　　F——试样的抗张力，kg；
　　　W——试样定量，g/m^2。

3. 抗张指数（tensile index）

国家标准表示方法为抗张强度除以定量，以牛顿米/克表示。

$$X = \frac{F \cdot W_o \cdot b_o}{W \cdot b} = \frac{100F}{1.5W}$$

式中　X——抗张指数；
　　　F——抗张力，N；
　　　W——试样定量，g/m^2；
　　　W_o——100g/m^2；
　　　b——试样宽度，1.5cm；
　　　b_o——1.0cm。

4. 伸长率（stretch at break）

纸或纸板受到张力至断裂时的伸长与原试样长度的比，用百分比表示。在测量纸张抗张强度的同时，可以测量出纸张的伸长率。

目前我国最常用的测定纸的抗张强度和伸长率的仪器为摆锤式抗张力试验机，即常说的肖伯尔抗张强度仪。该仪器的基本原理是摆的平衡，其原理如图4-13所示。仪器的下夹头由于传动装置的带动，以一定的速度下降，通过试样将拉力传至上夹头，上夹头通过链条传动使摆偏转一定角度。当试样断裂时，摆立即自动停止，由摆所转动的角度，直接在刻度尺上指示出抗张力值。刻度尺上抗张力值由下式计算。

图4-13　摆锤式抗张强度仪原理图

$$F \cdot r = W \cdot h \cdot \sin\alpha$$

$$F = \frac{W \cdot h}{r} \cdot \sin\alpha$$

式中　F——抗张力，N；

W——摆锤重力，N；

h——摆的重心与摆轴之间的垂直距离，mm；

r——扇形体的半径，mm；

α——摆在 F 力作用下偏转角度。

由于式中 W、h、r 都是定值，所以抗张力 F 是偏转角度 α 的函数。

还有一种自动的抗张强度仪，测量原理相同，但可以通过仪器设置的程序，同时得到绝对抗张力、伸长率、裂断长、抗张指数等数据。

抗张强度对于印刷纸是十分重要的，尤其是对于高速轮转印刷机的印刷用纸，抗张强度是相当重要的。因纸张在整个印刷中均处在张紧的状态，纸的纵向受到一定的拉力作用，如果纸的抗张强度低于纸在运动时的拉力，那么在印刷过程中经常出现纸张断裂现象。为了保证印刷工艺的正常进行，一般对纸张的抗张强度均有一定的要求。如1号卷筒新闻纸要求裂断长≥2700m，2号卷筒新闻纸裂断长≥2500m，1号卷筒凸版纸要求裂断长≥2400m。

二、耐折度

耐折度（folding endurance）是纸张的基本机械性质之一，用来表示纸张抵抗往复折叠的能力。纸张的耐折度系测定纸张受一定力的拉伸后，再经来回折叠而使其断裂，以折叠的次数表示。高耐折度对半透明纸、钞票纸等不可缺少，对于其他如地图纸、工程绘图纸（蓝纸）、包装纸、印刷纸等多种纸张亦有一定的要求。对于印刷纸，耐折度反映了印刷品在使用过程中耐折寿命的长短。

耐折度数据的单位是双折次，按纵向裁样测试的为纵向耐折度，按横向裁样测试的为横向耐折度。一般纵向耐折度比横向耐折度高，这是由于纤维的排列及纵向纤维结合力大的缘故。

耐折度对于印刷品，特别是热固型干燥的印刷品，在联机折页时更显重要。因为纸页通过干燥部时急剧脱水并变脆，容易造成折页作业时纸页出现断裂问题。许多纸张在使用过程中都需要承受相当多的折叠作用，如证券纸、账簿纸、地图纸、书皮纸、白报纸和箱板纸等都要求纸张具有较高的耐折度。尤其是钞票要流通使用，故要求纸张具有很高的耐折度。

最常用的耐折度仪器有肖伯尔型，M. I. T 型（麻省理工学院创制的），另有北欧国家标准的 kohles-Molim 仪器及其他仪器。肖伯尔型和 M. I. T 型为我国国家标准规定的耐折度测试仪。（参照 GB/T 457—2002 或 ISO 5626: 1993）

耐折度检验的特点是结果变化很大，其原因一是由于使用不同的仪器，检验方法不同而产生的；二是由于纸样在检验过程中产生发热现象，而使耐折度有些变化。因此，在仪器结构上应增加降温装置，如风扇，以增加通风，避免热的产生。由于耐折度的变化性大，耐折度指标必须有一定的公差，高级纸的公差最少为 20%，普通纸的公差最少为 30%。

三、耐破度

耐破度（bursting strength）是纸张在一定面积下，以匀速加压直至破裂时所能承受的最大压力，以液压力或气压力表示。耐破度表示了纸张在不破裂时所能承受外压的程度（耐破度的测量方法参照 GB/T 454—2002 或 ISO 2758: 2001）。它是抗张强度和伸长率的复合函数，纸张破裂时一般成为一条与纸张的纵向垂直的裂纹，这是由于纸张纵向伸长小，受压力后成为纵向张力。耐破度是包装纸非常重要的质量指标。

耐破度与抗张强度间存在下面的关系：

$$P = \frac{2T}{r}$$

式中　P——耐破压力；

T——单位宽度纸样的纵向抗张强度；

r——破裂时的弯曲半径。

耐破度直接与纸袋纸、包装纸和制盒纸板的用途有关。利用缪伦式耐破度仪可对纸和纸板的耐破度进行测量。

四、撕裂度

撕裂度（tearing resistance）是指撕裂一定距离纸页所需的力。撕裂度包括边撕裂度和内撕裂度。边撕裂度是用与纸张平行方向的力将纸张的完整边缘撕开一定的距离所需的力；内撕裂度是先将纸张切出一定长度的裂口，然后测量再从裂口开始撕裂一定距离时所需的力。撕裂时所做的功包括两部分：一部分是把纤维拉开所做的功，一部分为把纤维拉断所做的功。

撕裂度的测定在爱利门道夫式撕裂度仪上进行。（测试方法参照 GB/T 455—2002 或 ISO 1974: 1990）。

纤维的处理方式和纤维长度直接与纸张的撕裂度有关。未打浆的纸浆制成的纸张，其撕裂度接近全部用于克服拉开纤维时摩擦阻力所做的功，实际上纤维并未拉断，撕裂后裂口能看到许多被拉开的纤维，因为纤维间的接触面积小，摩擦阻力小，因而撕裂度也低。经过打浆处理后，纤维间结合力增加，因而纤维拉开的摩擦阻力也增加，撕裂度就较大。但当打浆程度大大增加后，纤维间结合力将进一步增强，纸张的紧度也很大，撕裂时纤维基本不能被拉开，处在裂口的纤维几乎全部被拉断，此情况下裂口比较平滑，撕裂度也将较小。因为紧度的增加使拉应力不能分散到较大的范围中去。这就是纸张撕裂度随打浆度提高有所上升，但打浆度进一步上升，撕裂度反而下降的原因。这也说明，对一般印刷纸来说，撕裂度的大小，主要取决于成纸的纤维长度和强度，而与纤维间的结合力关系不是很大。高蠕变的纸张，其撕裂度较高，因为蠕变会使负荷分布于纸张的较广大面积上。蠕变纸张与非蠕变纸张相比，撕裂度较高，因为纸张在撕开时，撕开的距离较大，需要做更多的功。撕裂度对于在使用过程中受到撕裂作用的纸张，如纸袋纸、条纸、带纸、建筑纸板、薄页纸、及制盒纸板等有特别重要的意义。国外一些纸张公司还把撕裂度作为评价邮票纸打孔性能的重要指标。

五、挺度

纸张的挺度（stiffness）是纸张抵抗弯曲的性质，即刚性（Rigidity），也能间接表明其柔软性（softness）。挺度与纸张的流变性质有关，决定于纸张受弯曲时，其外层的伸长能力和里层的受压能力，挺度衡量了纸张支持自重的能力，与纸张的杨氏模量 E（惯性力矩 I）、宽度（B）和试样长度（L）成下面关系：

$$挺度 = \frac{ET^3}{12} \times \frac{B}{L^2}$$

式中　E——杨氏模量；
　　　T——试样厚度；
　　　B——试样宽度；
　　　L——试样长度。

由此可见，弹性模量越高，挺度也越高。由于模量为每单位面积上的应力应变，故降低在一定负荷下的变形，可以获得较高的挺度。

挺度的测定对于纸板采用泰伯尔（Taber）式挺度仪，该仪器是使试样的一头固定，在另一头加负荷，使试样弯曲 15°角，测试其所需要的力矩。

另一种既可测定纸张也可测定纸板的挺度仪为葛尔莱（Gualey）式挺度仪，该仪器是测定纸和纸板的抗弯性能，是以一定尺寸的试样拨动一定重量的摆，在力达到平衡时，由摆指针指示的值计算出试样的挺度。

纸张的挺度对于单张纸印刷中的输纸及收纸具有特别重要的意义。

第五节　纸张的表面强度

一、纸张的表面强度与拉毛

表面强度（Surface Strength）是指纸张表面细小纤维、胶料、填料间或纸张表面涂料粒子间及涂层与纸基之间的结合强度。它表示了纸张在印刷过程中抗油墨分裂力的能力。当纸面与着墨的印版或橡皮布分离，油墨的分离力大于纸面粒子间的结合力时，纸面便产生肉眼可见的破裂现象，被油墨拉下的纸面纤维、填料或涂料堆积在橡皮布和印版表面，脏污橡皮布和印版表面，印刷工人必须及时进行擦洗。

在破裂的纸面出现不连续的或连续的未着墨区域的现象称之为拉毛（picking），因此，又常把纸张的表面强度称之为拉毛阻力（picking resistance）。

拉毛是指在印刷过程中，当加于纸张或纸板表面的外部张力大于纸张和纸板的内聚力时，纸张或纸板表面发生的人眼可见的破裂现象。加于纸面的外部张力也即油墨的分离力；纸张的内聚力也就是决定纸张表面结合强度的纸面粒子之间的结合力，对于非涂料纸来就是纤维、填料、胶料之间的结合力，对于涂料纸来说就是涂层与原纸层的结合力以及涂层内部粒子间的结合力。拉毛的结果不仅影响印刷品的质量，而且给印刷生产带来麻烦，对于凸印来说会堵塞印版，污染油墨；对胶印来说印刷工人必须经常停机清洗版面和橡皮滚筒。因此，对印刷纸表面强度进行测定，根据印刷方式和印刷机类型选择适合印刷的纸张具有十分重要的意义。

二、拉毛对印刷的影响

拉毛对印刷的影响主要有两方面：一是造成图文部分的污染；二是胶印中橡皮布及墨辊清洗次数的增加。

图文部分的污染有两方面，其一是纸面粒子剥落后，由于未沾上油墨而引起白斑点，这一现象能够较早地得到发现。这种情况下，剥落下的粒子会粘在橡皮布的表面，然后转移到印版上。转移到版上的粒子在版上旋转半周之后，在与墨辊接触之前先与上水（润版液）辊接触一次。这样，沾上水的粒子再接触新油墨时，就不容易沾上油墨。结果，这一部分再旋转半周并与橡皮布接触后，使橡皮布也无法上油墨，从而使图文部分产生白斑。只要这一部分不再接受油墨，就会继续在同一位置上留白斑点，这种白斑会越积越多。再有一种污染是由细微的纸粉或微细的涂料粒子等的拉毛引起的，在初期发现它是非常困难的。但经过几千张的印刷后，逐渐在图像边缘发现拉毛现象，此时停机检查橡皮布，就会发现严重的堆墨现象（剥落物在橡皮布上堆积的现象）。这种堆墨现象一旦出现，其发展甚快，因此必须及早进行消除。另外，如果堆积的纸毛、纸粉在橡皮布上形成一定高度，还会由于局部凸起而造成在其周围很小的面积内产生不能着墨的现象，表现为环状白斑。

目前，长时间印刷后对橡皮布表面进行清洗仍是不可避免的。问题在于清洗的频繁程度如何，这与纸张的表面强度的高低和印刷的图文内容有关。不言而喻，纸张在印刷中发生拉毛后，橡皮布清洗的次数会明显地增加，从而大大地影响印刷生产。不仅如此，拉毛严重时，还会出现纤维从印版经由上墨辊沉积在油墨槽的现象，还会出现版面受填料粒子磨损的现象，严重时会影响到印刷的继续进行。若发生这种故障时，单纯依靠橡皮布的清洗是无法解决的。

三、纸张的干拉毛与湿拉毛

按发生拉毛时是否有水的参与，把拉毛分为干拉毛（dry picking）和湿拉毛（wet

picking）两类。干拉毛与水无关，只是由于油墨的分离力对纸张表面作用的结果，这种拉毛现象与纸的耐水性无关，在单色机和多色机上都可能发生干拉毛。湿拉毛是在水的参与下发生的，因此与纸张的耐水性有关。湿拉毛是多色胶印中特有的拉毛现象。干拉毛是在纤维或填料之间的结合力小于油墨的分离力时发生的，而湿拉毛是在这一条件下再加上润版液的参与下发生的。

即使在干燥时纸张的拉毛阻力再大，但在多色印刷中多次受到润版液的润湿作用，对于靠氢键结合的非涂料纸的纤维之间或以水溶性胶（如淀粉、聚乙烯醇）为胶黏剂的涂料纸涂层中颜料之间的结合力都会显著下降，也就更容易发生拉毛现象。湿拉毛与水密切相关，与水量及水在纸面上停留的时间有关。在纸面水量相同的情况下，迅速印上油墨的情形与隔一段时间后才印上油墨的情形也大不一样，前一种情形印上油墨时大量的水分还停留在纸张表面，而后一种情形印上油墨时纸面上的水已大部分渗透到纸张内部去了。显然，前者比较容易发生湿拉毛现象。还有一种现象是当水量比较大，而且印刷的速度又很快时，纸面上的水来不及渗透到纸张的内部，这时就会产生对油墨的抵抗作用，使下一个橡皮布上图文部分的油墨不能转移到纸面上，这种现象称为湿抵抗（wet resistance）或湿排斥（wet repellence）。

四、掉粉掉毛

掉粉掉毛是指在印刷过程中纸张表面松散粒子的脱落现象。与拉毛现象不同，掉粉掉毛是指单纯由于润版液的湿润或机械摩擦作用就能导致纸面松散粒子的脱落，而拉毛必须在油墨的分离力大于纸面粒子之间的结合力时才发生。因此，拉毛是导致纸面相互结合的粒子的剥落，而掉粉掉毛是纸面松散粒子的脱落。拉毛取决于纸张的表面强度，掉粉掉毛则取决于纸面的干净程度（指纸面松散结合粒子和纸尘的多少）。虽然是纸张两个不同的方面的性能，但对印刷造成的影响是一样的，纸面脱落下的松散粒子同样会堆积在橡皮布的表面，转移到印版表面等，引起类似拉毛的故障。在实际印刷中我们也常见到，表面强度高的纸张在印刷中同样要清洗橡皮布，这种现象在国产纸中尤为常见。因此，除表面强度外，掉粉掉毛性能也会影响印刷生产的纸张的印刷运行性能。但目前还没有常规的定量测量纸张掉粉掉毛性能的方法，仅有一些半定量的评价方法，如 IGT 悬浮物试验法。

五、纸张表面强度的测量

迄今开发用于测定纸张表面强度的方法有许多，不同时期最有代表性的方法有如下几种。

1. Dennision 蜡棒法

该法是采用 20 根胶黏能力（adhesive powers）不同的蜡棒，按胶黏能力由小到大从 2A 到 32A 编号。测量时将蜡棒的一端加热使之熔化后，垂直加于纸张表面，15min 后拔起，用能将纸面损坏的蜡棒的号数表示纸张的表面强度，号数越高，表示纸张表面强度越高。Dennision 蜡棒法曾一度广泛用于印刷纸表面强度的检测，这主要是因为此法测量简便，而且能较准确地区分不同表面强度的纸张。但由于所用蜡与印刷油墨在结构上的差异，对纸张的附着力、亲和力与油墨的情形各不相同，而且采用静态测量，不能反映出纸张表面在印刷过程被剥离的力学特征，因而只有比较的意义，这是 Dennision 蜡棒法的局限性。

2. 加速印刷法

加速印刷的方法是基于流体在平面之间分离时的分离力与分离的速度成正比关系的理论设计的，即分离速度越快，分离力越大。对于一定的印刷油墨，当油墨的分离力大于纸张的拉毛阻力时，纸面便发生所谓的拉毛现象，因此发生拉毛时印刷速度便间接表示了纸张拉毛阻力的大小。因此，在实际测量中，将一定印刷条件下，纸张产生肉眼可见的明显的起毛、起泡的最小的印刷速度称之为临界拉毛速度或拉毛速度，用 V_C 表示，单位是 m/s 或 cm/s。

IGT 系列印刷适性仪就是利用这一原理进行拉毛实验的。它不仅可以用于拉毛测试，而且可进行各种纸张、油墨结合的印刷适性试验。利用 IGT 印刷适性仪测量纸张表面强度（拉毛阻力）的方法已被采纳为国际标准方法和我国国家标准方法（参照 GB/T 2679.15—1997 或 ISO 3783：1980 和 GB/T 2679.15—1997 或 ISO 3782：1980）。

六、纸张表面强度的表示方法——VVP 值

用加速印刷的方法测得的临界拉毛速度 V_C 表征纸张的表面强度，在众多方法中是最为科学的。但对于不同黏度的拉毛油或油墨，尽管相同的纸张，其临界拉毛速度是各不相同的，这就不便于不同纸张之间的相互比较，也难以与实际印刷联系起来，即使采用标准拉毛油或油墨，临界拉毛速度也只能比较纸张之间表面强度（拉毛阻力）的相对大小，而不能确定在实际纸张、油墨和印刷条件下，不发生拉毛的条件。对此，美国纸张化学学院（IPC）的研究者们首先进行了大量的研究，提出了用临界拉毛速度（Velocity）与拉毛试验用拉毛油黏度（Viscosity）或所用油墨塑性黏度的乘积（Product）（称为 VVP 值）来度量纸张拉毛阻力的大小。指出，对于一定的纸张，VVP 值为一常数。VVP 值的提出，为比较不同黏度的拉毛油测定的纸张表面强度提供了方便。表 4-1 所示为采用黏度为 21Pa·s 的低黏度拉毛油和黏度为 72Pa·s 的中黏度拉毛油测得的几种纸张的临界拉毛速度 V_C 和 VVP 值结果。从表中可知，对于一定纸张，两种拉毛油的 VVP 值是基本相等的，其偏差远小于试验的误差范围。

表 4-1 几种纸张的 V_C 值（m/s）和 VVP 值

纸种	低黏度油		中黏度油		$\dfrac{VVP_M - VVP_L}{VVP_L} \times 100\%$
	V_{CL}	VVP_L	V_{CM}	VVP_M	
涂布白板纸	4.89	102.7	1.33	98.8	-3.8
铜版纸 1	2.32	48.7	0.65	46.8	-3.9
铜版纸 2	2.59	54.4	0.74	53.3	-2.0
凸版纸	1.14	23.9	0.34	24.5	2.5
胶版纸	3.34	72.0	1.04	74.9	4.0

注：L 代表低黏度，M 代表中黏度。

七、纸张表面强度分布对拉毛试验的影响

在进行拉毛试验时，同一种纸样十次拉毛的结果，很难有两次是相同的。这是因为在纸幅整个表面上的纸张性质存在差别，纸面粒子之间的结合力并不是均匀的，因此，每种纸样

的表面强度都有一个如图 4 - 14 所示的近似正态分布。这条曲线也是纸面粒子（纤维或填料）被剥离的拉毛速度分布曲线。其中大多数粒子所具有的拉毛速度 M 称之为平均速度。当我们用速度递增的方式进行一系列匀速印刷测量纸张的拉毛速度时，我们测得的纸张的拉毛速度会是速度 L，而不是平均速度 M，因为在这种方式的印刷中，在速度 F 点就已有足够的粒子脱离纸面造成了纸面肉眼可见的破裂现象。但如果采用加速方式进行拉毛试验，则会发现

图 4 - 14　纸面粒子从纸面被剥离的速度分布

在速度 L 时基本上纸面粒子未被剥离，而在比 L 更高速度的地方才明显地出现拉毛现象。这个更高的速度即为图 4 - 14 中的 P，P 即为我们所测得的纸张的平均拉毛速度。速度 P 值的大小取决所用的加速度（或终点速度），加速度越高，测得的拉毛速度 P 越高。在实际拉毛试验中已经发现，当采用弹簧加速器 A 速（终点速度为 2.0m/s）时测得的拉毛速度比采用摆锤加速测得的结果高大约 20%。采用不同黏度拉毛油进行测试，也发现了类似的结果。采用不同宽度的印刷盘，测量结果也各不相同，在一定加速度下，在不改变总压力的条件下，采用 1cm 宽印刷盘时纸面粒子被拔起的概率是采用 2cm 宽印刷盘的两倍。采用 2cm 印刷盘测得的拉毛速度比采用 1cm 印刷盘的结果高约 5%。

上述现象都是由于纸张表面强度分布影响的结果。这些现象表明，要使拉毛试验结果具有很好的可比性，采用相同的印刷条件进行拉毛试验是十分必要的。

复习思考题四

1. 纸张的应力—应变的特点是什么？
2. 为什么经过蠕变的纸张不容易发生断纸的故障？
3. 什么是纸张的应力松弛特性？印刷时对其有何要求？
4. 压缩率、弹性恢复率和塑性变形率分别是指什么？
5. 画出纸张"Z"向压缩的力学模型和相应的流变曲线，并对不同阶段的变形进行解释。
6. 抗张强度、裂断长的定义各是什么？分析影响抗张强度的因素。
7. 耐折度、耐破度、撕裂度、挺度的定义各是什么？
8. 纸张的表面强度和临界拉毛速度的定义各是什么？影响临界拉毛速度的主要因素有哪些？为什么 VVP 值的高低可以表示纸张表面强度的高低？
9. 为什么四色胶印更容易发生拉毛现象？

第五章

纸张的光学性质

第一节　概述

当一平行光束照射在纸张表面时，首先一部分光发生镜面反射（Specular Reflection）。镜面反射是指反射角与入射角相等，方向相反的反射现象。若纸面为光学平滑，即表面凹陷间间隙小于1/16入射波长，则镜面反射光也为平行光束，而且镜面反射光不受反射体颜色的影响，如果入射光为白光，镜面反射光也是白光。除镜面反射外，一部分光通过纸张与空气间的界面进入纸张内部，并在其界面上发生折射。进入纸张内部的光一部分被吸收，如纸张选择性吸收则使纸张呈现出颜色。另一部分进入纸张内部的光在纤维、填料、空气、涂料形成的若干界面上，由于界面间物质折射率的差异而发生散射（scattering），散射的结果是，光沿各个方向传递，散射后的光一部分回到入射面而射出纸面，这部分光称为扩散反射光（Diffuse Reflection）；另一部分从纸的另一面射出，这部分光称为扩散透射光，不可忽视的是还有极少量的镜面透射光，即无散射透过纸张的光。图5－1为一束光照在纸张表面发生的光学现象示意图。

图5－1　光照在纸张表面发生的光学现象示意图

第二节　纸和纸板的表面光泽度

光泽度（Gloss）作为纸张表面的特性，取决于纸张表面镜面反射光的能力。理论上把光泽度定义为纸面镜面反射光能力与完全镜面反射能力的接近程度。对于镜面，照射其上面的光几乎全部在镜面方向反射，相反对于完全扩散即"无光泽"表面，则在任何角度方向反射都一样，向各方向反射。大多数纸张既不是完全无光泽的，也不是完全镜面的，而是介于两者之间。

光泽度除具有上述物理特性外，还有其心理方面的特性，在此不作详述。

对于印刷纸来说，光泽度是非常重要的问题。市场上销售的纸张可分为有光纸和无光纸两大类。如何进行选择，那就要看印刷品的设计要求和用途。纸张光泽度由低到高，可排列为非涂料纸、轻量涂料纸、涂料纸、铜版纸和铸涂纸。

一、光泽度的表示方法

虽然光泽度与物体表面的镜面反射有关，但也受观察者的生理和心理状态的影响，因而不能单纯以对镜面反射的物理测量来表征。Hunten提出了六种表示方法，其中镜面光泽度和反差光泽度两种适用于造纸业及印刷业，已被广泛采用。

图5－2　镜面光泽与反差光泽示意图
I—入射量；S—反射光量；D—总反射光量

镜面光泽度（G_s）是物体表面镜面反射光量（S）与入射光量（I）之比，如图5－2（a）所示。

$$G_s = \frac{S}{I}$$

反差光泽度（G_c）又称对比光泽，是物体镜面反射光量（S）与总反射光量（D）之比，如图5－2（b）所示，反差光泽度描述了物体表面偏离镜面光泽的程度，特别适合于描述低光泽度表面。

$$G_c = \frac{S}{D}$$

二、光泽度的测量

测量纸张光泽度使用光泽度仪，大多数光泽度仪是测量物体表面镜面反射率，即镜面光泽度。光泽度仪由光源、产生平行光束的校正棱镜、限制平行光束的光栅和镜面方向反射光检测装置组成。测量时，将纸张反射率与已知反射率的物体进行比较。通常采用一块抛光黑玻璃作为工作标准。可以选择不同的入射角进行测量。为什么要用黑玻璃而不用白玻璃作为标准工作板呢？这是由于黑色玻璃能够吸收所有进入玻璃的光，因而无扩散反射光，射到检光计的光也就全是镜面光；若用白色玻璃作为标准板，镜面反射光量与黑玻璃相同，但有扩散反射光掺在里面，影响测量的结果。所以，用黑玻璃优于白玻璃。

光泽度测量时，所选光的入射角度不同，结果也不同。入射角越大，镜面反射率越大，光泽度值越高，反之亦然。由此可见，光泽度值的高低不仅取决于物体的表面特性，而且取决于测量的角度。在具体测量时，根据纸张表面光泽度级别不同，可以采用不同的测量角度。研究发现，对于大多数纸张，75°角是最好的测量角度，而蜡纸光泽度高，采用20°角，高光泽的涂料纸，常采用45°角和60°角，在报告测量结果时，必须注明所用仪器类型和测量角度。目前许多光泽度仪的测量角是可调的，可以任意选择。

图 5 - 3　涂料纸与非涂料纸的反射率分布

此外，进一步的研究还发现，光泽度值不仅受测量角度的影响，而且还受照明和观察所采取的角度范围的影响。图 5 - 3 为 45°角照明，不同角度观察纸张表面反射光的相对量。图中两条曲线分别代表涂料纸和非涂料纸的情况。由图可见，涂料纸表面平滑均匀，45°角观察时（镜面方向），其相对反射光量有一个高而窄的峰。因此在光泽度测量时，测量角度只要有轻微的变化都会明显地影响测量结果，所以角度必须精确控制。非涂料纸的反射率分布曲线则相当平缓。从图 5 - 3 可以看出，其

最大反射率并不在 45°角的方向上，而是偏移到约 55°角左右的方向上。这是因为非涂料纸表面粗糙，当平行光束照射到这样的表面时，入射角在表面上各点是不相等的，有的大于45°，有的小于 45°。如果这两种情况的概率相等，则由于大于 45°角的方向上的反射光多，造成最大反射率偏移到了大于 45°角的方向上。

三、光泽度与表观平滑度的关系

光泽度和平滑度都是物体的表面特性，二者均取决于物体表面的微观结构。有人具体研

图 5 - 4　TAPPI 光泽度与粗糙度的
平方之间（σ^2）的关系

究了纸张的光泽度与表面均方根粗糙度之间的关系，发现用外观轮廓法和光学法所测平均粗糙度的平方（σ^2）与 TAPPI 光泽度（由美国制浆和造纸工业技术协会 TAPPI 规定的测试方法测量的光泽度）之间存在良好的相关性（相关系数为 0.91），如图 5 - 4 所示。

由图 5 - 4 可见，σ^2 值越大（即表面粗糙度越大），TAPPI 光泽度值越小。用其他方法测量平滑度时，由于都是在一定压力下进行测量，测量结果与光泽度之间的相关性

很差。表 5 - 1 所示的为 75°角镜面光泽度值与几种平滑度测定方法测量值之间的相关系数结果。从表中可见，它们之间的相关性很差。这表明，光泽度仅与物体表面的表观平滑度相关，而与一般在压力状态下测得的印刷平滑度之间没有多大相关性。

表 5 - 1　75°角光泽度与平滑度间的相关系数

测量方法	Bekk 平滑度	印刷平滑度	Bendtson 粗糙度
相关系数	0.14	− 0.53	0.35

如果把未压光纸面看成是一系列的峰谷，则可以看到在垂直方向上点之间形成若干不等

的角度，光照在这样的表面上，将向各个方向反射。如果纸张经过压光后，峰顶被压平，所有平面区域都在同一平面上，照射在这些平顶上的平行光束具有相同的入射角，因而以平行光束反射。平行反射光的量取决于平顶所占的百分比，强的压光，形成的平面区域大，光泽度也就高。

纸张经涂布后，涂料中的细微粒子填满了原纸表面的凹凸处，使纸面的平滑度得到提高，但还不能有效地提高光泽度。只有再经过超级压光处理，使纸面受到强烈摩擦后，光泽度才会有飞跃性的提高。这是因为纸张表面的平滑度虽有所提高，但其表面仍是有相当多的细微凹凸不平现象，仍然使相当多的光扩散反射。经过超级压光处理后，大大减少了纸面的细微凹凸不平，平滑度得到了提高，光泽度也显著地上升。当然，除了超级压光处理外，涂布量对光泽度的影响也是相当重要的。当涂布量低到不足以掩盖纸面的凹凸不平时，无论再怎样进行超级压光处理，也不能使光泽度得到显著的提高。

四、纸张表面光泽度对印刷品质量的影响

对于印刷者来讲，总把光泽度与高的平滑度和良好的印刷质量联系起来，都希望印刷纸张是有光泽的，这样可以提高印刷品的美感。由此可见，纸张表面光泽度及平滑度对印刷品的质量是十分重要的，尤其是在包装领域。

从对印刷品质量的影响来看，纸张的光泽度与印刷品的光泽度之间有着十分直接的关系，如图 5-5 所示，无论是快干油墨还是慢干油墨，印刷品光泽度均随纸张本身光泽度的提高而提高。在实际印刷中，要印制高光泽度的印刷品，常常需选用高光泽度的纸张。但对于同一涂布量的纸来说，纸张光泽高并不意味着用它印制的印刷品光泽度也高。这是因为影响印刷面平滑度的因素，不单是纸张的光泽度的缘故，还受到油墨的流平性、干燥性的影

图 5-5　纸张光泽度对印刷品光泽的影响

响。一些无光涂料纸由于印刷时能获得均匀平滑的印刷表面，同样可获得高光泽的印刷品。

最近的研究发现，纸张的光泽度与纸张的着墨效率有着直接的联系，光泽度高的纸张比光泽度低的纸张，在纸面印以相同墨膜厚度时能获得更高的印刷密度。表 5-2 所示为不同光泽度纸张印以同种油墨时的密度平滑度（表示随纸面墨膜厚度增加印刷品反射密度增加的快慢程度）结果，从表中可见，密度平滑度随纸张光泽度的增加而显著增加。

表 5-2　纸张光泽度对密度平滑度的影响

纸张类型	铜版纸	胶版纸	新闻纸
光泽度（%）	66.3	14.9	8.9
密度平滑度（μm^{-1}）	0.51	0.23	0.15

但由于眩光的影响，光泽过高常常会导致阅读质量下降，使人感到疲倦。因此以文字为

主的印刷出版物，往往采用低光泽度的纸张，如非涂料纸或无光涂料纸。而以宣传为主的商业性印刷里，高光泽度的涂料纸仍占主流。

纸张的光泽度是印刷纸张一个十分重要的指标，但光泽的均匀性比光泽的平均水平更为重要。光泽的不均匀性被称为斑点，斑点是目前国产铜版纸与进口铜版纸的主要差距之一。光泽不均匀性测量目前已开发出不少仪器，如美国造纸化学学院的不均匀性测试仪。这些仪器的原理基本上都是基于把较小区域的反射率与其周围相对较大的区域的反射率进行比较，打印出差值的均值或方差值。该方差值越小说明纸面光泽越均匀。

第三节　纸和纸板的白度与颜色

一、白度

白度是指物质本质上具有的白色程度。从技术的观点来看，纸张及纸板白色程度包括了各种复杂的因素，它是纸张总光谱反射率、照明能量分布、观察条件和观察者特性的函数。造纸工业中的白度（brightness），对于大多数纸张是基于测量纸张对光谱中蓝光范围，即主波长为457nm 光的反射率。在欧洲和北美地区，测量新闻纸的白度，则是基于测量纸张在光谱中绿光范围（主波长为557nm）光的反射率。显然这种物理测量的白度与我们视觉上感觉到的白色程度（whiteness）是有差别的。

二、白度的测量

目前世界上常用的几种测量白度的仪器，都是测量纸张对主波长为457nm 光的反射能力。但由于仪器几何结构、观察条件不同，测量结果也是不一样的。在美国，最普遍使用的是前造纸化学学院（IPC）研究制造的测试仪器，并于1941 年定为 TAPPI 标准方法，测量结果称为 TAPPI 白度。该方法是将平行光束以45°角照射到纸张表面，如图5－6所示，测量纸张法线方向的反射率，在入射光中放一滤色片滤去红外光，在反射光中放一滤色片以提供457nm 蓝光作为测量光。这种方法也是我国纸张白度的标准测量方法，ZBD 白度计和最新数字式 SBD 白度计就是依据图 5－6 所示原理设计的。为了区别于利用扩散照明测量的白度，也称 TAPPI 白度为"定向白度"或"定向蓝光

图5－6　TAPPI 白度测量示意图

反射率"（参照 GB/T 7974—2002 或 ISO 2470: 1999 和 GB/T 7973—2003）。

三、视觉白度

视觉白度是纸面白光总反射率和在整个波长上反射率均匀性的结合。也就是说，人的视觉白度不仅取决于纸张对白光总反射率，而且取决于纸张在整个可见光波长上反射率的均匀性。其中反射率的均匀性较总反射率起着更为重要的作用。在造纸过程中加入与纸浆颜色互补的染料，虽然会减少总反射率，但提高了反射率的均匀性，因而视觉上觉得白度更高。此外，由于光学增白剂吸收紫外光而放出蓝光，不仅不会减少照在纸上可见光的反射率，还会增加反射率。常用的荧光染料放射出的光正好是纸张吸收的可见光部分，所以这种染料不仅能增加总反射率，而且使纸张在可见光整个波长范围内的反射率更为均匀，这种双重作用使得纸张的视觉白度显著增加。图 5 – 7 所示为同种浆料在无染料（实线）和加入荧光染料后

图 5 – 7　荧光染料对反射率的影响

（虚线）的分光反射率曲线。但对于未漂白的浆料，由于其纤维本身也能吸收紫外光，因此对于这类浆料加入荧光染料是无效的。如果把提高了白度的纸与白度虽没有提高，但使用了具有增白作用的荧光染料和有色染料的纸作一比较，视觉上也会发现，前者呈现的是沉静而明亮的白色，后者是暗淡而刺眼的白色。印刷后的色彩再现性（特别是亮调部分），前者的再现性更好一些。

还必须指出的是，荧光染料具有遇紫外线便分解的性质，因此，如果使用过量荧光染料的纸张制作月历的话，在一年的时间内白度会逐渐减退，纸张变黄。一般的有色染料，在较长时间的光照下，也会发生一定程度的变色现象。

四、印刷纸白度的重要性

由于印刷品的反差是随纸张白度增加而增加的，而且大多数彩色油墨都为透明或半透明的，纸面的反射光会通过墨层透射出来，因此对于彩色印刷品，应采用高白度的纸张进行印刷。而对于书刊这类经常阅读的印刷品，由于高的白度常导致不良的阅读效果，所以这类印刷品所用纸张的白度不必太高。

五、影响纸张白度的因素

1．染料

每种染料都有一定的特性吸收波长，在该波长处吸收光最多，这就是通常所说的最大吸收波长。在选择染料时，应使该染料在测量白度的光波长附近不会影响其反射率，既能调正纸张颜色，又不明显地影响纸张的白度。

2．填料的白度

填料的白度因其种类和等级的不同，有较大的差别。如果使用比浆料的白度高的填料，

则加填量越多，纸张的白度就越高。

3. 浆料的白度

浆料白度是影响纸张白度最重要的因素。使用 100% 的漂白纸浆抄造的高级纸，以及用它作为原纸的高级涂料印刷纸的白度在 80% 左右。相比之下，配有机械木浆的中级纸及中级涂料印刷纸的白度就会低一些，这类纸的白度取决于使用的浆料的白度以及浆料的配比。

4. 涂料的白度

涂料印刷纸的白度是由原纸的白度、涂料的白度以及涂布量来确定的。如果原纸的白度高于涂层，一些透过涂层的光线将被原纸表面反射回去，并再次通过深层涂层的表面反射出来，则白度也可以提高。如果原纸的白度低，则被原纸表面吸收的光量增加，再通过涂层反射出来的光减少，从而会降低涂布面的白度。

如果在涂料中加入二氧化钛这种白度高、不透明度也很高的颜料，则不仅可以提高涂层本身的白度，而且还由于它的不透明度高覆盖了原纸的原色，可以使涂布层表面的白度得到进一步的提高。

第四节　纸和纸板的透明度与不透明度

透明度和不透明度均为描述纸张透光性质的物理量，它们取决于纸张透射的光量。透明度虽与不透明度有关，但却有各不相同的意义，不透明度取决于总透射光量，而透明度仅取决于镜面透射光量。所以，对于理想的透明材料，应是不反射、散射和吸收照射在其上面的光，而无散射地透过所有的光。当光通过物体发生散射和扩散透射时，该物体便称为半透明体。几乎所有的纸张都是半透明体。

一、纸张的透明度

透明度是描图纸、复制纸及某些包装纸的十分重要的质量指标。用透明率可真实地量度透明度，透明率是镜面透射率与总透射率的比值，它是评价纸张透明度最好的方法。纸张透明度的测试方法可参照 GB/T 2679.1—1993。

二、纸张的不透明度

用于包装照相胶片的黑纸是绝对不允许光线透过的，这类纸可以称得上是完全"不透明体"。在实际中，通常把大多数纸或纸板都称为"不透明体"，可见这是非常不严格的。例如，"不透明"的书写纸的不透明度为 90%，"不透明"的面包包装纸的不透明度仅 60%。不透明度是书刊、证券、书写纸等非常重要的性质，它对于纸张在印刷或书写后是否会产生透印起着决定作用。

1. 不透明度的测量

不透明度虽然是由总透射光量决定的，但通常是用反差率来描述纸张的不透明度。反差率是单张纸背衬黑体时的扩散反射率与背衬白体时扩散反射率的比率。用反差率来描述纸张不透明度的原理如图5-8所示。

当纸页背衬为白体时，透过纸页的光照射到白体表面将反射回纸页，再从纸页中部分射出，如图5-8（a）所示，从而增加了纸面的扩散反射率。但当纸页背衬为黑体时，透过纸页的光被黑体全部吸收，因而无附加反射光。这两种情况下反射率的差别取决于总透射光的量。如果无光透过纸页，两种情况反射率相等，反差率为1.0，即不透明度为100%；如果所有光都透过纸页，则背衬黑体时反射率为0，因而反差率为0，即不透明度为0。

图5-8　不透明度的测量原理

可见，凡是能测量反射率的仪器也能测量不透明度。和白度一样，纸张不透明度大小与仪器的光源光谱特性、照明和观察的几何结构以及背衬的光谱反射率有关。在标准不透明度测量中，上述条件为定值，即测试仪器必须符合标准规定的条件。大多数国家都是按 TAPPI方法 T425 所给的条件进行不透明度的测量。我国执行 GB/T 1543—2005。

2．不透明度的表示方法

纸张的不透明度的常见表示方法有 TAPPI 不透明度、印刷不透明度和 IGT 印刷不透明度。

（1）TAPPI 不透明度

TAPPI 不透明度为单张纸被测纸样背衬黑体时反射率与相同点背衬有效反射率为89%白体时反射率的比率，记作 $C_{0.89}$。

$$C_{0.89} = \frac{R_0}{R_{0.89}} \times 100\%$$

式中　R_0——单张纸被测纸样背衬黑体时的反射率；

　　　$R_{0.89}$——单张纸背衬反射率为89%的白体时的反射率。

（2）ISO 不透明度（GB/T 1543—2005　ISO 2471：1998）

ISO 不透明度为单张纸被测纸样背衬黑体时反射率与相同点背衬足够厚相同纸层时反射率的比率，表示为：

$$\text{ISO 不透明度} = \frac{R_0}{R_\infty}$$

式中　R_0——单张纸被测纸样背衬黑体时的反射率；

　　　R_∞——单张纸被测纸样背衬足够厚相同纸层时的反射率。

由上式可见，如果 $R_\infty = 89\%$，则 ISO 不透明度与 TAPPI 不透明度相等；如果 $R_\infty > 89\%$。则 ISO 不透明度低于 TAPPI 不透明度；如果 $R_\infty < 89\%$，则 ISO 不透明度高于 TAPPI 不透明度，R_∞ 值越低，两者差别越大。

ISO 不透明度较好地量度了纸张透背的性质，透背是透印的一个重要组成部分。

（3）IGT 印刷不透明度

在 IGT 印刷适性仪上，以一定印刷条件印刷纸样，纸样印区反面的反射率与未印区反面在相同的足够厚纸层上反射率之比称为 IGT 印刷不透明度，以 OP 表示：

$$OP = \frac{R_{P0}}{R_{P\infty}}$$

式中　R_{P0}——印区反面的反射率；

　　　$R_{P\infty}$——未印区反面在相同的足够厚纸层为背衬时的反射率。

OP 值与印刷不透明度之差间接表示了油墨的渗透程度。

三、透印

透印（print through）定义为：

$$PT = \log\left(\frac{1}{OP}\right) = \log\frac{R_{P\infty}}{R_{P0}}$$

式中 PT 为透印值，R_∞ 和 R_{P0} 的意义同前。如果用 PT_{ST} 表示因纸张透背（show through）所致透印组分，PT_{pp} 表示因油墨中颜料渗透所致透印组分，PT_{VS} 表示因油墨中连结料从油墨整体中分离渗入纸张孔隙取代空气所致透印组分，则透印值为：

$$PT = PT_{ST} + PT_{pp} + PT_{VS}$$

由上式可见，透印的程度取决于油墨对纸张的渗透程度和纸张本身不透明度两个方面。PT_{ST} 的值由下式近似求得：

$$PT_{ST} = \log\frac{R_\infty}{R_o}$$

式中 R_∞、R_o 的意义同前。透印值对于低定量的纸张，如新闻纸、字典纸等是十分重要的。

四、影响纸张不透明度的因素

不透明度是印刷纸非常重要的指标，因此对其影响因素进行详细讨论是十分必要的。影响纸张不透明度的因素相当多，从理论上讲，凡能增加散射能力和吸收能力的任何因素都将影响纸张的不透明度。下面分别进行讨论。

1. 反射能力

反射能力（R_∞）取决于光吸收系数与光散射系数的比值（k/s），它的减少会导致纸张不透明度的增加，而且反射率每减少 2.0 个单位，不透明度约增加 1.0 个单位。在实际中，我们也不难发现，白度高的纸张的不透明度比同一定量值的白度低的纸张的不透明度要低。

2. 测量光的波长

测量光的波长主要影响纸张的吸收能力。由于纸张吸收较多的蓝光，因而用蓝光测量白纸的不透明度比用红光测量的不透明度要高得多。

3. 染料

染料对不透明度的影响非常明显，即使加入少量的染料也会导致不透明度显著增加，当测量光波长与染料的最大吸收波长相对应时，染料产生最大的不透明效应。

4．定量

增加定量会导致散射能力增加，因而能增加纸张的不透明度，如果其他条件固定，散射能力与定量成正比例关系。

5．打浆与湿压

纸张散射系数是单位质量纸页比表面积的线性函数。打浆对不透明度有两个相反方面的作用。一方面，打浆增加了纤维发生光散射的总面积，从而能增加不透明度；但另一方面打浆还能增加纤维间黏结面从而增加了纤维间的光学接触面积，这会导致不透明度降低。对于大多数浆料，由于光学接触的增加而导致的光散射系数的减少比由于比表面积的增加而导致的散射系数的增加要重要得多，所以对于大多数浆料，打浆会降低不透明度。

湿压不会增加纤维比表面，但会增加纸内各粒子间的黏结，即光学接触，所以湿压总是降低纸张的不透明度。

6．表观密度

打浆、湿压和压光等都能增加纸张的表观密度。当打浆或湿压导致表观密度增加时，通常在纸内产生较多的光学接触，因而会降低纸张的不透明度。在湿含量低于6%的条件下，压光纸页导致表观密度的增加，不会产生更多的光学接触，因而对纸张不透明度的影响不明显。用水蒸气超级压光纸页或压光湿含量较高的纸页，密度增加后则会产生更多的光学接触，从而会减少纸张的不透明度。

7．填料

在加填的纸中，存在着三种界面，即纤维—空气、颜料—纤维和颜料—空气，由于颜料—空气界面折射率差异较大，因而填料的加入能显著地增加纸张的光散射能力，从而增加纸张的不透明度。由于颜料—纤维界面上光散射能力较弱，所以对加填纸张增加湿压会增加纤维—颜料界面而减少光散射能力较大的颜料—空气界面和纤维—空气界面，从而会降低纸张的不透明度。

对于一定的填料，其散射系数取决于颜料粒子的大小和颜料粒子在纸中的分散程度。当粒子直径减小时，光通过空气—填料界面的次数增加因而散射能力增加。但如果填料粒子直径小于入射光波长的一半时，将失去散射能力，所以，一般填料粒子的有效直径≥0.3μm。填料粒子在纸中的不适当分散会形成粒子间的光学接触，相当于形成了更大直径的粒子，因而会减少散射能力。所以用一定量的颜料作为填料产生的不透明度比等量颜料作为涂料产生的不透明度要高。这不仅是由于在涂料中，颜料粒子间紧紧地包在一起形成光学接触的缘故，还由于粒子间的空气被黏合剂取代，从而减少了散射界面间折射率的差异，所以减少了散射能力，减少了纸张的不透明度。

8．涂蜡

如果将石蜡或折射率与纤维素接近的类似物质浸入纸张，纸张的不透明度会大大降低。即使用滑石粉、白土或其他折射率接近1.5的颜料加填或涂布纸张，涂蜡后纸张的不透明度也将非常低。但加入高折射率的颜料如钛白、锌白，涂蜡后纸张仍将保持高的不透明度。表5-3所示为涂蜡纸不同界面上反射光的量。从表中数据可以进一步看出涂蜡对纸张不透明度的影响。

表 5 - 3　不同界面上的反射率

界面	纤维素—空气	纤维素—蜡	钛白—空气	钛白—蜡
反射率（%）	4.0	0.1	18.0	7.5

9. 浆料

对于一定的浆料，不透明度取决于纤维的细度（即纤维直径）。由于纤维都几乎处于纸页平面上，光线仅横向通过它们，纤维长度对横向纤维—空气界面的数量不影响，因而对于纸张不透明度的影响也非常小或几乎没有。磨木浆纤维大小对比表面积和不透明度的影响如表 5 - 4 所示。从表中可以看出，比表面积和不透明度均随纤维大小的减小而增加。细小纤维吸收光的程度高，因而能产生相当高的不透明度。还必须指出的是浆料影响不透明度大小除与纤维大小有关外，还取决于蒸煮的程度、打浆和压榨程度以及其他影响纸页黏结程度的造纸因素。

表 5 - 4　纤维大小对比表面积和不透明度的影响

筛分组分（目）	比表面积（cm²/g）	印刷不透明度 R_o/R_∞（%）
12 ~ 20	11 400	79.8
12 ~ 35	12 500	85.0
12 ~ 65	13 900	87.4
12 ~ 150	24 100	91.1
12 ~ 细小纤维	47 400	98.8
12 ~ 0	34 200	92.6

第五节　纸张的光散射对网目调印刷品质量的影响

一、对印刷密度的影响

用良好的黑墨在纸上印刷 50% 的网点。按理想情况，该印刷品反射入射光的能力应为未印纸反射能力的一半，但实际测得的印刷品密度不是 0.30 而是 0.34 或更高。这是为什么呢？如图 5 - 9 所示，当入射光照在印刷品表面时，一半被网点吸收，照在网点之间空白部分的一半部分被镜面反射，部分进入纸张内部。若进入纸张的光在射出纸外前完全扩散，则又有一半被墨层吸收，因而从 50% 网点的印刷品上反射的光远不到入射光的一半，在这种情况下，印刷品的反射密度可能为 0.34 或更

（a）吸收50%

（b）再次吸收50%

图 5 - 9　网目调印刷品对光的反射与吸收

高，而并非 0.30。实际上，从纸张内部射出的光在纸与空气的界面上还将发生一系列的多

重内反射，其结果将导致反射率更低，使反射密度增高。

多重内反射现象对反射密度的影响程度，取决于印刷加网的线数和纸张的光散射能力。

二、对图像反差的影响

从上述分析可看出，由于纸张的光散射现象，降低了网目调印刷品网点间空白部分（即纸面）的反射率，使空白部分的密度增加，因而导致它与网点部分密度差的减少，造成图像层次反差下降。

三、对图像清晰度的影响

很早以前，人们通过观察就发现，在纸张上印刷的网目调印刷品比在无散射承印材料上印刷的网目调印刷品显得更模糊一些，尤其是非涂料纸更为明显。曾经有人通过将网目调图像分别印刷在非涂料纸、涂料纸和无散射现象的铝板上，通过用显微反射密度计测量单个网点的密度发现，即使印刷在纸面上的是实网点，如图 5 - 10（a）所示，网点之间的空白处进入纸张内部的光由于散射作用有部分从网点处穿出，越靠近空白处，穿出的光越强，造成网点边缘部分的密度低，中间部分密度高，出现横跨网点密度的不均匀分布，如图 5 - 10（b）所示。而且在网点边缘的空白处也有一定的密度，即网点发生了所谓的扩大现象，这种由于纸张内部光散射现象而导致的网点增大称之为光学网点增大。

图 5 - 10　内部光散射对网点密度的影响

第六节　纸张的表面效率

纸张的表面效率并不是纸张的光学性质，而是与光学性质有关的影响印刷品质量的纸张印刷适性指标。

一、定义

相同的彩色油墨印在不同的纸上，会产生不同效果。通常，在非涂料纸上用彩色油墨印刷会使颜色饱和度和反差产生较大的损失，颜色纯度降低，甚至会使色相出现偏移。在涂料纸上，印刷色彩出现的偏差一般不超过 10%，而一般非涂料纸上，所引起的色相或颜色纯度偏差却高达 30%，即使在同种纸张上，正反两面印刷的色彩也可能出现偏差情况。20 世纪 60 年代初，美国 LTF 的 Frank M. Preucil 曾研究过这种现象，提出用纸张表面效率

（PSE）来描述，指出纸张表面效率是将纸张光泽度和吸墨能力结合起来考核的物理量，可以按下式计算：

$$PSE（\%）= \frac{100 - A（\%）+ G（\%）}{2}$$

式中   PSE——纸张表面效率（paper surface efficiency）；
　　　　A——纸张的油墨吸收能力（K&N 值）；
　　　　G——纸张的光泽度（75°角镜面光泽）。

二、纸张表面效率的确定

纸张表面效率可通过测量纸张的光泽度和 K&N 吸收性，由 PSE 的计算公式求出，也可由油墨吸收能力 A 的值和光泽度 G 的值，查 GATF 表面效率图（图 5 - 11），从图中直接确定出 PSE 的值。

例如，若测得纸张的 $A = 10\%$，$G = 10\%$，则从图 5 - 11 可查得纸张的 PSE = 50%。

图 5 - 11   GATF 纸张表面效率换算图

三、纸张表面效率对油墨呈色效果的影响

相同油墨印在不同纸张上，颜色变化主要表现在色相上。油墨在纸上的色相与纸张表面效率有密切关系，可以通过纸张表面效率了解其变化情况，并确定纸张的质量。由于三原色中黄色油墨的色偏与灰度比其他两种颜色低得多，因此一般以品红色墨的色偏和青色墨的灰度来衡量颜色的变化和油墨质量。表 5 - 5 说明了纸张表面效率和油墨呈色效果的关系。从表中可见，颜色的强度和色效率是随纸张表面效率的增长而升高；而色偏和灰度则随纸张表面效率的增长而降低。

表 5-5　纸张表面效率与油墨色偏、灰度、色效率和色强度的关系

纸种	PSE（%）	色偏（%）	灰度（%）	色效率（%）	色强度（密度）		
					黄	品红	青
铜版纸1	59.8	35.0	12.7	88.6	0.83	1.44	1.41
铜版纸2	56.0	37.0	13.9	88.0	0.82	1.28	1.38
铜版纸3	46.2	43.4	17.0	87.2	0.74	0.93	1.23
铜版纸4	40.0	45.0	23.4	86.0	0.71	1.02	0.98
铜版纸5	33.0	46.7	24.0	85.7	0.70	0.79	0.98
画报纸	16.0	49.0	23.8	81.1	0.61	0.74	0.84
胶版纸	14.2	44.1	23.9	46.0	0.45	0.56	0.67

　　通过测量纸张表面效率，便可确定印在纸上油墨的色偏、灰度，为制版时校色、调整灰平衡提供数据，同时也可预测两原色叠印的间色色偏，从而制作出适印性更好的印刷版。同时，根据印刷品质量要求，对纸张进行分类，选择合适的纸张进行印刷。

　　在实际工作中，为了确定纸张表面效率与色相关系以用于生产，首先要在各种类型纸张上，用生产上使用的一定型号的三原色油墨在同一密度水平下印刷，并测定出各色油墨的色偏和灰度，给出如图 5-12、图 5-13 所示的纸张表面效率与色偏和灰度的关系曲线。这样，

图 5-12　PSE 与色偏的关系

图 5-13　PSE 与灰度的关系

印刷厂在选定了纸张后，只需测出纸张表面效率，再查图 5 – 12、图 5 – 13 就可以确定纸张所导致的油墨色偏和灰度，即可为制版分色提供校色的数据。

造纸厂在生产彩色印刷用纸时，也可以通过控制纸张的表面效率，更全面地控制纸张的质量，生产出高质量的彩色印刷用纸。

复习思考题五

1. 镜面光泽度、反差光泽度的定义如何？常用的光泽度仪是测量物体表面的哪个光泽度？

2. 分析影响纸张光泽度的因素（包括测量条件），为什么采用抛光黑玻璃作为测量标准？

3. 什么是纸张的白度？白度和亮度的区别是什么？

4. 阐述 SBD 白度仪的测量原理，并画出其几何结构。为什么要采用 457nm 的光作为测量光源？

5. 什么是视觉白度？哪些因素影响纸张的视觉白度？如何提高视觉白度？

6. 不透明度的表示方法有哪几种？写出各自的表达公式。

7. 透印值如何定义？它可由哪几个分量组合而成？透背（show through）和透印（print through）有何联系和区别？

8. 具体分析影响纸张不透明度的因素。

9. 纸张的光散射对网目调印刷品的质量有何影响？

10. 纸张表面效率的定义是什么？它对油墨的呈色效果有何影响？测定纸张的表面效率有何实际意义？

第六章

纸张的吸湿性与酸碱性

第一节　概述

　　纸张主要由纤维素和半纤维素组成，而这些又是亲水性很强的物质，它具有高度的吸水性和脱水性。

　　纸张在存放、运输以及印刷过程中，会由于温度、湿度的变化引起纸张含水量的变化，导致膨胀和收缩。而且，由于含水量变化，使得纸张局部尺寸变化，发生其他形式的形变，诸如卷曲、皱褶、形成波浪等，严重地影响印品质量。例如，当印刷车间相对湿度较高，而纸张原有含水量比较低，如果不加保护，则纸张在车间堆放一段时间后，边缘部分会吸水而伸长，使纸张产生荷叶边现象；反之，印刷车间空气相对湿度比较低，纸张原来含水量较高，则因边缘脱湿较快而产生"紧边"。用这样的纸张印刷时，由于纸边不平，易引起前规和侧规定位不准，影响套准精度。因此研究纸张吸湿性能和含水量改变对尺寸稳定性的影响规律，并按这种规律制定印刷工艺和调湿规范是研究印刷纸的印刷适性的重要课题。

　　纸张的表面酸碱性是由纸张的制造工艺决定的，它不仅会影响印版的使用寿命，更重要的是直接影响油墨氧化结膜干燥的速度。因此，确定纸张的表面酸碱性，研究纸张的 pH 值对油墨干燥速度的影响，对保证印刷品质量是非常重要的。

第二节　纸张的吸湿性

一、纤维与纸张的水分

　　纸张具有高度的吸水性和脱水性能。且纸中的半纤维素是比纤维素更强的亲水物质。纸张是一种复杂的多元的材料，它依靠三种不同的结合形式来保持水分。

1. 吸附水分

纸页的粗糙表面上附着的水分，这部分水分与空气中液体水是相同的，在任何温度下，与纯水具有相同的饱和蒸汽压。

2. 毛细管水分

靠纸页毛细管作用附着的水分,这部分水分的蒸汽压小于同温度下水的饱和蒸气压,这部分水分在干燥过程中,借助毛细管的吸引转移到纸页表面。

3. 润胀水

存在于纤维细胞壁内,对环境温度和湿度的变化不敏感。

纸张的这种极性吸附和毛细管吸附决定了纸张是吸水性较强的物质,不仅与水接触时能吸收水分;而且还具有从潮湿空气中吸收水分的能力,同样,也能向干燥空气中脱水。

二、水分的平衡

当把一定温度、湿度环境下的纸张,置于不同的环境时,纸的水分马上就会开始变化。若环境湿度变高,纸页将吸收水分;若湿度低则会释放出水分。我们把在一定温度、湿度状态下,水分不再发生变化的状态称做水分平衡状态,这时的含水量称做平衡水分或平衡含水量,用百分比表示。纸在不同的湿度状态下,有其相应的平衡水分,但在同一湿度下,由于纸质的不同也有不同的平衡水分。亲水性强的纸,在同一湿度下,其平衡水分就越高;纸的亲水性越差,平衡水分就越低。图6-1所示为不同纸张在不同湿度下的平衡水分。由图可见,未施加辅料的纸在各种湿度下的平衡水分为最高,而加入填料的高级纸以及高级原纸的涂料纸,其平衡水分依次下降。在涂料纸中,厚纸比薄纸的平衡水分要高,这是因为厚纸中亲水性原纸比率高的缘故。

影响纸张的平衡水分有很多因素,首先,取决于原料纸浆的品种与纯度,半纤维素比纤维素的湿含量大。因此,在一定温度、一定湿度时,原料纸浆不同,其含水量也不同,图6-2表示

图6-1　纸张的平衡水分

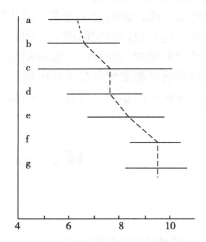

图6-2　不同原料的纸张的含水量
（相对湿度为65%时）

a—100%破布浆;b—破布浆和化学纸浆;c—100%化学纸浆;
d、e—化学纸浆和碎木纸浆;f—蕉麻浆;g—碎木纸浆

了各种不同纸浆制成的纸张在相对湿度65%时的含水量,图中虚线所示为各种纸浆所制成的纸张含水量的平均值,a 为100%破布浆,其纯度较高,含水量较少;b 为破布浆和化学纸浆;c 为100%化学纸浆;d 和 e 均为化学纸浆和碎木纸浆;f 为蕉麻浆;g 为碎木纸浆。

纸张的平衡含水量与环境温度有关,它随温度的增加而减少,近似直线关系。图6-3表示的是当环境空气湿度保持在45%时,温度从18℃变为43℃时,胶版纸含水量的变化情况。

由图6-3可以看出,在一定的相对湿度下,温度每变化±5℃,纸张中含水量的变化约为±0.15%。但是,在套印过程中,希望纸的含水量的变化不要超过±0.1%,否则会影响套印的准确性,所以车间的温度必须控制,一般温度变化不要超过±3℃。

图6-3　温度与含水量（相对湿度为45%时）

印刷工作者更关心的是相对湿度对纸张含水量的影响,这些将在下面详细讨论。

从常识中知道,纸张的吸湿和脱湿是需要时间的。纸张的吸湿在非常短的时间内便可以完成。图6-4所示为几种纸张从相对湿度35%的环境中移到相对湿度65%的环境中,纸张吸湿量随时间的变化。由图可见,一般在15min之内,纸张便完成吸湿过程,使水分达到饱和状态。此后,只要周围的湿度不变,纸内的水分是不会改变的。但纸张的脱湿速度与吸湿速度有很大差别,其脱湿所需要的时间比吸湿所需时间长得多。若想达到完全的平衡,需要相当长的时间。事实上,湿纸变干远不如干纸变湿来得快。图6-5是在相对湿度为65%条件下达到平衡水分的纸张改在保持相对湿度为100%和0的环境时,含水量变化与时间的关系。

图6-4　纸张的吸湿速度

A—碎木纸浆抄造纸；B—化学纸浆和碎木纸浆混合抄造纸；

C—100%化学浆抄造纸；D—破布浆和碎木浆混合抄造纸；

E—100%破布浆抄造纸

图6-5　纸张的吸湿与脱湿速率

三、纸张的吸湿、脱湿与滞后现象

当把一湿含量小于其平衡水分的纸页放在空气中时，它会吸湿，直至与空气达到平衡。吸湿过程中，纤维润胀，导致纸页尺寸的伸长。而当把一湿含量大于其平衡水分的纸页放在空气中时，它会向空气脱湿，直到与空气达到平衡。脱湿过程中，纸页收缩。

但十分有趣的是，两相同纸页 A、B 都是在相同空气中达到平衡状态，但 A 是由高湿含量放在空气中，B 是由低湿含量放在空气中，当两者在空气中达到平衡时，会出现两者的湿含量不同，前者 A 的湿含量大于 B，这种现象称为滞后现象。图 6-6 为纸页的吸着等湿线。滞后现象是指在同一相对湿度下，吸附时的吸着水量低于解吸时的吸着水量的现象。

图 6-6　纸张的吸湿和脱湿曲线
A—吸湿过程的相对湿度与含水量的曲线；
B—脱湿过程的相对湿度与含水量的曲线

分析图 6-6 中的曲线，可以有以下几点结论。

（1）温度一定时，纸张含水量与空气相对湿度不是直线关系，而是呈 S 形。高湿度和低湿度时，相对湿度变化引起含水量的变化率要比中等湿度时相对湿度变化引起含水量的变化率大得多。也就是说，在高、低湿度条件下，较小的湿度变化会引起较大的纸张变形，从这一角度看，印刷在中等湿度条件下进行是有利的。

（2）图中 A 为吸湿过程的相对湿度与含水量的曲线，B 为脱湿过程的相对湿度与含水量的曲线。两者并不重合，组成一个闭和的滞后回路。如果两张相同的纸张在相同的相对湿度条件进行调湿吊晾，经过一段时间，纸张中的含水量达到平衡状态，此时它们的含水量是否相同，还要看是否有相同的调湿过程。如果甲纸是由相对湿度很大的地方运来的，而乙纸是由比较干燥的地方运来的，在调湿吊晾以前二者的含水量不同。对甲纸来说吊晾是脱湿过程，对乙纸来说，吊晾是吸湿过程，则吊晾后甲纸比乙纸的含水量要高。

由此，可以得到一条结论，纸张的含水量在相同的温度条件下，一方面随湿度变化而变化，另一方面也取决于纸张原来含水量的状态。例如，将已经在 45% RH 条件进行过吊晾的纸张，移至相对湿度为 75% RH 的印刷车间中积叠存放，其边缘因吸湿而伸展成波浪形。若此时将纸张送回到晾纸间，在 75% RH 条件下进行吊晾，则纸张中间部分因能吸收水分而再度平伸；假如将上述波浪形的纸张送回到晾纸间，仍然在 45% RH 的条件下吊晾，则由于纸张的滞后效应，边缘部分的含水量在脱湿过程中不能下降到原来的含水量，纸张依然存在一定的波浪形，达不到原来的平整程度。

纸张吸湿脱湿滞后现象的原因是纸张中干纤维素的吸附是发生在无定形区氢键破坏的过程中，虽然打开部分氢键，但由于遭到内部应力的抵抗，仍保持部分氢键，因而新游离的羟基相对较少。解吸是已润湿了的纤维脱水发生收缩，在解吸过程中，无定形区的羟基部分地重新形成氢键，但遭到纤维素凝胶结构内部阻力的抵抗，被吸着的水不易挥发，氢键不是可逆地关闭到原来状态，故重新形成的氢键也比原来少了，即吸着中心较多，因而吸着水相应较多，产生前述的滞后现象。

四、纸张吸湿性对纸张强度的影响

如前所述，纸张的强度是由纤维之间的结合强度和单根纤维的强度决定的。通过纤维之间结合形成的强度，如抗张强度、表面强度等是随纸张水分的增加而降低。这是由于水分增加后，纤维之间的结合减弱，在外力作用下纤维之间错开，并在较弱的力量下被拉断。不过，在纸张被拉断之前，由于纤维之间的移动，纸张会伸长。也就是说，水分含量高的纸张，其抗张力虽减弱，但其伸长率反而较大。另一方面，从纤维的柔软性来看，水分减少时纸就变硬脆，水分增加

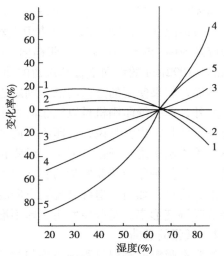

图 6－7　纸张强度随湿度的变化曲线
1—抗张强度；2—耐破度；3—撕裂强度；
4—伸长度；5—耐折度

时，纸就变得柔软。因此，耐折度、撕裂度等与柔软性有关的强度，随纸张水分的增加而提高。图 6－7 所示为纸张强度的几项指标随湿度变化的相对变化情况。

五、纸张的吸湿性与纸张的形稳性

形稳性是纸张尺寸的稳定性。许多印刷故障，如套色不准、卷曲及印刷折皱等都与纸张的形稳性有着直接的联系。下面对产生这些问题的根源——纸张伸缩的原理进行讨论。

1. 纸张的伸缩

纸张的伸缩是由构成纸张的每一根纤维，即单根纤维的伸缩而产生的。由于单根纤维在长度方向的伸缩远比直径方向小得多，如图 6－8 所示，因此纤维在纸内的排列情况对纸的伸缩有着重要的影响。

由于在纸页成型过程中大多数纤维沿纵向排列，因此，纸张沿纵向的伸缩性小，沿横向的伸缩性大，如图 6－9 所示。因此，在多色胶印中，套色不准大多出在伸缩大的纸张横向

图 6－8　单根纤维吸湿引起的伸长变化曲线

图 6－9　纸张纵、横向的伸缩变化曲线

上。伸缩性大，套色就不准，印刷效果就不好。因此，必须把伸缩大的一方控制在一定范围。一般情况下，印刷厂都喜欢使用直丝缕（也称为纵向纸）的纸张，这是因为，假如相对湿度从50%变化到65%，纸张横向的伸长率为0.15%，纵向的伸长率为0.05%，则对于787mm×1092mm的纵向纸，其短边的伸长为1.1mm，长边的伸长为0.5mm，两者相差一倍，然而，如果使用的是横向纸，则短边伸长为0.4mm，长边伸长为1.6mm，两者相差四倍。另外，单张纸印刷机是以纸张的长边与印版滚筒轴向平行进行印刷的，所以，当纸张的短边稍有伸长，也就是说，在印版滚筒圆周方向纸张稍有伸长，可以利用绷紧印版或调整包衬厚度等方法来进行补偿，但是，纸张长边的伸长而引起的套准误差较大时，则很难消除。事实上，即使是印版滚筒圆周方向上产生的变形而引起的套印不准也绝不是全部可以克服的。由此可见，如何抄造纤维排列方向随机的纸张，同时使纸幅上无论是横向还是纵向都尽量降低吸湿变形率，是避免发生套印不准故障的关键之一。

2. 纸张的卷曲

纸张在吸湿或解湿过程中不均匀的变形会导致纸张的卷曲。卷曲不仅影响输纸装置的作用导致输纸不匀，而且还会影响套准装置的作用，造成套印不准。与凸印用纸相比，胶印纸要有高度的平坦性（flatness），因为在胶印过程中，如果纸张不是完全平坦，经100%的压印后，会形成褶皱和扇面形。与厚、软的纸相比，薄、硬纸张的卷曲更严重，并以低湿度情况下为最大。印刷经单面处理的纸张（如涂胶商标纸）时，这一问题更为严重。

研究认为，环境的相对湿度为40%~60%，相应的纸张湿含量（水分）约为5%~7%，这时纸张变形最小。在湿度变化中伸缩不大的纸张称为形稳性好的纸张。

六、纸张的吸湿性与静电

在干燥的冬季，印刷纸的静电故障往往是印刷厂最头痛的问题。静电不仅使纸面吸附粉尘、纸毛，使纸张之间相互吸粘给输纸带来困难，而且会加剧飞墨现象，严重时还会引起火灾。

众所周知，静电是由于纸张和其他物质或纸与纸之间摩擦产生的。它随着纸本身及周围空气的导电性的强弱而发生很大变化。同一纸张越是干燥，其表面电阻越大，如图6-10所示。

图6-10 纸层间湿度与表面电阻的关系

其结果是一旦摩擦生电，产生的电流就难以流通而停留下来。如果这时的周围空气中水分含量较多，则纸面的静电荷就会迅速传到空气中而不致发生故障。因此，静电问题与环境的相对湿度及纸张的湿含量有关。研究发现，印刷时纸张水分低于3.5%，车间相对湿度低于40%，容易出现静电问题。当纸张的温度低于印刷车间温度时，静电问题加剧。如果纸张的导电性高，静电也会减少，即使有了静电，也会迅速通过接地点传送到大地。例如，涂料纸比原纸电阻低，导电性好，因此，比非涂料纸产生静电故障的可能性小。涂料纸印刷发生静电故障，往往是由于纸张水分含量过低（如轮转胶印印刷时的过度加热干燥等）所致。

纸张的静电问题可通过预防和消除的方法来解决，如调节印刷车间的相对湿度，在略高的湿度环境下吊晾纸等，防止静电的产生。同时还可使纸张和印刷机接地，或者使用消静电器来消除纸上的静电荷。在静电消除法中被普遍采用且较为有效的是离子中和法，该方法是采用相应的装置将空气离子化后去中和纸面静电荷。

七、纸张的调湿处理

由于纸张具有吸湿性，在印刷之前都应对纸张进行调湿处理，使之与印刷车间的温湿度条件相适应，以适于印刷。在胶印中，纸张的调湿处理尤为重要，因为在胶印过程中纸张还要继续受到润湿液的多次润湿作用。

经过调节使其水分含量与印刷车间空气的湿度相平衡后的纸张，在胶印机上印刷时，可能再吸收 0.5%～1.0% 的水分，印刷后，纸张水分仍与空气的湿度平衡。这是由于滞后作用造成的现象，在滞后的限度以内，纸张在较低（吸收）到较高（解吸）的曲线上重新调整其平衡水分。滞后作用是胶版印刷中的一项因素，因为一般商品纸张，在造纸机上干燥后的水分含量，低于纸张在印刷车间气候条件下的相对平衡水分含量。例如，纸张在造纸机上普通干燥到的水分含量为 3%～5%，而在印刷车间气候条件下的平衡水分含量一般为 6%～8%。因此，纸张在印刷前调节，是从低湿度一面接近平衡水分含量（如吸收水分），并因此会在印刷过程中吸收补充水分，在印刷以前，可以把纸张放在比印刷车间湿度大的空气中预先调节，然后再放在与印刷车间湿度相等的空气中调节，使纸张从高湿度的一面接近平衡，也就是水分的解吸。这样的纸张在印刷过程中不会继续吸收水分，因为这种纸张已经达到了滞后限度的最大水分含量。这并不是说纸张在印刷过程中不会吸收水分，而是说纸张在每次通过印刷机时能重新调整平衡水分，因而在每次开始通过印刷面时，纸张的原有水分含量是相等的，并且每次通过印刷机时，水分含量的变化是相同的。

在胶版印刷中，解决水分平衡问题最好的办法是在印刷以前调整湿度，使水分损失到空气中的速度与从印刷机上吸收水分的速度相等，这样可以在全部印刷过程中，保持水分的适当平衡。为了达到这种目的，在印刷开始时，纸张的水分含量应当比与印刷车间空气湿度相平衡的纸张水分高 0.5%～1.0%。平版印刷技术的文献推荐，如印刷时，印刷车间的相对湿度为 45%，胶版印刷纸的水分应当为 5.5%～5.8%；如车间的相对湿度为 50% 时，纸张水分为 6.0%～6.5%。但这些数值在一定程度上决定于纸张的品种。这种水分相当于在比车间相对湿度高 5%～8% 的情况下调节所得到的平衡水分。

图 6-11　多色胶印中纸张湿含量的变化

a—未调湿的纸张；b—相对湿度 45% 时调湿的纸张；

c—相对湿度 53% 时调湿的纸张；d—先在相对湿度 65%

时调湿，然后再在相对湿度 53% 时调湿的纸张

图 6-11 所示为不同调湿处理纸张在多色胶印机上湿含量（水分）的变化曲线。图 6-11 中，a 是未经调湿的纸张，b 是在印刷车间（相对湿度 45%）调湿的纸张，c 是在比印

刷车间湿度高 8% （53%） 的环境中调湿的纸张，d 是在更高湿度（65%）下调湿的纸张，然后再在比印刷车间湿度高 8% （53%） 的环境中调湿处理。从图 6 - 11 可见，未经调湿处理的纸张 a 在印刷过程中吸湿多，从而会导致纸张的伸长；纸张 b 虽在印刷车间调湿处理过，但仍吸湿，只是少一些。在比印刷车间相对湿度高 8% 的湿度下（53%）调湿的纸张 c，在印刷过程中湿含量保持不变。先在 65% 相对湿度下调湿处理，然后在 53% 相对湿度下再调湿处理的纸张 d，在印刷过程中，也不再吸收水分，但这种纸张的原始水分含量高，这是滞后作用产生的结果。

八、纸张水分含量的测量

如前所述，纸张的湿含量对于纸张的性质及使用具有十分重要的影响，因此，准确定量测量纸张湿含量是十分必要的。纸张的湿含量指一定重量的纸张所含有的水分重量与其总重量之比，以百分数表示。测量纸张湿含量的直接方法有干燥法、蒸馏法和化学法等，具体测量方法可参照 GB/T 462—2003 的方法。

众所周知，测量纸张湿含量的目的是为了控制纸张的调湿效果，以指导生产。但我们也知道，即使测出纸张的湿含量，也并不知道纸张是否已达到平衡，因为一定纸张在印刷车间温湿度环境下的平衡湿含量是未知的。如何解决这个问题呢？从物理化学的知识中我们知道，一定湿含量的物质在其周围都有一个与之相对应的饱和蒸汽层，饱和蒸汽的湿度称为相对平衡湿度 （relative equilibrium humidity），简称为 REH（在美国更多的称为 REM）。因此，我们可以测量出纸张的相对平衡湿度，将该值与环境空气的湿度比较，便可知道纸张是否与环境的温湿度相平衡。这种用测量 REH 值来控制纸张调湿效果的方法已在国外广泛采用。

第三节　纸张的酸碱性

纸张的酸碱性可用 pH 值来表示。不同生产工艺生产出的纸张其 pH 值也不同。一般在造纸过程中用钒土 [$Al_2(SO_4)_3 \cdot 14H_2O$] 作沉淀剂来沉淀松香胶和保留填料的纸张，pH 值大约在 4 左右，纸张呈微酸性。在目前的造纸工艺中多采用中性－碱性法造纸，再加之施胶多采用中性施胶剂，使得新闻纸、胶版纸的 pH 值呈中性或弱碱性。涂料纸的 pH 值比非涂料纸要高一些，这是因为，分散填料中的高岭土需要碱性，因此填料（如碳酸钙）是呈碱性的，胶黏剂中干酪素是呈碱性的，涂层也就呈碱性。由于涂层慢慢从空气中吸收二氧化碳，一定时间后 pH 值会有所下降。

一、纸张酸碱性对印刷的影响

在印刷过程中，纸张的酸性会引起印版的腐蚀和粘版，直接影响印迹的氧化结膜干燥。表 6 - 1 所示为普通亚麻仁油型胶印油墨印于 pH 值不同的证券纸上所得结果，从表中结果可见，pH 值越大，油墨的干燥速度越快，这是因为呈酸性的纸张，会吸收油墨中的干燥剂，从而起着抑制印迹氧化结膜作用的结果。研究发现，对于树脂型墨，这种影响不大。在胶印过程中，若纸张的碱性太强，则纸中的碱性物质会不断地传送到水斗中去，使水斗中一部分溶液被中和，直接影响水斗溶液 pH 值的控制。此外，这些碱性物质还会减小印版水墨界面上的界面张力，促使油墨乳化，导致非图文部分上脏。水斗溶液的酸性越强，这种影响越严重。

表 6 - 1　纸张的 pH 值对油墨干燥时间的影响

纸张的 pH 值	4.5	5.0	5.5	7.0
干燥时间（h）	70	34	21	9

此外，我们在实际中发现，如果用 pH 值低的纸进行烫金印刷时（用五色油墨印刷后在半干时撒上金粉）或用金墨进行印刷后，经长时间保存，金字会变色。这是因为和这些金墨相接触的另一张纸页反面上的一些氢离子，转移到金墨面上而使金墨腐蚀的结果。

二、纸张酸碱性对纸张耐久性的影响

纸张的耐久性（permanence）是指长时间内，纸能保留的重要的物理机械性质，特别是强度和颜色（或白度）。时间越长，说明纸的耐久性越好。耐久性与耐用性（durability）不同，耐用性是表示在连续使用的情况下能保持它原有品质的程度。耐久性对于法律记录用纸、重要的证明文件用纸、艺术品用纸以及有长期保存价值的高级书籍和某些印刷品用纸是非常重要的。

影响纸张耐久性的因素很多，在诸多因素中，纸张的 pH 值的影响是最为显著的，研究发现，纸张 pH 值越低（酸性越强），颜色及强度衰退越快，也就是耐久性越差。

三、纸张酸碱性的测量

1. 水抽出液的 pH 值

按标准方法（参照 GB/T 1542.2—2003）用蒸馏水抽提纸样，测定水溶液的 pH 值作为纸样的 pH 值。

2. 纸张表面的 pH 值

用上述方法测量的是由纤维、辅料和吸附水所组成的多相体系的纸张 pH 值，而对印刷有直接影响的是纸张表面的 pH 值。纸张表面的 pH 值与水抽提液的 pH 值是不同的，尤其对涂料印刷纸。因此，测量纸张表面的 pH 值更具有实际意义。目前测量纸张表面的 pH 值的方法有电测量法和颜色指示剂法。

（1）电测量法。电测量法是采用玻璃电极（平头电极）与参比电极联在一起对纸样的潮湿表面进行测量，该法能快速地提供纸张表面的酸碱性结果。由于该法测定不破坏样品，因此特别适合于检查书和重要文件的酸碱度。其原理是将纸样放置在尽量排除空气的衬有软橡皮或泡沫塑料的圆筒内，用 0.5ml 纯水润湿试样，迅速插入由玻璃电极、参比电极组合而成的平头电极，使电极在试样上的压力保持恒定，在规定的时间内测量的 pH 值为测量结果。

（2）颜色指示剂法。颜色指示剂法是采用适宜的酸碱指示剂点滴在纸张表面进行测量，最适宜的试剂有：溴甲酚绿（颜色指示：pH = 3.8 时为黄色，pH = 4.2 时为绿色，pH = 4.6

时为蓝绿色，pH=5.0 时为绿蓝色，pH=5.4 时为深蓝色）和溴甲酚紫（颜色指示：pH=5.2 时为黄色，pH=5.6 时为棕绿色，pH=6.0 时为紫棕色，pH=6.4 时为亮紫色，pH=6.8 时为深紫色）。测定时可以将指示剂涂于纸的潮湿表面。

复习思考题六

1. 什么是纸张的滞后现象？发生该现象的原因是什么？画出滞后曲线，并分析印刷时为什么要选择中等湿度的条件。

2. 印刷前为什么要对纸张进行调湿处理？通常采用哪些方法？哪种方法更好？为什么？

3. 纸张的 pH 值对印刷品的质量有什么影响？

第七章
其他承印材料

在过去，除纸张以外的承印材料主要是玻璃纸。进入 20 世纪 50 年代以后，塑料工业的迅速发展，各种新型塑料在包装及建筑装饰等领域的应用不断增加，使塑料已成为除纸张之外使用最多的承印材料。除此之外，合成纸、塑料膜、多层复合的不干胶材料、铝箔、铝箔复合材料、铁皮、玻璃在承印材料中也占有一定的比例。

第一节 特种纸

特种纸的名称比较混乱，有的是从材料的性能来命名的，有的是从材料的应用领域来命名的，还有的是从加工工艺过程来命名的，无法统一，只能是比较笼统地给出一个名称，如很多种纸都叫特种纸，但从不同角度，特种纸的含义是不一样的，因此，在学习这些承印材料的性能时，要仔细对比材料的原料组成变化、纸的制作工艺，还有材料表面是否有特殊涂层，这样才能对材料的印刷适性进行总结。例如，从印刷角度来说，不同于国家标准常规纸的类型都叫特种纸（如彩色纤维纸、充皮纸、纹理纸，喷墨打印纸，数码印刷纸、水印纸），但从造纸业的角度来说，只有纸的原材料有了明显不同于普通天然纤维材料的纸，才称为特种纸。

一、玻璃纸

玻璃纸（cellophane paper）是利用亚硫酸盐纸浆为原料，经各种化学处理制得的透明纸，是最早用于商品包装的透明材料之一。玻璃纸有如下特点：

（1）透明度高。

（2）薄膜本身有较高的光泽。

（3）化学性能为中性，不带电性，不吸尘埃。

（4）气体的渗透率低。

（5）抗油、酸、碱性较强。

（6）印刷效果好。

（7）价格较低廉。

玻璃纸最大的缺点是吸湿性强，因此，为了尽量防止玻璃纸吸湿形变，通常在玻璃纸的表面涂以防湿剂，这类纸称为防湿玻璃纸。涂布的防湿剂有聚氯乙烯和硝化纤维素。对玻璃纸进行防湿处理，除能增加其防湿性外，还能增加其作为包装材料的热封性能。近年来，由于玻璃纸在环保方面具有其他塑料薄膜所不具有的优点而受到重视，市场需求量在逐年增加。

玻璃纸印刷方式有凹版、柔性凸版两种。在印刷运行性方面，所有玻璃纸的共同之处是，因吸湿而产生伸缩，印刷时因张力而伸长。所以在玻璃纸印刷时，要充分注意薄膜的伸缩问题，适当调整印刷环境湿度及印刷张力。

印刷在玻璃纸上的油墨虽没有印刷在普通纸上的油墨附着牢固，但印刷效果却相当优越。按涂聚氯乙烯防湿玻璃纸、普通玻璃纸、涂蜡防湿玻璃纸的顺序，印刷效果依次降低。涂聚氯乙烯的防湿玻璃纸对油墨的附着力强于普通玻璃纸，但有容易粘页的缺点。另外，玻璃纸所用的印刷油墨要根据其最终用途来选择。

二、彩色纤维纸

彩色纤维纸就是用熔喷法喷射出极细的合成纤维（可以染成各种颜色或是熔喷前的粒料就是带颜色的），制成合成纸浆，然后按一般的造纸程序，把合成纤维渗入木浆，用普通造纸方法制成各种规格的特种纸。如某些具有防伪功能的彩色纤维纸。化学纤维的表面基团是随原材料的组成而变化的，有的可能带有能形成氢键的—OH，也可能没有这种亲水性的极性基团，需要在化学纤维的表面进行改性，才能具有形成氢键的基团；而天然纤维的表面全都带有大量的—OH基团，由于化学纤维的表面特性与天然纤维的表面基团不同，在混合制纸时，特种纸的化学纤维与天然纤维的交织强度与采用纯天然纤维构成的普通纸是有区别的，一般情况下，化学纤维的机械交织性能不错，但是与其他纤维的氢键键合强度不足，在高速印刷时，由于印版上的油墨有一定的黏性，油墨要转移到纸上，就需要印版上的油墨与纸上的油墨层进行分裂，纸的表面强度必须稍大于油墨层内部分裂的能量，才能达到油墨顺利转移而纸的表面纤维不掉毛。目前有些彩色纤维纸在表面的掉毛特性上还未能达到胶印工艺的要求，往往是印刷一定纸张后，在橡皮布上或是胶棍上留下很多的化学纤维纸毛，对印刷质量或印刷速度造成一定的影响。

第二节　合成纸

合成纸的原料取自煤、石油和天然气，如聚丙烯腈（腈纶）、聚丙烯（丙纶）、聚酰胺（尼龙）、聚酯（涤纶）、聚苯乙烯等。所谓合成纸，简单来说是以合成高分子物质为主体，具有类似纸的外观、性质而且易于印刷的平面材料。20世纪70年代初，日本王子油化（YUPO）公司研制出一种用石油原料制成的纸代用品，曾经被称为薄膜纸、塑料纸等，这个概念在造纸业和印刷界使用已有多年。用这些原料制成合成纸，一般不会吸湿霉变，在干燥和湿水的情况下都很结实。它可以是类似于普通纤维纸张那样用纤维抄造或黏合成型，也可能是内部无孔隙的片状物。

一、合成纸的基本特性

（1）印刷质量方面。合成纸表面平滑、洁净、厚薄一致，而且能够再现印版的鲜明效果，网点清晰，色调柔和。

（2）环保。聚丙烯合成纸原料来源及生产过程均不会造成环境的破坏，产品可回收再利用，即使被焚烧处理也不会产生有毒气体，造成二次公害，符合现代环保的要求。

（3）比普通纸有更优越的性能。合成纸具有强度大、抗撕裂、防穿孔、耐磨耐折叠、耐潮湿、耐虫蛀等特点。

（4）比普通纸有更广泛用途。合成纸优良的抗水性，使其特别适用于露天户外的宣传广告。由于合成纸的不生灰尘不掉毛，使其在无尘室能得以应用，还可以与食品直接接触。

（5）优越的加工性能。可以采用裁切、模切、压花、烫金、钻孔、热折叠、胶接等印后加工方法。

二、合成纸的生产方法

合成纸发展至今，主要生产方法有压延法、流延法、吹膜法、双向拉伸法。下面是几种生产方法和产品特点的简单介绍。

1. 压延法

其设备主要由意大利制造，生产以聚丙烯（PP）为基材的合成纸。即通过配料、混料、在线密炼、挤出造料、开炼至压延。分切为合成纸产品，关键设备是由意大利生产的挤出机，一次完成，连续进行，效率高、质量好。压延法工艺的缺点是工艺复杂，一般用于生产0.1mm以上的合成纸产品，产品比重较大，设备价格昂贵，但产品表面光滑，适用于印刷高级样品及书籍封面等产品。

2. 流延法

流延法合成纸的混料、密炼、混炼等工艺与压延法相似，只是由流延机代替压延机，流延法的特点是模头挤出速度与流延辊的旋转存在较大的速度差，速度差不一样，生产出的合成纸厚度也不一样，在模头挤出的弯月面和冷辊之间形成了单向拉伸，流延法可以生产各种不同厚度的合成纸。但合成纸内的分子链分布存在单向性，因此合成纸产品的纵向、横向、物理性能有较大的区别，这是流延合成纸的一大缺点。与压延法一样，流延法合成纸的基料也是聚丙烯（PP）。其产品变形性稍大，但刚性、韧性较好。

3. 吹膜法

吹膜法生产合成纸用的基材是高密度聚乙烯（HDPE），不同于压延法、流延法的聚丙烯（PP）基材。国外，吹膜法生产合成纸大部分采用三层共挤设备，并应用内冷装置，泡膜直径、泡膜厚度在线检测及闭环控制系统，保证合成纸的厚薄均匀度一样。吹膜法工艺过程实现了纵向及部分横向拉伸，工艺设备比较简单，德国ALPINE公司首先推出了单层吹膜法生产合成纸，使用高密度聚乙烯（HDPE）及母料做为原料。

4. 双向拉伸法

生产双向拉伸合成纸的设备基本多是在双向拉伸聚丙烯（BOPP）设备基础上加以改

造，以适应合成纸的生产。为了充分体现合成纸的塑料特点和纸的印刷特点，生产出性能更好的合成纸，对设备的性能要求会更高。台湾台塑近年来推出了"双向拉伸珠光纸"，其基材也是聚丙烯（PP），双向拉伸法的原料混配与压延法、流延法是基本一致的，但是使用的设备是双向拉伸机，在双向拉伸过程中，塑料的分子链纵横分布比较一致，因此合成纸纵横向的物理机械性能也基本相同。这张薄膜就是合成纸的纸基。由于薄膜太光滑，需要对它进行糙化处理。糙化后，再涂上一层适合印刷的涂层。或是在塑料加工时加入填料，在薄膜拉伸的过程中页面产生极细小的裂纹与孔隙，从而降低了合成纸的比重及成本。由于这些小间隙对光的折射作用形成了珠光效果，这样就制成了看上去与普通纸外形相似的合成纸，它的结实程度却远远超过了一般的纸张，在包装、印刷、广告等领域得到了广泛的应用。缺点是容易褶皱和撕裂，遇到高于90℃温度时变形很大。

还有一类双向拉伸合成纸是分为上中下三层结构，可以选择不同的材料性能以满足不同的需求和应用领域。

表层材料需满足人们对传统纸的感观要求，还需满足各种印刷要求，要求吸墨性能高。表层材料还可根据不同客户的不同使用要求，作出调整，满足合成纸在不同应用领域的特殊要求，更充分体现合成纸不同纤维纸的优点。如开发出可热合的合成纸，模内标签纸等。日本的"王子尤泊"多层复合纸就具有类似特性。

芯层材料可以通过添加功能母料，使其密度更低，降低成本，或大幅度提高强度，适应特殊应用领域，也可以添加抗老化剂，延长使用寿命，降低客户的使用成本。

虽然双向拉伸法合成纸的设备昂贵，工艺、配方技术也较复杂，广泛推广应用尚受到一定限制。但其制品应用范围是最广泛的，它将是合成纸的发展主流。目前国内的厂商的合成纸生产主要是采用此方法，在国际包装行业上仍属于较前沿的包装加工工艺。

5. 无纺合成纸的生产工艺

美国杜邦公司研制成功"无纺纸"生产工艺。杜邦公司是最大的无纺布生产公司之一，杜邦公司将其无纺布的生产工艺推广到合成纸生产过程中，即使合成纸的基材主要是聚丙烯经过熔融、抽丝、成网、挤压，最后生产成"无纺合成纸"，俗称"撕不烂"纸。无纺合成纸由于是用塑料纤维纺织而成，因而具有较高的毛细管效应，更具有纸的特性，比重轻，渗透性强，各项物理机械性能良好，着色强度好、变形性低，用这种合成纸印制画报，是十分理想的。它既能防水，伸缩性也小，是印制游览图，作室外广告的好材料，还可以广泛地用于家具包装、装修等行业。但是"无纺合成纸"的价格相当昂贵，生产工艺、设备很复杂，成本高，限制了其广泛的推广应用。

除上述方法和原材料外，还有多种原材料或是混合方法用于生产合成纸类产品。如用芳香族聚酰胺纤维作原料，制成的合成纸具有较好的耐热、耐腐和防燃性，制成耐高温的防火纸板。如果把它们迭合起来加压，还可制成新型的复合材料，用途更广了。

合成纸的主要生产厂家有：日本的王子油化合成纸公司（YUPO）、中国台湾的台塑南亚（NANYA）、法国的普利亚、美国的杜邦公司等。此外，在德国、韩国还有一些小公司。国内仅有几家企业能生产以压延为主的合成纸页，质量不太稳定，完全以合成纤维制造的合成纸目前国内还未见大量面世。

三、印刷工艺对合成纸的要求

1. 外观

除特殊情况外，应具有白而不透明的外观。木材纸浆经过药品处理，在付出利用率低、纤维素分子量减少等损失后才得到白纸。而合成纸做成白而不透明是很容易的。即经过白色填料充填或设计发泡层、多孔层，不仅能得到高白度，而且得到的是比天然纸纯度还要高的白色成品。同时不透明度也可以通过改变上述处理条件而有所变化。

2. 印刷作业适性（即印刷运行适性）

（1）表面性能差异性。这些材料与纸张相比较的最大特点是，它们大都具有非吸收性或低吸收性的表面，因而在这些材料表面进行印刷要解决的两个关键问题是油墨的附着和油墨的干燥问题。目前选用的印刷方式主要是油墨选择范围较宽的凹版印刷、丝网印刷和柔性凸版印刷，而且在印刷之前也大都要对承印材料进行表面处理。

（2）静电带电性。在冬季低湿度的情况下，一般承印材料都会经常产生静电，所以使用易于带电的合成高分子作原料制成的纸张时，更应充分注意。用单张纸印刷机印刷时，常有静电发生而造成故障，因此必须进行防静电处理。

防止静电的方法是添加或涂覆防静电剂，但如果使用过量或选择错误，就会产生下述不良影响：首先会在书写时发生渗印；在胶版印刷时发生糊版；甚至成为油墨变色的原因。此外，添加的防静电剂应具有一定时期的稳定性，否则会在表面挥发失去作用。

（3）合成纸材料的硬度差异性。众所周知，纤维素是由极硬的分子骨架为基本结构的。与此相反，作为合成纸原料使用的聚合物都是柔软的，因此，薄膜和同样厚度的天然纸相比，硬度小，挺度低。

合成纸使用的聚合物若按杨氏模量高低排列的话，聚苯乙烯和聚氯乙烯几乎相同，其次是聚丙烯，最小的是聚乙烯。在制作薄膜时，其硬度达不到要求，应采取措施加以提高。

即使采用杨氏模量高的树脂或进行延伸和填料充填，生产的合成纸的硬度还是要比天然纸差。

（4）材料的尺寸稳定性。任何一种合成纸，对于湿度变化的尺寸稳定性，都要比天然纸优越得多，几乎没有伸缩。因此不需要调节印刷车间的湿度，甚至不需要在印刷前晾纸。

但是，一般来说，塑料与其他材料相比，热膨胀率大。但尽管如此，在没有温度调节的印刷车间，如果有10℃的温度变化，则其伸缩率可计为 $0.05\% \sim 0.3\%$。从相对湿度60%左右的标准状态到 $\pm 30\%$ 左右的湿度变动所产生的伸缩，铜版纸是 $0.5\% \sim 0.9\%$；玻璃纤维混抄纸是 $0.15\% \sim 0.3\%$。和这个数值比较，可以看出，合成纸因温度变化产生的尺寸变化是在允许范围之内的。

在尺寸稳定性方面应该注意的是它对于印刷动态张力的阻力比天然纸小，容易延伸，因此印刷、印后加工套准精度不高。现在市场上销售的合成纸均采取了一定的方法，改善其尺寸稳定性。但这样也仅能满足一般印刷的要求，像立体印刷那类高精度印刷，合成纸还不能达到令人满意的结果。

（5）页面平整性。天然纸、合成纸无一例外，如果纸表面呈严重波纹状变形，通过印刷滚筒时就会发生套印不准，甚至发生褶皱而造成大的故障。

天然纸的波纹状态可以通过晾纸恢复正常，但合成纸不是因湿度变化而产生伸缩，不能用这种方法校正。合成纸的波纹主要来源于复卷张力不均匀产生的材料蠕变，所以只要注意复卷方法就能防止这种现象的发生。

3. 纸化处理

天然纸的表面具有一定的吸收性，油墨印在纸张表面后，一部分低黏组分能立即渗入纸张孔隙中，进而固化。对于合成纸，要使其表面也具有吸收油墨的性能，必须进行纸化处理，处理方法主要有如下几种。

（1）填料充填。二氧化钛、碳酸钙等填料本身对印刷油墨的受容性很强，但只加入20%～30%的填料，并不能获得渗透性，因为这时聚合物覆盖在填料的周围，不存在足够的毛细管。只有加入足够含量的填料或用溶剂洗掉表面层，露出填料，才可获得一定的渗透性。

（2）充填填料和延伸并用。延展含有大量填料的聚烯烃薄膜，就会产生微细裂纹，这样有助于油墨的渗透。

（3）颜料涂覆。把黏土、二氧化钛、碳酸钙等细微粒子和黏合剂一起涂覆在合成纸的表面，其原理和天然纸中的铜版纸、涂料纸相同。用这种方法，不仅能得到和天然纸同样的渗透性，而且平滑性也极好，能得到超过未处理天然纸的油墨受容性和印刷效果。

除上述方法外，纸化处理还包括发泡单元破坏法、药物处理法等。

此外，与印刷油墨有关的性能还有表面强度和油墨的转移性。关于前者，因为薄膜内部结合力大，几乎没有像天然纸那样的拉毛故障；后者则因为表面平滑性、压缩性及其他因素互相关连，不能一概而论，故这里略去。

四、合成纸的发展方向

与用纤维素制造的天然纸相比，合成纸的品种已经很多，但总的产销量还比较少，随着天然纤维产量与社会巨大需求矛盾的进一步扩大，还有人们对包装材料的个性化要求的急切增加，合成纸的用途极为广泛，在印刷出版方面，合成纸可以印刷耐水报刊、书籍、地图以及名片、日历、卡片。在包装用途上，如手提袋、包装盒、药品包装、化妆品包装、食品包装、工业产品包装等。也可以用于建筑装修，作彩色贴面纸的原纸、壁纸等。还有特种用途，如膜内标签、压敏标签、热敏标签、纸币用纸、彩色相纸、CAD用描图纸、工业计算机及仪表用记录纸、快递信封、钟表、盘、纸扇、雨伞、旅游用纸帽及其他旅游宣传用品等。现在人们的认识是不限于代替普通纸，而在于追求合成纸所特有的功能。

目前，合成纸的印刷多采用普通规格的单张双色机印刷。但是为了适应印刷大型化、自动化、多色化的发展趋势，合成纸应向降低成本、增大幅面、提高印刷适性的方向发展。

具体来说，如用四色机印刷双全张尺寸的印刷品，就要求合成纸有更大强度，油墨转移到纸张后的固着、干燥速度要快，同时具有卷筒纸印刷即轮转胶印的印刷适性。为此，必须提高耐热性和对于外力的尺寸稳定性。

近年来，又出现了一种新的合成包装纸。这种纸是在基材下覆一层铝箔，它既可以作印刷商标，又可以作自动连续包装的材料。用它包装日用化妆品、牙膏和防止香味逃逸的可口食品都是很理想的。

当然，现在的印刷法是按照天然纸所具有的性质去设想、去改进的，与此相适应，纸张本身也在进步。现在的合成纸所用的合成高分子材料多种多样，国际市场上销售的产品也种类繁多，制造方法也不同，但都是为使之适合目前的印刷方法设计的。具体来说，就是让它易于用胶版、凹版或柔性凸版方式印刷，随着广告业的迅猛发展，喷墨打印大型广告的材料主要就是合成纸类材料。如果在不久的将来印刷方式有所变化，合成纸也要与之相应地有所改变。如将来电子纸的应用，其主要的底基材料可能也是合成材料。

第三节　塑料类承印材料

本书把不加填充材料或是只加少量填充材料，薄页内部无孔隙，对液体无吸收或是吸收极少，以透明或半透明为特征的化学材料薄页称为塑料薄膜，把添加大量填充材料，或是成形过程中形成气泡、孔隙的化学材料薄页称为合成纸，并且分开阐述，其实有些方面是相类似的。

塑料（plastics）是以合成的或天然的高分子化合物为基本成分，在加工过程中可以塑制成型，而产品最后能保持形状不变的厚型材料，也可指的是吹膜成型材料。塑料薄膜与合成纸在某些方面是相通的，塑料的主要组成是合成树脂。有些合成树脂可以单独做成塑料，有些合成树脂则须加入一些添加剂，这些添加剂有填料、增塑剂、稳定剂、着色剂、发泡剂、防老剂、润滑剂等。

塑料因其具有质轻、比强度高、耐化学腐蚀性好、易加工成型等特性，在包装及建筑装饰领域得到了广泛的应用，尤其是塑料薄膜已成为塑料包装制品中的主要材料，以下将对印刷中常用的几种塑料薄膜的印刷性能进行分述。

一、聚乙烯薄膜（PE）

聚乙烯膜可以利用聚乙烯原料通过吹塑、压延和流延等方法制造成型。聚乙烯膜耐久力、撕裂度非常大，在20℃左右有显著的柔软性，在0℃以下无味无臭。

与玻璃纸及其他薄膜相比，聚乙烯的透明度低，化学性能稳定，表面张力低，若印刷前不做表面处理，印刷时油墨和聚乙烯的黏合力弱，即使油墨干燥了也容易脱落；由于薄膜的延伸大，对于套色印刷有一定困难。

聚乙烯材料的印刷方式，有凹版印刷、柔性版印刷、丝网印刷和胶印等，但通常对薄膜的印刷主要采用凹印或柔性版印刷方式。由于在印刷时施加适当的张力，薄膜受力伸长，造成成品比印版的尺寸收缩1%～2%，使套准不稳定。提高套准稳定的方法，有的使用裱背纸的方法，或在印刷机上安装张力控制器。如果事先把收缩量考虑在内，将印版制得大些，印刷品收缩后的尺寸也可与所要求的尺寸取得一致。

印刷聚乙烯膜时，最关键的是印刷后油墨不脱落，检验的方法有三种。

1．胶带法。是将透明胶带切成适当的长度，密合到印后干燥的膜面上，前半部缓慢地、后半部迅速地剥下胶带，观察转移到胶带上的油墨量，可以推断油墨的黏着力究竟有多大。如果油墨从膜面大面积脱落，说明油墨的组分不合适。

2. 刻划试验。是将印刷品放在平整的硬台面上，用尖针刻划，只要油墨和薄膜处在完全黏着状态，墨面就不会因刻划而脱落。

3. 粘页试验。是将印好的薄膜卷取，测验其内层的粘页程度，只要处理完善，完全有可能不粘页。

此外，判断薄膜表面处理程度的方法，还有测定聚乙烯表面润湿性的方法。它是通过测定聚乙烯与测试液滴的接触角，得出是否能润湿的结论。但这是静态测试角，实际印刷是在高速中进行，油墨与承印物表面的接触是瞬间的，还可能有一定的压力，油墨从印版到承印物表面的转移、分裂是动态的，不一定能完全符合润湿测试结果。

二、聚丙烯薄膜（PP）

聚丙烯是一种热塑性树脂，由丙烯用三乙基铝和三氯化钛作为催化剂进行聚合，并将反应生成物的无规则聚合物溶解后，分离出结晶性的聚合物而成。聚丙烯的性质类似低压法、中压法制成的聚乙烯，但比聚乙烯轻，机械强度大；它的气体透过性、透明性、耐热性及化学稳定性都比聚乙烯优良。未延伸的聚丙烯薄膜拉伸强度低、弹性小，没有挺度，密度低，在0.88～0.91之间。双向延伸薄膜（BOPP）的拉伸强度、弹性率高，透明度高，物理性能类似玻璃纸，可用它代替玻璃纸。

聚丙烯对印刷适性要求不像聚乙烯那么严格，但若不进行表面处理，也难于印刷。一般采用电晕处理法、火焰处理法等将表面活化后，增加对油墨的黏着力。但这种表面处理会使薄膜的透明度和热封性稍有降低。目前已出现了可不进行表面处理直接印刷聚丙烯的油墨，油墨的结合强度可满足一般的要求。

三、聚氯乙烯薄膜（PVC）

聚氯乙烯膜是将聚氯乙烯粉末与增塑剂、稳定剂、填料等混合加热凝胶化后加工而成的薄膜。增塑剂的添加量在30%以上的为软质聚氯乙烯；10%以下的称为硬质聚氯乙烯。软质聚氯乙烯膜的厚度最小在0.1mm左右，进行延伸处理后，可以得到0.05mm的薄膜。聚氯乙烯透明性好，耐水性、耐药品性优良，但含有增塑剂和有害稳定剂的聚氯乙烯不适于食品包装。延伸处理过的PVC薄膜可以用于收缩包装。

聚氯乙烯薄膜的印刷大多采用凹印和柔印方式。在同等张力下，聚氯乙烯膜的伸长率大于纸张和玻璃纸，所以难于套准，而且容易产生皱折。含增塑剂多的、薄的软质薄膜，受力伸长的程度就越大。聚氯乙烯的印刷效果与纸张的印刷相比，印刷图像的清晰度较高，尤其是0.05～0.08mm左右的硬质聚氯乙烯膜，能够满足彩色印刷的要求，印制出比较精美的印刷品，大量用于广告、装饰品。

四、聚酯薄膜（PET）

聚酯（polyester）是由二元或多元醇和二元或多元酸缩聚而成的高分子化合物的总称。包括聚酯树脂、聚酯纤维、聚酯橡胶等。这类树脂的聚合度和结晶度高，因此聚酯片基的压缩弹性、硬度和弯曲刚性较高，抗张强度大，耐冲击，变形率低，而且耐试剂性能优异、渗透率小。聚酯薄膜多用于印刷远洋及海运商用船舶的数据资料,目前还用于印制阅读卡、标牌材料。

与玻璃纸及其他塑料薄膜相比,聚酯膜的弱点是耐热性能好,难于热封。在聚酯膜上印刷与在聚乙烯(PE)、聚丙烯(PP)等塑料膜上印刷有相似之处,即由于表面光滑,无吸收能力,印刷前要对薄膜进行表面微孔化处理,提高表面对油墨的附着能力,防止墨迹的脱落。印刷方式多采用凹版、柔性版印刷,丝网印刷和平版胶印也不少见,印刷的套准精度很高。

第四节　低能表面承印材料的印前处理

聚合物表面因表面能低、化学惰性强,而且表面又紧密光滑,因而难于被油墨之类的物质所润湿和牢固附着,即使对于高能的聚合物或金属材料的表面往往也都因吸附了低能的水膜和空气中的有机污染物而成为低能表面。因此在这些材料表面印刷或涂布前,都必须进行表面处理以改变其表面化学组成、结晶状况、表面形貌,增加表面能,去除污染物和弱边界层,从而改善油墨的附着强度。下面就目前主要采用的电晕放电表面处理方法进行讨论。

一、电晕放电处理原理

电晕放电(corona discharge)处理方法,因操作简单、处理强度比较稳定,而且易于连续处理,已成为塑料薄膜类最常使用的一种处理方法。其处理装置如图 7 – 1 所示。在绝缘的电极同接地的电介质滚筒之间施加以高频高压,将两极之间的空气击穿而等离子化,从而产生电晕放电。当薄膜通过该放电区时,便经受了表面处理。

图 7 – 1　电晕放电处理装置示意图

电晕放电处理使得材料表面黏结性能提高的原理在于:电晕放电区形成的低温等离子虽作为物质的整体在宏观上是电中性的,但电离后产生的带负电荷的自由电子、带正电荷的离子,以及原子在电离和复合中产生的光子具有较高的能量,电子能量可达 $2 \sim 10 eV$,光子能量可达 $2 \sim 4 eV$。这么高的能量(温度)是其他化学方法所不能提供的。另一方面,构成塑料等的有机化合物的许多键能一般为几个 eV,如表 7 – 1 所列,其结合能的大小与电晕放电等离子体中电子、离子、光子的能量相接近。因此,当这些粒子与材料表面作用时,可以轻易地把分子链打开，使它们成为自由基，进而生成有活性的基团，如—OH、—C≕O 和 —COOH等，加速了表面的活化，同时使表面结构紧密大分子变成较小的分子。这种活化后的表面润湿性能大大改善，更易于与其他材料结合，所以可大大提高印刷油墨的附着强度。

表 7-1   某些化学键的键能

分子键	C—H	C—N	C—CL	C—F	C—O	C—C	C≕C	C≕C
结合能（eV）	4.3	2.9	3.4	4.4	8.0	3.4	6.1	8.4

图 7-2、图 7-3 所示为低密度聚乙烯（LDPE）薄膜电晕放电处理后表面张力、剥离力变化情况。从图中可见，低密度聚乙烯薄膜表面张力和剥离力经处理后均显著增加。

图 7-2   LDPE 经电晕处理后表面张力的变化曲线   图 7-3   LDPE 经电晕处理后剥离力的变化曲线

用电子能(ESCA)分析方法对处理后的表面变化的进一步研究发现，经电晕处理后，薄膜表面含氧量明显增加，如图 7-4 所示。经电晕放电处理后，聚乙烯表面发生了明显的氧化，而且氧原子数量随极板电流成比例地增加。其他塑料薄膜的研究也得到了类似的结果，例如聚丙烯薄膜的表面张力（表面自由能）可以从电晕处理前的 32dyn/cm 增加到处理后的 35～45dyn/cm；聚酯薄膜的表面张力可由处理前的 40dyn/cm 增加到处理后的 45～55dyn/cm。图 7-5 所示为聚酯（PET）薄膜经电晕处理后，表面与水接触角随处理时间的变化。

图 7-4   聚乙烯膜经电晕处理后 O/C 比的变化

图 7-5   聚酯（PET）膜与水接触角随处理时间的变化

从图中我们可以发现一个有趣的变化，即处理后的薄膜经溶剂处理后，接触角会再度增加。这一结果表明，经电晕处理，在薄膜表面的极薄的表层内发生了分子链降解现象。当用溶剂去处理表面时，这些较低分子量的物质可以被清洗掉。

二、电晕放电处理的应用

电晕放电处理主要用于塑料薄膜的处理，对于纸、纸板、泡沫带以及铝箔类的导电性材料的表面处理也有明显的效果。但电晕处理方法还存在一些问题，如处理过度，则薄膜会自粘，并造成增塑剂、防静电剂等添加剂析出表面，使薄膜透明度下降。此外，处理效果会随时间而衰减，因此表面处理后最好立即印刷才能取得较好的印刷质量和油墨附着强度。处理铝箔之类导电材料还须对处理装置做适当改进后才能适用，对于异形体材料的表面处理，目前已开发出了专门的电晕放电处理装置。

承印物印前表面处理除采用电晕处理的方法外，还有火焰处理、臭氧处理、紫外线处理、化学药品处理等方法。这里不再具体讨论。

第五节　铝箔及其复合材料

铝箔材料的范围很广，可以包括激光全息铝箔，铝/纸复合，铝/膜复合等多种组合，但其本质就是接触印刷的面是铝材料构成，铝箔材料广泛用于烟包、酒包、食品、药品、化妆品的包装中。铝箔的生产传统上是压延法制成的，箔比较厚，不能在自然界中分解，在废纸回收生产中也不能分离，造成材料的浪费与环境污染。近年来，"绿色环保"需求在包装的流行趋势中越发重要。选择节能、低耗、无毒、无污染、重复使用、易溶解、多功能、无公害的包装印刷材料是迫切的需求。

目前，可行的金属复合材料印刷环保方式主要有三种：一是白卡纸印金属墨及大面积烫金技术的应用；二是用真空镀铝材料取代复合铝箔纸；三是大力提倡水性油墨的应用。而目前三种方式中又以真空镀铝材料（主要指镀铝纸）最受青睐。

一、真空镀铝材料生产的基本过程

（1）真空镀铝。在涂好离型层和色层的载体膜表面直接真空镀铝。

（2）复合。将镀铝表面涂上黏结剂后与其他基材（纸）进行复合并经烘道烘干。

（3）剥离转移。通过上述工艺使载体膜上的镀铝层与纸基牢固地黏结在一起，将载体膜剥离后即可获得金属化转移金银卡纸的成品。

镀铝纸是一种新型绿色环保材料，主要由原纸、铝层和涂层组成。镀铝纸的生产方法有直接镀铝法和转移镀铝法两种。直接法镀铝纸则是将纸直接置于真空镀铝机上进行镀铝。镀铝后，再在其表面进行特殊处理，直接法对基材的水分含量要求严格。镀铝纸主要采用转移法来生产，以转移法生产较多样化。转移镀铝纸只适合于生产基材的定量为$100g/m^2$以上的纸张，其生产工艺是先将载体膜（聚酯膜 PET 或双向拉伸聚丙烯塑料薄膜 BOPP）涂离形层和色层，然后置于真空镀铝机上镀铝，再对其进行第二次涂胶，之后，将 PET 膜或镭射 PET 膜置于涂胶纸或纸板复合，再将 PET 膜剥离（PET 膜可以反复使用多次），铝分子层通过胶黏作用转移到纸或纸板。转移法可以生产光芒四射的任意图案、任意文字的镭射防伪真空镀铝纸或纸板。真空镀铝后，有的要进行压纹处理，根据客户需要的图案进行加工，然后再根据需要分切成各种规格的平张或卷筒形式。

二、镀铝纸的特性

（1）原辅材料无味、无毒，符合食品卫生要求；光洁度好、平滑度高、色泽鲜艳、外观亮丽、视觉冲击力强，能够很好地提升产品包装档次。

（2）具有优良的阻隔性，防潮、抗氧化效果显著。

（3）印刷性能和机械性能极准，适于凹版、凸版、胶版、柔版、丝网印刷，也可以进行压纹、模切，甚至压凹凸等多种工艺。

（4）降解回收好，基材容易处理和再生利用，符合环保要求。

（5）铝层薄，节约成本。由于采用真空镀铝技术，铝层厚度不到复合卡的 1/200，基膜可以重复多次（6~8 次）使用，最后还可制成电化铝或其他产品出售。

三、镀铝纸的印刷适性

镀铝纸的印刷适性比较特殊，其表面的镀铝层具有金属特性，在印刷加工过程中镀铝纸表面的特性与印刷油墨等印刷材料的印刷适应性发生直接关系。因此，镀铝纸的印刷适性实际上比铝箔的印刷适应性要容易掌握。

镀铝纸表面强度高，它能和高速印刷机的速度相适应，同时也能承受油墨黏性增值所产生的拉力，对提高生产效率，稳定印刷质量有良好的适应性。

镀铝纸表面张力有利于印刷油墨的转移，印刷墨膜平伏、光洁、图文清晰完整。镀铝纸结构较为紧密，基本上没有空隙，其表面近似镜面；因此，镀铝纸不具备像普通纸张那样的吸收性能，吸收性小。印刷的色序安排，一般应突出设计的主格调，在印刷中，先印的颜色和后印的颜色因色序不同，其效果也大不相同。从镀铝纸的吸收性能和干燥性能的特殊性来看，建议多色印刷机印刷需遵循以下几点：颜色深、面积小的颜色先印，一般大面积的底色应放在最后印，如先印大面积实地，会造成后面的颜色叠印不上，也容易在印刷后面几色时划伤、蹭脏底色的表面，造成产品质量下降，影响外观和设计效果；主色调应放在后面印刷，一般完全透明的油墨是不存在的，印刷产品的色相，往往会偏向后印颜色的色相；套印精度高的颜色应先印，因为镀铝纸具有金属和纸张的双重物理性能，所以，应该把套印精度高的颜色放在前面印刷。

四、镀铝纸对印刷油墨的要求

就印刷镀铝纸所需要的油墨及干燥要求来说，渗透是油墨在承印物上固着的基础，固着的速度和干燥的时间是油墨结膜的关键。

要想油墨渗透，必须具备吸收性能好的承印物，然而，镀铝纸的表面光滑，吸收性差，如果使用一般的胶印亮光快干油墨，由于镀铝纸着墨后仍然带有液态的溶剂，无法快速渗透，所以，容易造成产品的粘脏或干燥不良。因此，镀铝纸在印刷中对油墨的固着和干燥性能的要求相对就高。由于镀铝纸的吸收性能并不很理想，但不存在其他纸张在印刷时的掉粉、掉毛现象，所以要选择抗水性好、耐摩擦性强、黏性较高的亮光快固、快干型专用油墨。或采用专用油墨（如 UV 油墨）。选择油墨时应当注意：印刷四色叠印网点图案时，应该选择透明度高的油墨，而底色用墨宜选择颜色浓度高，有一定遮盖力的油墨。

五、镀铝纸印刷对印刷设备和环境温度与湿度的要求

（1）印刷压力的确定。镀铝纸可以在单色或多色印刷机上印刷，镀铝纸同其他纸张相比，表面光泽度高，因此，印刷压力不需要比其他纸张大。但是由于镀铝纸的吸收性比较小，油墨很难固着，为了使油墨均匀平实，应稍微加大印刷压力。

（2）印刷速度的确定。由于镀铝纸平整度较高，速度过快会影响油墨的转移，所以在印刷镀铝纸时把速度控制在 8000 张/小时以内为宜。

（3）印刷车间温湿度的控制。由于镀铝纸吸收性很小，油墨干燥较慢，为了加快油墨的干燥速度，印刷车间的温度一般应控制在 8～25℃，相对湿度应控制在 60% 左右。

第六节 不干胶标签印刷材料

不干胶也称做自粘标签材料，不干胶标签材料已成为最常见的日常用品之一，不干胶印刷工艺也日益普及。它是以纸张、薄膜或特种材料为面料，背面涂有胶黏剂，以涂硅保护纸为底纸的一种复合材料。由于涂布技术有多种，致使不干胶材料形成有不同档次，目前的发展方向是由传统的辊式涂布、刮刀涂布向高压流延涂布方向发展，以最大限度保证涂布的均匀性，避免气泡和针眼的产生，保证涂布质量。

一、不干胶标签材料的组成

1. 面材。是标签内容的承载体，面纸背部涂的就是胶黏剂。面材可以采用的材质极多，一般分为铜版纸、透明聚氯乙烯（PVC）、静电聚氯乙烯（PVC）、聚酯（PET）、镭射纸、耐温纸、聚丙烯（PP）、聚碳酸酯（PC）、牛皮纸、荧光纸、镀金纸、镀银纸、合成纸、铝箔纸、易碎（防伪）纸、美纹纸、布标（泰维克/尼龙）纸、珠光纸、夹心铜版纸、热敏纸。

2. 膜层材料。透明聚酯（PET）、半透明聚酯（PET）、透明定向拉伸聚丙烯（OPP）、半透明定向拉伸聚丙烯（OPP）、透明聚氯乙烯（PVC）、有光白聚氯乙烯（PVC）、无光白聚氯乙烯（PVC）、合成纸、有光金（银）聚酯、无光金（银）聚酯。

3. 胶黏剂。通用超黏型、通用强黏型、冷藏食品强黏型、通用再揭开型、纤维再揭开

型。它一方面保证底纸与面纸的适度粘连，另一方面保证面纸被剥离后，又能与粘贴物具有结实的粘贴性。

4. 底纸材料。离型纸俗称"底纸"，表面呈低表面能的不粘性，底纸对胶黏剂具有隔离作用，所以用其作为面纸的附着体，以保证面纸能够很容易从底纸上剥离下来。常用的有白、蓝、黄格拉辛纸（glassine）或蒜皮纸（onion）、牛皮纸、聚酯（PET）、铜版纸、聚乙烯（PE）。

二、不干胶标签的用途

1. 纸类标签

超市零售、服装吊牌、物流标签、商品标签、铁路车票、药品标产品印刷或条码打印。

2. 合成纸与塑胶标签

电子零件、手机、电池、电器产品、化学产品、户外广告、汽车零件、纺织品印刷或条码打印。

3. 特种标签

冷冻保鲜食品、净化间、产品防拆、名牌产品高温伪标签印刷或条码打印。

三、不干胶标签的应用范围

1. 装潢用材料

以薄膜为主，主要用于汽车、摩托车上的装饰贴花、商标橱窗上的标志文字、高速公路上的反光膜、集装箱上的标记等。

2. 商标材料

以纸张和薄膜为主，按应用范围分为基础标签和可变信息标签。

（1）基础标签。食品和饮料、化工产品、药品、办公用品、玩具、洗发水、电器、卫生用品等商品用标签。

（2）可变信息标签。批号、次序码、条形码、生产日期、有效期、价格、邮寄过程信息处理、分销、仓库管理、库存数据等。

四、模内标签材料

模内标签是用 PP 或 PE 合成纸在表面进行处理，背面涂有特别的热熔胶黏剂加工成为的特殊标签纸，印刷制作成商标。使用机械手吸起已经印刷好的标签，放置在模具中，模具上的真空小孔将标签牢牢吸附在模具内。当塑料瓶的原料加热并成软管状下垂，带有标签的模具迅速合拢，空气吹入软管，使其紧贴模具壁，这时整个模具中的温度还比较高，紧贴着瓶体锥形的标签固状胶黏剂开始熔化并和塑料瓶体在模具内结合一起。于是当模具再次打开时，塑料瓶体成型，标签和瓶体融合为一体。使印刷精美的商标牢固地镶嵌在塑料制品的表面，标签和塑料瓶在同一个表面上，感觉上没有标签，彩色图文如同直接印刷在瓶体表面上。

模内标签可以用于吹塑、注塑等热成型容器的贴标，有良好的使用性能，使其成为了一种具有很大发展潜力的包装方式。不同的印刷厂家可以根据自身的设备状况来使用不同的印刷工艺和印后加工工艺来生产模内标签。

1. 模内标签材料的特殊性

模内标签目前普遍使用的是塑料薄膜基材，适于多种印刷加工方式与不同的油墨，包括：丝网印刷、UV 凸版印刷、柔版印刷、凹版印刷及平版胶印。在选用油墨之前，应根据最终应用的要求，对油墨在模内标签材料上的附着力、耐刮擦性、抗化学性等性能进行测试。

但模内标签的技术含量很高，首先体现出来的就是材料。最早进入中国市场的是日本王子油化（YUPO）模内标签。现在，法国普利亚（Polyart）吹塑模内标则也进入中国市场，还有一些本土企业也在加紧研发这种材料。

（1）模内标签首先要具备良好的印刷适性，保证油墨牢固地附着于表面，在后加工过程要保证具备良好的加工适性，例如，模切和冷烫金加工适性。其次，这种材料要满足使用特性，在吹塑成形时与塑料瓶子合为一体。

（2）模内标签材料分为纸张和塑料薄膜两大类。前者遇水或受潮会变形，降低使用价值，但是其优点是没有静电的干扰，减少吹瓶时吸取标签的损耗，另外它与塑料瓶子不是同质材料，不便于回收再利用。现在，国内外一般采用塑料薄膜类模内标签材料。

（3）模内标签材料结构由印刷面、中间层和胶黏层组成。印刷面的作用是接受油墨，形成彩色图文；中间层支撑印刷面，给予材料足够的挺度和透明度，在印刷机上和高温作用下不变形，保证套印精确。胶黏层在高温作用下将熔化，让标签材料与塑料容器成为一体，保证标签与塑料瓶子牢固地粘在一起。

（4）印刷面材料一般有三种：PE、BOPP 和 PE + PP。由于目前大部分塑料容器属于 PE 材质，因此采用 PE 模内标签更有利于回收再利用，因为它们都属于同质材料。在生产模内标签时，为了提高印刷面材料的亲墨性，一般需要涂布表面涂层或用电晕放电方法提高表面能。

（5）胶黏层表面有两种结构：平面无网纹结构和网纹结构。前者在使用时直接与毛坯接触，自然排气，适合小面积标签。后者在表面上压印了网纹结构，使用时气体通过网纹的排气通道排气，避免了气泡的生产。胶黏层还具有抗静电性，防止印刷时双张；另外，它还具有滑动性，确保了标签顺利分离，使得印刷加工顺利进行。

2. 模内标签的印刷

不同印刷厂家可以根据自身的设备状况，选择不同的印刷工艺。胶印、柔印、凹印和丝印均可以印刷模内标签，目前以胶印和柔印居多。

（1）胶印。胶印在精细网点印刷方面的优点十分突出，但是线条、实地印刷效果和印刷饱和度比不上其他印刷方式。胶印不能像柔印那样实现连线（In line）印刷加工，因此印刷后必须进行离线（Off line）模切、冷烫、上光等工序。但是胶印适合小批量标签的印刷，周期短，灵活性强。

胶印在细小网点的印刷质量上要优于其他的印刷方式，对短版业务来说胶印的生产成本要低于其他印刷方式。在线条、实地的印刷效果及色彩的饱和程度上不及其他印刷方式。胶印在色差上的控制难度要大于其他的印刷方式。

（2）凹印。实地印刷和印刷颜色饱和度优于胶印，不适合印刷小网点和层次丰富的商标。但是色差控制比较方便。在凹印机上，模内标签材料的走纸路径比其他印刷方式要长，因此出现静电的机会更大一些。凹印制版成本高、周期长，因此适合长版的模内标签印刷。

凹版印刷方式印在实地印刷效果及色彩的饱和程度要优于胶印，在细小网点的印刷质量及图像层次丰富程度上不如其他印刷方式，在色差的控制上优于胶印、凸版印刷。由于凹版印刷的走纸路径要比其他的印刷方式要长，比其他的印刷方式更容易产生静电。凹版印版制作时间长，费用高，因此中、短版模内标签印刷业务不太适宜使用凹版印刷方式。

（3）柔印。柔性版印刷的突出优点是印刷和后道加工工艺可以一气呵成，前端是进料端，后端就获得了最后的印刷加工成品，实现了印刷和后加工的连线生产。现在，随着柔印制版技术的改善，网点印刷质量有了很大的进步，模内标签采用柔印得到了一些厂家的认可，但是用环保型水性墨印刷还不成熟，目前有经验的厂家是采用流动性很好的 UV 油墨，而且成为模内标签印刷的潮流。

柔性版印刷方式是欧美主流的包装印刷方式，配合 CDI 制版技术柔性版印刷方式能获得较好的网点印刷质量和饱和的印刷色彩。

（4）网印。丝网印刷方式印刷模内标签不如直接印刷在瓶身上经济。

尽管各种的印刷方式都可选用不同类型的油墨来印刷模内标签，UV 油墨在模内标签材料表面的良好附着力和它的干燥特性无疑是各类印刷工艺的首选。UV 胶印工艺的水墨平衡是获高质量印刷的标签和高成品率的关键，其他的印刷工艺使用 UV 油墨的关键在于选用高色强度和良好流平性能兼顾的 UV 油墨。因此在大面积印刷厚实时，在相应的色墨上合适、适量的抗静电剂结印刷过程的静电消除会有一定的帮助。

3. 模内标签的印后加工

（1）模内标签的上光。为减少模内标签贴标的故障，如果使用真空吸附模内标签方式，上光油时应该适当添加抗静电剂和调节光油的爽滑度；使用静电吸附模内标签方式，上光油则不宜添加抗静电剂。如果模内标签印刷后还需烫金，烫金则应选用可烫 UV 光油，如果光油加了添加剂则每批上光前应先测试一下，以避免整批产品报废的情况出现。

（2）模内标签的模切。对于卷状的印刷半成品如果采取断张后模切的方式，断张时多会出现针位移动现象，针位的移动直接影响整个生产流程的效率和最终的成品率。解决断张时针位移动的方法一：保持张力的稳定，及时消除断张的累积误差；方法二：制版时制作好梯形的针位线，然后将不同的针位线挑拣分类。

①模内标签脱线模切可使用数控自动冲模机、半自动商标冲模机、半自动模切机来模切成型。

②模内标签的连线模切：模内标签生产厂家使用柔性版印刷机在线模切时容易出现乱标的现象，乱标的产生主要是由标签带静电和标签交接不顺畅引起的。因此，当出现乱标时成品的收集整理要注意检查是否有倒标、反标的现象。

（3）模内标签烫金工艺。在模内标签材料上面烫金可以采用先烫后过油，或先过油后烫的不同烫金工艺。烫金可以使用冷烫、热烫两种方式。

影响热烫金效果的主要因素是：电化铝、烫金温度、烫金压力、烫金速度。

先要以模内标签的材料特性和电化铝的烫金适性为基础，根据烫金版的大小和烫金速度来确定烫金温度和烫金压力，先调整压力，后确定烫金温度。

冷烫金主要用于柔性版印刷，使用冷烫金要获得较好的视觉效果需要较高的工艺技术，对一般厂家建议采用先冷烫后印刷的工艺，用较厚的墨层来遮盖冷烫金的边缘毛刺。

第七节　喷墨打印承印材料

随着科学技术的飞速发展，集成电路、计算机、数字成像技术在近几年取得突飞猛进的发展，彩色喷墨打印纸也随着打印机的普及和自身价格下降，逐渐进入千家万户。打印机制造厂家不断改进和提高喷墨打印机质量，相对应地也要求更高质量的打印纸质量。彩色喷墨打印纸是喷墨打印机喷嘴喷出墨水的接受体，在其上面记录图像或文字。它的基本特性是吸墨速度快、墨滴不扩散。

喷墨打印纸品种非常多，可以分为普通纸和涂布纸，目前，现有的普通纸很难满足高精度的打印需要，需进行技术突破和创新，在今后一段时间内，用于喷墨打印用的纸将由涂布纸占主导地位。涂布的彩色喷墨打印纸，打印质量很好，能适合高精度打印需要，目前涂布的彩色喷墨打印纸可以进行不同基材涂布，如金属，塑料薄片、纸、聚乙烯（PE）等淋膜纸及其他许多基材，根据涂布表面光泽度，可以将喷墨打印纸主要分为高光像片纸、亚光彩色喷墨纸。

一、喷墨打印纸的种类

1．普通打印纸

最简单也是最常见的打印介质非那些专用的普通打印纸莫属，也就是我们平时专门用于打印各类文本文件的打印纸。

2．高光喷墨打印纸

高光喷墨打印纸支持体为 RC（涂塑纸）纸基，适于色彩鲜明、有照相画面效果的图像输出。有较高的分辨率，一般在 720dpi。利用其打印的图像清晰亮丽、光泽好，在室内陈设有良好的耐光性和色牢度。一般配用高档喷墨打印机。

3．亚光喷墨打印纸

亚光喷墨打印纸支持体为 RC 纸基，有中等光泽，分辨率较高，适于有照相效果的图像输出，色彩鲜艳饱满、有良好的耐光性。

4．特种专用喷墨打印纸

特种专用喷墨打印纸支持体为 RC 纸基，内含荧光剂和磁性材料，有防伪、防复制等保密功能，抗紫外线、有耐光性。适于有照相效果的画面输出及特种制作。

5．PVC 喷墨打印纸

PVC 喷墨打印纸支持体为塑料薄膜和纸的复合制品，机械强度好、输出的画面质量高、吸墨性好，有良好的室内耐光性，适于有照相效果的画面输出。

6. 高亮光喷墨打印纸用厚纸基

高亮光喷墨打印纸用厚纸基有照片一样的光泽，纸的白度极高，有良好的吸墨性。特别适于照片影像输出和广告展示版制作。输出的图像层次丰富、色彩饱满。

7. 防水型材料

在普通型材料的基础上增加了卡片表面防水功能。完全解决了卡片长时间放置后图文色彩扩散的问题。

8. 防水、防退色型材料

众所周知，喷墨打印图案长时间放置后，图文容易退色（一般6个月退色为50%，紫外线较强及户外放置时，这种情况更为严重）。这主要是因为墨水及片基的紫外线吸附能力较差。而对于一些较为严格的证件，半年的使用期远远是不够的，鉴于此种情况，还开发了防退色型材料，可以保证卡面图文5~10年不退色。

9. 夜光型材料

这是针对公安部门的一些特殊证件（如暂住证、身份证等）而开发的，公安人员在夜间查证时不用借助任何光线即可识别卡面图文的一种制卡材料。

二、喷墨打印纸的性能

1. 亚光彩喷纸的制造工艺及性能

目前，国内外有许多企业在生产亚光彩喷纸，生产方法是在原纸上涂布由固体粒子、胶黏剂、阳离子固色剂、增白剂等辅助剂组成的涂料，可以采用浸涂或刮涂，后经烘干等步骤。工艺流程为：原纸→涂布→烘干→后处理。

常见涂料配方如下：

二氧化硅	100 份
聚乙烯醇	50~80 份
阳离子固色剂	20~30 份
增白剂	少许
其他助剂	少许
固形粉含量	15%~30%
涂布量	5~12g/m²

2. 喷墨纸原纸的质量

市场常见涂布彩喷纸原纸克重大多在70~200 g/m²，原纸的质量对加工彩喷纸是有很大影响的，原纸是涂层的载体，它的好坏会直接影响彩喷纸的质量。为了获得较好的涂布效果，要求原纸具备以下性能。

（1）白度好。

（2）均匀度好、纸面光洁平滑。

（3）紧度高、吸水变形小。

（4）挺度高、伸缩率低。

（5）强度好。

（6）吸水性低。

3．喷墨打印纸的性能

（1）水浸色牢度。亚光彩喷纸水浸色牢度很重要，在日常使用中，难免会碰到打印好的图像浸水。为了保证图像不被水浸湿发花，必须对固体载体改性成阳离子，有利于带阴离子的墨水固定在阳离子载体上，使染料水溶性下降，不发生染料位移、洇色。使用阳离子固色剂也是保证彩喷纸打印精度的重要因素。

阳离子的固色剂品种很多，一般选用高分子阳离子聚合物，为了达到较好的耐水效果，阳离子固色剂的用量应占固型物质量的 20% ~ 30%，具体量应根据固型物比表面及单位平面上固型物的质量而定。比表面大的固型物阳离子固色剂多加些，单位平面上固型物量多的，阳离子固色剂可少加些。

（2）涂层强度 。涂层经烘干后，均匀地固定在纸面上，当涂层浸水后，胶黏剂会溶化或溶胀，如聚乙烯醇，由于胶黏剂在纸面上的附着力降低，很容易被抹去。因此，涂料中除加聚乙烯醇外，还需加交联剂，常见的交联剂如甲醛、甲醛树脂、乙二醛、戊二醛等，交联剂的醛基与聚乙烯醇的羟基发生交联反应，形成网状结构，提高耐水性。羟醛缩合反应较适合酸度值为 pH4.5 ~ 5.0。最好再添加一些其他耐水、耐磨、结构强度好的胶黏剂，胶黏剂的品种很多，如丁苯胶乳、丙烯酸胶乳、苯丙胶乳、醋酸乙烯胶乳、水性聚氨酯等，应选用非离子或阳离子乳液。

（3）涂布喷墨纸的白度。涂布喷墨纸的白度对提高打印鲜艳度或亮度有重要作用，纸面色彩与显示器不同，色彩是通过光反射表现的。要实现高的亮度，除减少染料洇色外，还应制造高白度的纸产品。

要实现高的白度应注意以下几个方面的问题。

①提高原纸白度和平整度。

②选用高白度的固型物，如二氧化硅的白度。

③选择合适的增白剂。

增白剂的白度显示与其分散状态及载体有关，如何选用符合涂料阳离子体系的增白剂非常重要。

（4）色光还原性。当墨水染料与涂层上的阳离子固色剂结合，会改变染料分子结构上的磺酸基、羧酸基供电能力，使染料分子上的共轭电子云能级发生细小变化，改变染料的色光。

另外，染料分子量有大小，亲水性各不相等。所以，合理地选用固色剂非常重要，可以几种固色剂混合使用，有利于色光表现真实，有利于兼顾各种染料的色光平衡。

（5）其他。除上述几点外，涂层的平整度、染料耐光性、打印精度、生产成本等方面需要努力提高。

彩色喷墨打印纸的质量提高是一个长期的发展过程，需要紧跟打印机研发步伐，需要原纸生产、化工助剂、涂布生产企业共同合作，解决各种技术问题。

复习思考题七

1. 在印刷适性方面，合成纸与普通印刷用纸有何不同？需要做哪些改进？
2. 塑料薄膜与纸张在印刷适性上的主要区别是什么？印刷前如何处理？

第二篇 油墨

第二篇　诗歌

第八章

绪论

第一节　油墨发展简史及现状

最早发明的墨是水溶性固体，是可燃物质不完全燃烧的残余物与树胶均匀混合并干燥的产物。印刷时，将这种墨涂布在雕刻木版上，覆上纸，再用刷子轻轻拭之，使墨沾在纸上，就得到印刷品了。金属版出现以后，由于这种水性墨不能在金属版面上均匀涂布，因此出现了以油脂为基质调入颜料的油性油墨。

最初的油墨，颜料是天然无机矿物质，连结料是植物或动物油脂。这类油墨，干燥速度慢，印品光泽性差，对承印物附着能力差。随着化学工业的发展，给油墨行业带来了生机，油墨制造中广泛地采用了新型的合成树脂和高级有机颜料，使油墨的种类更加丰富，性能更加优良。一些传统的油墨，如平版、凸版、凹版、网版油墨的性能及品种已十分完善。但印刷技术的发展，各种承印物的开发使用，对油墨的性能、品种也提出了新的要求。随着计算机技术的发展，实现了数字式直接制版印刷及数字打样和数字印刷，应运而生了各种喷墨印刷油墨、电子油墨及无水胶印油墨；由于人们环保意识的提高，用于柔性版、凹版印刷的水基油墨，UV油墨等也得到了长足的发展。这些油墨从制造到各项性能都与传统的油墨有很多不同之处，这就促使油墨制造者更加深入地研究各种油墨的性能，使其更加适应印刷过程的要求。同时，油墨印刷适性的研究对油墨的发展也具有一定的指导意义。

第二节　油墨组成与分类

油墨是由作为分散相的颜料和作为连续相的连结料组成的一种稳定的粗分散体系。其中颜料赋予油墨以颜色，连结料则提供油墨必要的转移传递性能和干燥性能。颜色性能、流动性能、干燥性能是油墨的最基本也是最重要的性能。另外，油墨的各种耐抗性能（如耐光性、耐热性、耐溶剂性）及稳定性也是与印刷有关的技术指标。

油墨中除了主剂之外，还有作为助剂的各种添加剂，用以改善油墨的性能，调节油墨的印刷适性。油墨的基本组成如图 8-1 所示。

图 8-1　油墨的基本组成

　　当然，不同类型的油墨，其组成差异很大，各类油墨的差异主要是连结料的组成不同。油墨可以按照印刷版式分为平版、凸版、凹版、孔版油墨等；或按干燥形式分为渗透干燥型、挥发干燥型、氧化结膜型、光固化干燥型油墨等；也可以按用途分类。表 8-1 给出了各种油墨不同的分类方式。

表 8-1　油墨的分类

版别 油墨干燥类型	凸版	平版	凹版	孔版
氧化结膜	书刊油墨	单张纸胶印	雕刻凹版	丝网版
渗透	新闻油墨	轮转胶印		丝网版
挥发	柔性版油墨		照相凹版	丝网版
光固化	柔性版油墨	紫外		丝网版
热固化		印铁		

复习思考题八

　　1. 油墨的组成及各组分的作用分别是什么？
　　2. 油墨的分类有哪些？

第九章

颜料

第一节　概述

颜料是一种呈细微粉末状的固体有色物质，可以呈现球状、片状等不规则形态。一般颜料粒子的直径在几百纳米到几十微米（$10^{-7} \sim 10^{-5}$m）的范围内。颜料可以均匀地分散在介质中，但不溶于介质，而且不与介质发生化学反应；颜料是有色体，它既赋予油墨颜色，同时，它的分散、聚集又直接影响油墨的流动性、油墨的化学稳定性及油墨的干燥性。

一、颜料的分类

1. 按化合物特性分类

按化合物的特性可以分为无机颜料和有机颜料。在有机颜料中，又可以按分子聚集状态不同分为色淀颜料、颜料型染料和色原颜料。

2. 按色彩特性分类

按色彩特性可以分为彩色颜料（如黄、品红、青等）和非彩色颜料（如黑、白、灰等）。

颜料分类及常用品种如图 9 - 1 所示。

图 9 - 1　颜料的分类

颜料是具有特定色彩性能及理化性能的物质，而颜料的这些性能对油墨的行为将产生重要的影响。

二、颜料的理化性能

1. 颜料的分散度

颜料的分散度是指颜料颗粒的大小。分散度越高，颜料粒径越小。分散度是影响油墨性质的重要因素。通常，颜料分散度高，着色力、遮盖力随之提高。颜料的分散度越高，油墨的稳定性越好。

2. 着色力

着色力是某一颜料与其他颜料混合后该颜料呈现自身颜色强弱的能力。颜料的着色力取决于它本身的光学特性及颜料的晶型构造，同时受分散程度的影响。表 9－1 给出了某种颜料的着色力与分散度的相关性。

表 9－1　颜料的粒径与着色力

颜料的粒径（μm）					着色力（%）
20~10	10~5	5~2.5	2.5~1.25	<2.25	
26	62	12	0	0	35
0	8	77	12	3	110
0	3	32	52	13	145
0	3	1	3	93	180

从表中可见，颜料着色力随分散程度的上升而提高。油墨调配时，达到同一颜色强度时，着色力强的颜料用量少。

着色力以%表示，其意义为冲淡该颜料至某一水准所耗用的白色颜料量与冲淡标准颜料至同一水准所耗用的白色颜料量之比。该值越大，着色力越强。

$$着色力(\%) = \frac{待测颜料所用标准白墨量}{标准颜料所用标准白墨量} \times 100\%$$

3. 遮盖力（透明度）

遮盖力是指颜料遮盖底层的能力。遮盖力与透明度是对颜料同一性质的相反的描述。油墨是否有遮盖力取决于颜料折射率与连结料折射率之比。当比值为 1 时，颜料是透明的；比值大于 1，颜料是不透明的，即具有遮盖力。颜料的遮盖力还取决于颜料的分散度，分散度越高，遮盖力越高。不同的印品，对颜料的遮盖力要求不同，印铁油墨要求颜料有较强的遮盖力，防止底色外露。四色叠印油量要求颜料有较高的透明度，使叠印后的油墨通过减色效应达到所需的呈色效果。

遮盖力以 g/m² 表示，即产生一定覆盖遮色效果所需要的颜料量。

4. 吸油量

颜料吸油量是对颜料与油脂结合能力的一种描述。吸油量等于将颜料制成浆状体所需加入的油脂重量与颜料重量之比，以 g（油脂）/100g（颜料）表示。吸油量直接影响油墨的性能。一般吸油量小的颜料制成油墨后，颜料所占的比率较大，这样的油墨遮盖力强，但稳定性不好，印刷时容易产生堆版，也容易被乳化。所以，胶印油墨通常选用吸油量较大的颜料来配制。

5．密度

颜料的密度对油墨的力学性能及稳定性都有相当大的影响。颜料密度也可以用"视比容"来描述。视比容是指每克颜料所占的体积，用 cm^3/g 表示。颜料是细小的颗粒，每克颜料所占的体积，并非颜料的比容，故称为视比容。颗粒不同的相同颜料视比容是不同的。颜料的视比容越大，其密度越小，在连结料中不易沉淀，油墨的稳定性好。而视比容小的颜料制成的油墨墨性差，传递不良，易糊版；较稀薄的油墨易沉淀、结块等。所以，用来配制油墨的颜料，视比容越大越好。

6．耐抗性

印刷品将使用于各种环境之中。对于一些特定环境，如高温、日晒、酸、碱、有机溶剂等，颜料必须抵抗外界作用，尽量不产生物理及化学变化，以保证原有色彩。因此，要求颜料具有相应的抵抗能力，称为耐抗性。耐抗性的考察通常将样品置于被强化了的模拟环境中，观察变色情况，并分出等级。

其他理化指标，如颜料的 pH 值、含水量等，也会对油墨性能产生影响。颜料 pH 值调节不当会使连结料发生变化而导致胶化；含水量的高低会明显影响颜料的分散度，进而影响吸油量。

第二节　无机颜料

无机颜料一般指由单质元素、金属氧化物、无机盐、络合物等组成的颜料。它们的共同特点是色彩鲜艳，遮盖力强，视比容小，耐抗性好，廉价。但由于彩色颜料含有 Pb、Cr 等元素，对人体和环保不利，越来越多地被有机颜料取代，只有黑色、白色和少量黄色、蓝色无机颜料用于油墨的配制。

一、白色颜料

1．钛白（TiO_2）

用于油墨中的钛白有金红石和锐钛矿两种，皆为四方晶型。

钛白的白度很高，颗粒细小，折射率很高，具有很高的光扩散性。当它分散在介质中，能表现出很高的遮盖力。钛白具有极强的化学稳定性、耐高温性。因此，大量用于高质量的白色油墨中，特别适合于印铁及牙膏的软管油墨中，其性能指标见表 9−2。

2．锌钡白

锌钡白是硫酸钡和硫化锌的混合物，分子式为 $BaSO_4 \cdot ZnS$。锌钡白颗粒细软，平均颗粒在 0.25～0.35μm 之间，折射率为 1.82，遮盖力仅为二氧化钛的 1/4 左右。但它的耐碱性较好，毒性小，与醇酸树脂拼混性较好，其应用范围远不如二氧化钛。

表 9 - 2 钛白颜料

品种 指标	二氧化钛	
	锐钛型	金红石型
外观	亮白色粉末状	
密度（g/cm³）	3.8 ~ 4.1	3.9 ~ 4.2
折光（射）率	2.50 ~ 2.55	2.70 ~ 2.76
着色力（雷诺 Reynolds 指数）	1200 ~ 1300	1650 ~ 1900
平均颗粒尺寸（μm）	0.3	0.2 ~ 0.3

二、黑色颜料

炭黑是碳氢化合物不完全燃烧或裂解的产物。按照来源可以分为灯黑、炉黑、槽黑、热裂解黑等。

1. 炭黑的性质

（1）粒径及聚集体结构。炭黑的原生颗粒极为细小，而且颗粒越小，着色力越强。炭黑具有很高的比表面能，所以，通常是以聚集体的形式出现。聚集体可以有不同的大小及形状，根据炭黑粒子聚集的多少可以分为高结构炭黑及低结构炭黑。结构不同对炭黑的各项性能，如着色力、吸油量、分散度等有明显的影响。

（2）表面性质。由于炭黑是聚集体，具有较大的比表面和空隙，因此具有很强的吸附性。另外，炭黑表面的酸碱度不同，pH 值较低的炭黑，吸附油墨中干燥剂能力很强，使油墨中干燥剂的含量相对下降，产生抗干性，而且酸性越强，抗干作用越强。如果用 pH 值低的炭黑配制的 UV 油墨，其 UV 固化的速度也会减慢。黑墨很多特殊的性质与炭黑性能间的内在关系还需要进行大量的研究。炭黑的性能指标见表 9 - 3 和表 9 - 4。

表 9 - 3 炭黑颜料的性能指标

品种 指标	灯黑	槽黑	炉黑	热裂解黑	乙炔黑
密度（g/cm³）	—	1.75	1.80	—	—
吸油量（cm³/g）	1.05 ~ 1.65	1.0 ~ 6.0	0.67 ~ 1.95	0.30 ~ 0.46	3 ~ 3.5
平均颗粒尺寸（nm）	50 ~ 100	10 ~ 27	17 ~ 70	150 ~ 500	35 ~ 50
比表面积（m²/g）	20 ~ 95	100 ~ 1125	20 ~ 200	6 ~ 15	60 ~ 70
pH 值	3 ~ 7	3 ~ 6	5 ~ 9.5	7 ~ 8	5 ~ 7
挥发物	0.4 ~ 9	3.5 ~ 16	0.3 ~ 2.8	0.1 ~ 0.5	0.4
氢（%）	—	0.3 ~ 0.8	0.45 ~ 0.71	0.3 ~ 0.5	0.05 ~ 0.1
氧（%）	—	2.5 ~ 11.5	0.19 ~ 1.2	0 ~ 0.12	0.10 ~ 0.15
硫（%）	—	0 ~ 0.1	0.05 ~ 1.5	0 ~ 0.25	0.02
苯萃取物（%）（有机组分）	0 ~ 1.4	—	0.01 ~ 0.18	0.02 ~ 1.70	0.10
灰分（%）（无机组分）	0 ~ 0.16	0 ~ 0.1	0.10 ~ 1.0	0.02 ~ 0.38	0

表 9 – 4　炭黑的结构与性能之间的关系

性能	低结构	高结构
吸油量	低	高
分散性	难	易
亮光	高	低
润湿性	快	慢
黏度	低	高
颜色	深	浅
底色	棕	蓝
着色力	高	低
触变性	低	高

2．应用

（1）色素炭黑。用于胶印油墨。这类炭黑要求具有高黑度，高着色力，低结构，较低吸油量，以降低对干燥剂的吸收性。

（2）专用炭黑。用于印报油墨，对这类炭黑没有特殊要求。

（3）溶剂型油墨用炭黑。用于柔性凸版和凹版油墨。

三、彩色颜料

1．黄色——铅铬黄

铅铬黄是一系列黄色颜料的统称，是铬酸铅（$PbCrO_4$）、硫酸铅 $PbSO_4$、氧化铅 PbO 的混合物。根据三者混合的比例不同，可以形成从浅柠檬黄到深黄的一系列颜色。这类颜料色相丰富、遮盖力强、着色力较强、耐化学溶剂性强、价廉。但是密度大，而且含有有毒元素，是一种低质颜料，在某些廉价的黄墨中仍有使用。

2．蓝色——铁蓝

铁蓝又称普鲁士蓝、密洛里蓝。化学名称为亚铁氰化铁〔$KFe \cdot Fe (CN)_6 \cdot H_2O$〕。

铁蓝着色力强、颗粒细小、色彩鲜艳，但不耐酸碱。在油墨中应用较多，但也有逐渐被酞菁蓝所取代的趋势。

第三节　有机颜料

一、结构特点及分类

有机颜料和染料都是不饱和的有机化合物，由萘、蒽、氮萘、氨蒽等碳环或杂环芳香族有机化合物衍生而成。它们能够有选择地吸收光谱中的某些部分，并将吸收区域从紫外线区域移到可见光部分，使化合物成为有色体。这些不饱和的原子团称为发色团，主要的发色团有乙烯基（CH_2=CH—）、羰基（>C=O）、巯基（—SH）、亚氨次甲基（>C=N）、偶氮基（—N=N—）、硝基（—NO_2）、亚硝基（—N=O）和二甲氨基〔—N（CH_3）$_2$〕等，除发色团外有机颜料和染料还含有助色团和有一定的分子排列方式。常见的助色团有羟基（—OH）、氨基（—NH_2）、磺酸基（—SO_3H）、卤素基（—Cl、—Br）和甲基（—CH_3）等。分子排列结构如醌型结构中，对醌（O=⬡=O）为黄色；邻醌（⬡含O）则为红色；共轭关系也能加深化合物的颜色。

近来化学界有人以量子论为基础，用分子中的活性 π 电子来说明发色原因，但传统的发色团理论仍然适用。一般来说，发色团越多，含共轭双键链越长，色料的颜色越深；如共轭双键被甲基或醚基（—O—）等隔断，则化合物会变为无色或浅色。

有机颜料一般可以分为色原（toner）和色淀两大类，前者是以金属盐或酸类将水溶性染料制成不溶性的有机颜料的统称；后者则是利用铝钡白等无机载体将有机染料沉淀而成的颜料（lake）。欧洲则将本身不溶解的有机有色体又分为一类，称为颜料性染料（Pigment dyestuff），将有机颜料分成色原、色淀及颜料型染料等三大类。

二、有机颜料的应用

与无机颜料相比，有机颜料具有色相齐全、色泽鲜艳、密度小、着色力强、一般比较透明等特性，是制造红色油墨、透明黄墨不可缺少的原料，但价格较高，还有一些如还原颜料成本高，价格贵，只能作高级颜料使用。另外，有些有机颜料（如碱性色淀颜料）耐光性较差。下面将重点介绍一些常用的有机颜料的性质和应用范围。

1. 汉沙黄（Hansa Yellow）

汉沙黄又名耐晒黄，属于单偶氮颜料系列，以亮黄色的耐晒黄 10G 为例，分子量为 395，分子结构式为：

$$Cl\text{—}⬡(NO_2)\text{—}N=N\text{—}C(\text{—CONH})=C(\overset{CH_3}{|})\text{—OH}\quad Cl\text{—}⬡$$

汉沙黄呈亮绿光黄色，颜色鲜艳，透明性好，耐光性好（达到 7 级），并能耐水、醇、酸、碱，但耐苯类溶剂差，着色力高于铬黄 3~5 倍，但不如联苯胺黄。汉沙黄在烘烤后有起霜（升华）现象，不适于制印铁油墨，现在是胶印和柔印、凹印等油墨常用的黄色颜料。

2. 联苯胺黄（AAA）

联苯胺黄又名二芳胺黄或联苯胺黄 HG，它属于不溶性双偶氮黄色颜料系列，颜色是绿相黄，着色力比汉沙黄强 3~4 倍，密度小，透明性好，耐水、酸、碱性良好，常用于制造四色胶印套墨，印刷性能良好。缺点是耐光性较差，由于价格适中，所以在印刷油墨中使用很广，分子结构式为：

3. 洋红 6B

洋红 6B 又名宝红 6B 或罗平红 Pig. Red57。它是有较高着色力的鲜艳的蓝相红色颜料，树脂化的钙盐具有良好的物理性能，耐酸碱和耐醇稍差，由于它色相好，耐光性强，耐热性尚好，是一种四色套墨中常用的品红色颜料，其分子结构式为：

4. 立索尔红 （lithol red）

立索尔红是合成较早，使用很广的一种红色酸性色淀，以钡、钙或钠离子为沉淀剂，分子结构式为：

立索尔红色相范围广，着色力强，耐渗性一般，价格便宜，流动性好，但不耐光，常用于胶印及其他油墨的制造。

5. 金光红 C

金光红 C 又名来克红，也是色淀性的偶氮颜料，它是带金光的标准暖红，色泽鲜艳，其分子结构式为：

金光红 C 树脂化后透明度提高，耐渗性较好，流动性好，可以用来制造各种印刷油墨，但耐光性较差。

6. 耐晒桃红色淀

耐晒桃红色淀又名桃红色原，属于坚牢色淀，由盐基桃红用钙、钼磷酸盐沉淀而成，分子结构式为：

$$\left[(H_5C_2)NH \underset{\underset{COOC_2H_5}{|}}{\overset{O}{\diamond}} NH(C_2H_5) \right]_4 H_3\left[P\left(\begin{array}{c} W_2O_7^{4.5} \\ MO_2O_7^{1.5} \end{array} \right) \right]$$

桃红色原为鲜艳的品红色，着色力强，耐光性尚好，用于制造四色胶印油墨，是一种高级颜料，价格较贵。

7. 酸性湖蓝色淀

酸性湖蓝色淀是在氢氧化铝载体上制成的酸性色淀，以钡盐为沉淀剂，分子结构式为：

$$\left[\phi - C \left(\begin{array}{c} \cdots N(CH_2 - \phi - SO_3^-)(CH_2 - \phi - SO_3^-) \\ \cdots N^+(C_2H_5) \end{array} \right) \right] Ba^{2+}$$

这种色淀颜色十分鲜艳，但不耐光，又有一定的水溶解性，所以逐渐被酞菁颜料代替。

8. 酞菁蓝

酞菁蓝又名铜酞菁，稳定酞菁蓝（β型），分子结构式为：

（铜酞菁分子结构式）

酞菁颜料具有鲜艳的色泽，着色力极高，化学稳定性优异，耐光性好，在 200℃ 高温下不变色，适用于各种印刷油墨，而且价格比其他高级颜料低，所以使用量很大，是青色颜料中的主力，它的氯化与溴代产物是优良的绿色颜料，称为酞菁绿。

9. 射光蓝浆（膏）

射光蓝浆（膏）是醇溶蓝经磺化制得的内盐色淀，加入调墨油制成深蓝色的基墨，用于调整黑色油墨中的棕黄色调，提高黑度。它的分子结构式为：

射光蓝浆是表面有强铜光的深蓝颜料，烘干后射光消失，所以需要用挤水法制成油质基墨，有良好的调整颜色作用，但价格较高。

10．还原颜料——硫靛红

它是由还原染料氧化后制成的不溶性颜料。硫靛桃红就是一种各项牢度极好的高级颜料，耐光、耐热、耐各种溶剂，适于制造印刷油墨。其分子结构为：

硫靛桃红，由于制造较困难，成本高，所以应用不广。

有机颜料品种很多，除了黄、品红、青等原色颜料和常用的红、绿、蓝之外，还有喹吖酮颜料（优良红色颜料）与二恶嗪颜料（高级紫色颜料）等专色颜料，可以根据需要选择使用，这里不再一一介绍。

第四节　特殊颜料

一、金属颜料

1．铝粉

铝粉即银料。铝粉颗粒表面有一层透明的氧化铝膜，使之比较稳定。密度为$2.7g/cm^3$，熔点为660℃，沸点为2427℃，800℃时表面张力为0.865N/m。

2．铜粉

铜粉是铜与其他金属合金的粉末，也称金粉。不同的合金有不同的色相。密度为$7\sim8g/cm^3$。超细级金粉可以用于制造胶印和铅印油墨，特细级金粉适用于凹版及柔性凸版油墨。

二、发光颜料

1．夜光颜料（磷光颜料）

这种颜料能够在夜间发光，实际上是高纯度硫化锌晶体经过高温处理，具有特殊的晶格构造，并掺入铜、钴等激发剂制成的。如需要长期在夜间自己发光，则需要在每千克夜光颜料中加入 2 ~ 16mg 的放射性元素。由于硫化锌粉的颗粒比较粗，只能用丝网印刷的方法印在表盘或纸张上。

2. 荧光颜料

有一些物质当受到不可见光的照射时，能够吸收不可见光的能量并且放出可见光波，被称为荧光物质。它与磷光物质不同，发光现象在射线作用停止后立即消失。目前纺织业已采用将荧光染料用树脂处理的方法，使它们成为不溶性的颜料，只要 2% 左右，即可制成荧光油墨。目前使用的荧光颜料透明性好，但遮盖力和着色力比较差。

目前应用的荧光染料有盐基嫩黄、盐基桃红和盐基亮绿等，所用的树脂有酚醛树脂等。

第五节 填充料

一、填充料的作用与用途

填充料是一种着色力很低的白色颜料，但不用于制作白色油墨，而用于其他彩色颜料的调色添加物。用填充料可以调整油墨的固体—液体比例，同时冲淡油墨颜色，也可以取代一些高成本的颜料，从而降低油墨的成本。

二、填充料的种类及品种

1. 碳酸钙（$CaCO_3$）

碳酸钙就其来源有两个：其一是来自矿石，称之为天然碳酸钙，这种碳酸钙颗粒粗硬，密度较大；其二是经化学沉淀制成，称之为沉淀碳酸钙，这种碳酸钙颗粒细而匀，化学纯度高，杂质少。油墨中使用的是后者。

碳酸钙依粒径大小分为三级：

（1）超细级（$0.03\mu m$）。这类碳酸钙有极大的聚集趋势，这是由于沉淀时颗粒间的静电造成的。

（2）中间级（$0.15 \sim 0.25\mu m$）。聚集倾向较小，有较好的分散性及遮盖力。

（3）粗级（$10\mu m$）。无聚集倾向，易分散。

油墨中采用的是最高质量超细级沉淀碳酸钙（俗称胶质碳酸钙，苛化碳酸钙）。以这种碳酸钙制成的油墨，身骨好，比较柔和；稳定性良好，干性快且无副作用，具有良好的印刷性能；颗粒细小，可以保证印迹光滑、网点完整。胶质碳酸钙的性能指标见表 9-5。

2. 硫酸钡（$BaSO_4$）

天然硫酸钡又称重晶石，天然硫酸钡多以柔软而无定形存在；合成硫酸钡（沉淀硫酸钡）呈斜方晶型，颗粒细软，纯度高，无味，无毒，具有一定的透明性，耐光、耐热，具有良好的化学稳定性，价格低廉，是用于油墨中的一种良好的填料。硫酸钡在油墨中，可以调节油墨的流动性能，具有一定的防脏作用。硫酸钡的性能指标参见表 9-5。

表 9 – 5　常用填充料的性能指标

指标	品种	胶质碳酸钙	硫酸钡	氢氧化铝
	外观	纯白色粉末	白色粉末	白色粉末
	密度（g/cm³）	2.65	4.3 ~ 4.5	2.43
	吸油量（g/100g）	58		90 ~ 115
粒径（μm）	平均	0.06		
	范围	0.03 ~ 0.15		
	pH 值	10.4		6.3 ~ 6.7
	折光率（%）		1.636 ~ 1.648	1.535
	耐渗性（水、溶剂、油）		A	
	耐光性		A	
	熔点（℃）		1580	
	硬度		2.5 ~ 3.5	

3. 氢氧化铝 $Al(OH)_3$

氢氧化铝有两种形式，一种是水合氧化铝，$Al_2O_3 \cdot 3H_2O$，晶型结构；另一种是轻氢氧化铝，$5Al_2O_3 \cdot 2SO_3 \cdot XH_2O$，无定形。

氢氧化铝密度小，透明，结构软，印刷性能良好。在油墨中，氢氧化铝易与酸性连结料反应而使油墨胶化，在存放过程中吸收干燥剂而降低油墨干性。

氢氧化铝经改性可用于以树脂为连结料的油墨中，氢氧化铝也可以作为色淀颜料的载体。由于氢氧化铝透明、光亮，可以作为最后一色的罩光材料，但应加入适量干燥剂。氧化铝颜料由于密度小，特别适于同密度较大的颜料混用。氢氧化铝是撤淡剂的主要材料。氢氧化铝的性能指标参见表 9 – 5。

4. 铝钡白 $[3BaSO_4 \cdot Al(OH)_3]$

铝钡白是氢氧化铝与硫酸钡的混合物。分子式为：$3BaSO_4 \cdot Al(OH)_3$，性能介于两者之间。

5. 高岭土

高岭土即水合硅酸铝。一种天然的细粒状的黏土矿物，含有微量的钙、镁、钾等元素。主要用于雕刻凹版油墨。

复习思考题九

1. 分析有机颜料和无机颜料在各项理化性质上的特点。

2. 有机颜料的结构特点是什么？如何分类？常用的有机颜料中，哪些属于颜料型染料？哪些属于色原和色淀型颜料？

3. 颜料的分散度、着色力和遮盖力的定义分别是什么？它们之间有何联系？

4. 填充料的作用是什么？有哪些种类？

第十章
连结料与助剂

第一节　概述

一、连结料的用途和类型

油墨连结料又称凡立水（Vehicle），是由高分子物质与各类溶剂混溶制成的液状物质，在油墨中作为分散介质使用。大部分连结料是一种具有一定黏度和流动度的液体，但不一定都是油质的。连结料使颜料粒子得以良好分散，是颜料粒子的载体，使之通过印刷机转移到承印物表面，因此，连结料赋予了油墨流动能力，印刷能力；同时它又是一种成膜物质，颜料要依靠连结料的干燥成膜性牢固地附着于承印物表面并使墨膜耐摩擦，有光泽，因此，连结料决定着油墨干燥性和膜层品质。由此可见，连结料是油墨的关键组成。如果说油墨的色相，透明度（或遮盖力）和耐光性主要由颜料决定的话，那么，印刷油墨的流变性质、干燥性质、抗水性、光泽等则主要是由连结料的性质决定的。

连结料的类型按照油墨的干燥形式可以分为挥发干燥型连结料、渗透干燥型连结料和氧化结膜干燥型连结料等；按照构成连结料的介质材料不同可以分为干性油型连结料、矿物油型连结料和溶剂型连结料。每一种类型的连结料都是由多种成分构成的，每种成分的作用也各不相同，一般说来，连结料主要由植物油、矿物油、有机溶剂、各种天然和合成树脂及少量蜡质构成。图 10－1 所示为连结料的主要组分。

这些材料的理化性能将对由其构成的连结料的性能产生影响，进而影响油墨的性能。

图 10－1　连结料的主要成分

二、连结料组分的理化指标

1. 酸值

酸值对于植物油而言是指游离脂肪酸的含量。用中和一克油脂中的游离羧基所需的氢氧化钾的毫克数 [（KOH）mg/g] 表示。对于树脂而言是指分子中羧基集团的含量。通常，连结料或树脂酸值太大时，制成的油墨在胶印时易于亲水乳化，同时还会导致有些颜料制成油墨后，黏度增大，甚至胶化；如果酸值过小，则表现为对颜料润湿性差，油墨流动性能不良，光泽差等弊病。

2. 碘值

碘值是对油脂不饱和程度的描述。用每 100 克油脂所消耗的碘的克数 [（I$_2$）g/100g（油脂）] 表示。油脂的不饱和程度决定了它的分子活性，表现为干性。因此，碘值是对某种连结料干燥能力的间接描述。

3. 软化点

高分子物质（如连结料中的树脂）从固态变为液态的温度即为该物质的软化点。由于高分子物质是混合物，软化点不同于熔点，其相变是随温度升高逐渐进行的，没有突变点。树脂的软化点对油墨流动性、干燥性都有影响。通常，在结构组织相同时，软化点低的树脂其溶解性和对溶剂的亲和性比软化点高的树脂好，但对溶剂的释放性较差，易导致膜层发黏。因此，一个硬树脂的软化点，对油墨制造者而言，是一个有价值的参数，可以据此了解该树脂的改性程度，从而对油墨的黏性、光泽、干燥性等做出定性的估计。

4. 脂族烃溶解性

脂族烃溶解性是指树脂（液）在正庚烷中的溶解性能。如果这种树脂（液）能加入较多的溶剂而体系并不混浊，则说明这种树脂的脂族烃溶解性好，即该树脂能容纳较多的溶剂，反之则异。一般地说，树脂的脂族烃溶解性好，则制得油墨的流动性较好，其抗水性能也较好。

除上述理化指标外，油脂的皂化值、油脂的水分等也是比较重要的指标。

第二节 连结料组分的性能与结构

一、植物油

对油墨工业来说，尽管现代科学技术及材料日新月异，但是传统的浆状油墨仍然要使用植物油。植物油是从植物种子压榨得到的液体物质。

1. 组成与结构

植物油的基本化学组成是高级脂肪酸的甘油酯。与甘油结合的脂肪酸可以是相同的或不同的，因此，植物油是一个混合物，其结构通式为：

$$CH_2-O-\overset{\overset{\displaystyle O}{\|}}{C}-R_1$$
$$CH-O-\overset{\overset{\displaystyle O}{\|}}{C}-R_2$$
$$CH_2-O-\underset{\underset{\displaystyle O}{\|}}{C}-R_3$$

其中，R_1、R_2、R_3 是不同或相同脂肪烃基，可以是饱和的或不饱和的，下面是几种在油墨中常用的高级脂肪酸的分子结构式：

硬脂酸	$CH_3(CH_2)_{16}COOH$
油酸	$CH_3(CH_2)_7CH=CH-(CH_2)_7COOH$
亚油酸	$CH_3(CH_2)_4CH=CH-CH_2-CH=CH(CH_2)_7COOH$
亚麻油酸	$CH_3CH_2CH=CH-CH_2-CH=CH-CH_2-CH=CH(CH_2)_7COOH$
桐油酸	$CH_3(CH_2)_3CH=CH-CH=CH-CH=CH-(CH_2)_7COOH$

双键数目的多少及相对位置决定了它们的活性即干性强弱。通常，可以根据碘值的高低分为干性油、半干性油和不干性油。

干性油在空气中有较好的干燥性。它之所以能在空气中较快结膜干燥，是由于它的成分中含有较多的不饱和酸，能够吸收空气中的氧气，氧化聚合形成坚韧的固态薄膜。干性油的碘值一般在 140（单位见碘值定义）以上，属于这一类的植物油有桐油、亚麻油、梓油等。

半干性油在空气中干燥较慢，其表面不易形成薄膜，即便成膜，也不像干性油所形成的那样坚韧。这是由于其成分中脂肪酸的双键数较少，碘值一般在 100～140 之间。属于这一类的有豆油、菜籽油等。

不干性油在空气中氧化极慢，通常表面不能成膜干燥，碘值在 100 以下，属于这一类的有蓖麻油、椰子油、花生油等。

2. 油墨中常用的植物油

（1）桐油——干性油。桐油为黄色或淡黄色浓稠液体，黏度是植物油中较大的。能溶于苯、石油醚、三氯甲烷、酒精等有机溶剂中；碘值在 160～175 之间，酸值 =4。桐油的分子结构中含有共轭双键，所以其干燥性能和成膜性能十分优异，但干燥过快会引起晶化起皱。在油墨中，通常不单独使用，而是与树脂或其他油脂混用，这样就充分发挥了它的长处而弥补了它的不足。现在使用的高光泽油墨，连结料中都或多或少地使用了桐油。

（2）亚麻油——干性油。亚麻油亦称胡麻油，是淡黄色透明液体，碘值在 177～204 之间，酸值≤4。亚麻油分子结构中含有非共轭双键，干性比桐油慢，活性比桐油小，它是油墨工业最基本的原料之一。

（3）豆油——半干性油。大豆油的脂肪酸组成：棕榈酸 6%～8%；油酸 25%～36%；硬脂酸 3%～5%；亚油酸 52%～65%；花生酸 0.1%～0.4%；亚麻酸 2%～3%。豆油干燥较慢，碘值在 120～140 之间，酸值≤3。颜色浅，而且加热不易泛黄，常与亚麻油或桐油配合使用，用来制造浅色油墨，特别是制造烘干型油墨。

近几年，大豆油油墨的研制和应用越来越多，用大豆油或大豆油脂肪酸酯（如大豆油脂肪酸甲醇酯）部分替代矿物油制造印报油墨、单张纸胶印油墨、热固性轮转油墨及商业表格印刷用油墨，甚至可以用大豆油部分替代 UV 油墨中的丙烯酸酯制造 UV 油墨，这样可以有效减少 VOC（挥发性有机化合物）的排放，增加墨膜的光泽和耐摩擦性，同时纸张脱墨比较容易，对纤维的损伤小，利于再生纸的回收，无论在使用性能上、成本上和环保方面都是有利的，因此，用大豆油或改性大豆油制造油墨有着很好的应用前景。

（4）蓖麻油和脱水蓖麻油。蓖麻油是典型的不干性油，碘值在 80～90 之间，酸值≤2，能溶于乙醇和乙酸中。这是由于分子中含有羟基所决定的。蓖麻油可用于制造复印油墨及作为增塑剂用于某些油墨中。

蓖麻油在酸性催化剂存在下，经高温脱水，可以转化为含有共轭双键的干性油。干燥性介于桐油与亚麻油之间，颜色浅，柔韧性好，可以代替桐油与半干性油配合使用，用于印铁和食品包装油墨中。

二、矿物油

矿物油是石油分馏得到的一系列馏分的总称。主要组分是烷烃，不具有发生交联的能力，因此，在油墨中不能作为成膜组分。油墨中常用的矿物油有以下三种。

1. 汽油

汽油是油脂、树脂的良好溶剂，以前在油墨中，常使用沸点在 160～220℃ 的重汽油与二甲苯混合，制造照相凹版用油墨。目前，凹印油墨中不再使用汽油作为连结料，而是使用不含芳烃的溶剂或水作为溶剂制备凹印油墨。汽油则主要用作清洗剂。

2. 高沸点煤油——油墨油

油墨油是石油裂解在 270～310℃ 的馏分。油墨制造业经常将其称作高沸点、窄馏分煤油。主要用于快固油墨及热固型胶印油墨的连结料中，其作用是迅速脱离膜层进入纸张纤维之间，使膜层增稠、增黏。油墨油之所以要求较窄的馏程，是油墨性质所决定的，初馏点不能过低，否则挥发过快，影响油墨在印刷机上的稳定性；终馏点不能过高，否则渗透过慢，影响油墨在纸上的固着速度。虽然，油墨油在油墨中已经广泛使用，但由于油墨油属于石油类溶剂，从能源的消耗和环保的角度来讲是不利的，而且，油墨油不能结膜，对墨膜的光泽和耐摩擦性能不利，因此，新型的大豆油油墨经过多年研制已经开始使用，大豆油油墨是用改性大豆油或大豆油脂肪酸酯（如大豆油脂肪酸甲醇酯）部分或全部替代油墨油来制造各类胶印油墨。

3. 机械油

这类矿物油为不挥发黏稠液体，工业上用作润滑剂，在油墨中，通常与石灰松香、沥青等廉价树脂配合使用，用来制造沥青油和石灰松香油连结料，用于轮转新闻油墨。这类连结料是典型的渗透干燥型连结料，无氧化结膜，不能形成固态膜层。通常，在渗透型油墨连结料中，不同标号的机械油混合使用，高标号用于纸张表面凝固，低标号用于向纸张内部浸透。同样，由于这些成分的种种弊端，已经越来越多地被大豆油或大豆油脂肪酸酯所替代。

三、有机溶剂

在油墨中，有机溶剂用于溶解树脂类成膜物质而制成溶剂型连结料。常用有机溶剂的性能指标见表 10 - 1。

表 10 - 1　常用有机溶剂的性能指标

指标 品　种	分子式	密度 （20℃）	沸点 （℃）	饱合蒸汽压 （mmHg）20℃	蒸发潜热 Cal/g	相对 蒸发速率	溶解度参数 氢键等级	闪点 （℉）
乙酸甲酯	CH_3COOCH_3	0.90	57.1	170.0	105	1180	9.6M	
乙酸乙酯	$CH_3COOC_2H_5$	0.90	76.7	75.2	88	615	9.1M	23
乙酸丁酯	$CH_3COOC_4H_9$	0.88	126.0	8.3	74	110	8.2M	74
甲醇	CH_3OH	0.79	78.3	44	200	340	12.7S	57
乙醇	C_2H_5OH	0.79	64.5	97	262	610	14.5S	42
异丙醇	C_3H_7OH	0.79	82.3	33	159	230	11.5S	53
正丁醇	C_4H_9OH	0.81	117.7	4	141	45	11.4S	95
苯	C_6H_6	0.88	80.1	74.7	94	630	9.2W	12
甲苯	$C_6H_5CH_3$	0.87	110.8	22.0	87	240	8.9W	40
二甲苯	$C_6H_4(CH_3)_2$	0.87	144.0		95	63	8.8W	63
丙酮	CH_3COCH_3	0.79	56.1	186.0	124	1160	10.0M	1
甲乙酮	$CH_3COC_2H_5$	0.81	79.6	70	116	572	9.3M	19
环己酮	$C_6H_{10}O$	0.95	156.7	3.9	109	23	9.9M	117
己烷	C_6H_{14}	0.66	69.0		80	7700	7.30W	-7
石油溶剂（轻）	高碳烃类	0.76	180~210					121
石油溶剂（重）	高碳烃类	0.77	220~240					176
水	H_2O	1	100	760		20		

注：W—弱氢键；M—中氢键；S—强氢键。

1. 油墨对有机溶剂的基本要求

用于油墨中的有机溶剂要求具有以下几个特征：对树脂材料的溶解能力及释放能力、较快的蒸发速度及符合环境保护和安全的要求。

（1）溶剂的溶解度参数、氢键值与树脂的溶解性。物质的溶解度参数是与物质内聚能相关的常数，决定着它与其他物质的混溶能力，各类溶剂的溶解度参数不尽相同。物质的氢键强度不易测定，通常按等级分类。弱氢键（W）的氢键值中心为 0.3，中氢键（M）的氢键值中心为 1.0，强氢键（S）的氢键值中心为 1.7。常见溶剂的溶解度参数和氢键等级见表 10 - 1。

溶解度参数与氢键强度是描述物质溶解性的两个重要方面。一般地，当溶剂和聚合物的溶解度参数和氢键值近似时，其溶解性（互溶性）是良好的。

溶剂的溶解度参数、氢键值与树脂相容性如图 10 - 2 所示。

（2）挥发能力。溶剂的挥发问题是决定油墨能否顺利地完成印刷过程及保证印品质量的关键问题。如果油墨中溶剂挥发特性不当，将会导致印刷故障的发生。

图 10-2 常见聚合物的溶解性近似范围

1—酯胶；2—环氧树脂；3—氯化橡胶；4—45%豆油改性甘油醇酸树脂；
5—氯磺化聚乙烯；6—聚甲基丙烯酸甲酯树脂；7—硝酸纤维；8—脲醛树脂

溶剂从油墨中挥发的性能取决于溶剂本身的因素，如分子量、蒸发潜热、饱和蒸汽压、沸点、黏附能密度等；外部因素有油墨组分、各组分含量、温度、湿度等。通常，用溶剂的相对蒸发速率（令乙酸乙酯的蒸发速率为100）来表示溶剂的挥发能力，并由此确定溶剂的挥发能力等级。

快挥发：	挥发速率	>300
中挥发：	挥发速率	130~300
慢挥发：	挥发速率	40~130
十分慢挥发：	挥发速率	<40

常见溶剂的相对挥发速率见表 10-1 的相对蒸发速率。

（3）安全及环境保护问题。许多有机溶剂的蒸汽有毒、易燃，因此必须对溶剂的这一问题进行考察，并对一些溶剂在空气中的最大允许浓度（mg/m³）加以限制，例如：

乙酸	1500
异丙醇	490
苯、甲苯	100
二甲苯	200
乙酸丁酯	300
脂族汽油	350

一些溶剂在工作场所允许的最高浓度（cm³/m³）如下：

甲苯	100
乙酸丁酯	400
异丙醇	500

正丁醇	500
甲醇	200
乙醇	1000

2. 油墨中常用的有机溶剂

有机溶剂有芳烃类、醇类、酮类和酯类等，主要用于制造挥发干燥的凹版油墨和柔性版油墨。

芳烃类包括苯、甲苯和二甲苯，是煤焦油和石油裂解的副产品，溶解力很强，沸点也易于调节，印刷品的阶调和色彩再现性好。苯型凹版油墨曾经是性能十分优良的印刷油墨，但因苯蒸汽有毒，急性苯中毒能致人丧命，慢性苯中毒也不易治愈，而且，对环保极为不利，因此限制了它们的应用范围，虽然用二甲苯来代替苯配制凹版油墨的毒性要低得多，但近几年，随着人们环保意识的增强，芳烃类溶剂的使用越来越少。

醇类溶剂有甲醇、乙醇、异丙醇、正丁醇等，常与芳烃类或酯类溶剂混合，配成混合溶剂，制造挥发干燥型的溶剂型油墨，也称醇型油墨。

酮类溶剂有丙酮、环己酮、甲乙酮；酯类溶剂有乙酸甲酯、乙酸乙酯和乙酸丁酯，其中乙酸乙酯、乙酸丁酯都能与烃类、亚麻油和蓖麻油混溶。

这些常见溶剂的分子式、沸点、相对蒸发速率等见表10－1。

四、蜡

1. 蜡在油墨中的应用

蜡是油墨常用助剂，蜡用于油墨中，能够改善油墨的抗水性和印刷性能，主要是改变油墨的流变性。各种油墨都可以采用蜡质材料来调节黏性，使油墨疏松，墨丝短；增加固着能力，使印品网点完整，减少蹭脏、结块。细蜡质颗粒可以直接调入油墨中，较粗颗粒的蜡要经加工制成助剂后调入油墨中。

蜡的耐摩擦性主要取决于它的颗粒大小和硬度（熔点）。蜡粒的尺寸应小到满足生产时无不良效果和印刷时不出问题，而印到承印物上后能浮在墨膜上以增加耐摩擦性为度。因为这样能使印刷品在压力作用下摩擦生热时，油墨膜层上的蜡颗粒就会滚动而提高其耐摩擦性。

蜡的用量过多会产生一些副作用，如影响油墨流动性、转移性、光泽等。

2. 蜡的类别及品种

蜡的成分包括高级饱和脂肪酸的混合物或高级醇及其酯化产物。蜡一般以来源进行分类，如图10－3所示。

```
       ┌ 动物蜡：虫蜡、蜂蜡
       │ 植物蜡：卡诺巴蜡等
蜡  ┤ 矿物蜡：石蜡等
       └ 合成蜡：聚乙烯蜡、聚四氟乙烯蜡等
```

图10－3　蜡的分类

虫蜡、蜂蜡常用于油墨连结料中，可以改善油墨适印性能，并且可以克服玻璃化作用。

卡诺巴蜡可以与多种蜡相混，可以溶于矿物油中，对颜料有良好的润湿性，固着比较快。用于油墨中，会使油墨有很好的平滑性而无损光泽，广泛用于亮光油墨、上光油中。

石蜡是无色或白色、有晶状结构的物质；微晶石蜡是石蜡的提纯物，晶形比石蜡小，它与油及溶剂的拼混性良好，常用于各类油墨中。

聚乙烯蜡、聚四氟乙烯蜡也大量地用在各种油墨中，可以有效地防止蹭脏。若在聚乙烯蜡的分子中引入极性基因，还可用于水性油墨。

五、树脂

单独由干性油制成的油型连结料分子量小，固着速度慢，光泽不好，还容易与润版液发生乳化，所以，将树脂引入油墨的连结料中，连结料的各项性能得到了重大改善。现在可以说任何一种类型的油墨都离不开树脂。

树脂是有机高分子物质，分子结构比较复杂，分子的聚集状态有固态、液态之分，固态树脂大都是无定形非晶体，无明显熔点。树脂颜色在黄、棕色之间。树脂种类繁多，可以满足各种油墨的各种性能要求。印刷油墨的光泽、抗水性、流变性、印刷性能在很大程度上取决于树脂的特性。

油墨中使用的树脂主要分为天然树脂和合成树脂两大类，油墨中常用的树脂有以下七种。

1. 松香及其衍生物

（1）松香。松香是松树分泌的树脂，呈琥珀色的透明固体，主要组分是松香酸，松香酸的分子式为 $C_{19}H_{29}COOH$，结构式为：

从它的结构可以看出，羧基的存在可以与醇发生酯化反应；可以与金属反应生成金属盐；共轭双键的存在可以发生二聚反应和加成反应。

松香价格低廉，不溶于水，易溶于醇、酮、酯、苯类及植物油、矿物油中，但由于松香酸值过高（160~175），软化点过低（72℃），因此，容易氧化而且脆，一般不直接用于油墨连结料中，而是需要经过化学改性再用于油墨中。

（2）松香酯。松香酯是松香与醇类物质反应的产物，可以分为甘油松香酯、季戊四醇松香酯和季戊四醇聚合松香酯。

以甘油和松香酸的反应为例，反应式为：

甘油松香酯是一种透明固体树脂，可溶于各类有机溶剂和干性油中。酯化后，酸值大大降低，对颜料润湿性提高，但软化点较低（85℃），溶剂释放性较差。

季戊四醇松香酯为白色或微黄色粉末状结晶，结膜坚硬，光泽好，软化点较高，溶剂释放性较好，可直接用于电雕凹版油墨。

季戊四醇聚合松香酯是二聚松香与季戊四醇酯化得到的。这种树脂为透明固体，软化点为170~190℃，溶剂释放快，结膜光泽高，广泛用于胶印、凸印油墨中，更适合热固型轮转胶印油墨。

（3）松香酸金属盐。松香酸值高，可以用碱金属进行中和。它是将松香加热到220~230℃熔化后，加入6%的氢氧化钙，搅拌升温至2700℃制成的树脂，软化点提高到138~145℃，酸值<90。由于价格低廉，长期以来，一直被油墨加工业所采用，缺点是性质较脆。

（4）失水苹果酸树脂（顺丁烯二酸酐松香）。这是顺丁烯二酸酐与松香酸进行反应生成的，反应式为：

顺丁烯二酸酐松香带有较多的羧基，酸值在300左右，软化点约为150℃，用多元醇（大多是甘油）进行酯化，可以得到油溶性树脂松香酯。这种树脂为透明固体，颜色浅，具有良好的光泽及溶剂释放性，制成的油墨黏性比较低，墨丝短，印刷性能较好，按性能不同，可以分为三种规格。

①乙二醇溶型。大量用于溶剂型和水性油墨中。用硝酸纤维和聚酰胺树脂改性后，可以用于印刷玻璃纸及聚乙烯薄膜的油墨。

②乙醇溶型。大量用于硝酸纤维和氯化橡胶凹版油墨，印刷铝箔、玻璃纸。用钠或铵处理后可以呈现水溶性，用于比较低档的水基柔性凸版油墨。也可以用于醇基柔性凸版油墨。

③油溶型或碳氢溶剂溶解型。也称作调墨油苹果酸树酯。用于快干和热固型胶印及印铁油墨、罩光油等，失水苹果酸树脂的弱点是易吸附干燥剂而使油墨干性降低。这种油溶型或碳氢溶剂溶解型目前已经较少使用。

2. 天然沥青与石油沥青

天然沥青是一种矿产品，是有光泽的黑色硬块，几乎能溶于各种有机溶剂及植物油、矿物油中，软化点为70~150℃。石油沥青是石油蒸馏后残余的软膏状树脂，溶解性能好，光泽小。沥青用于油墨前一般先溶于有机溶剂或矿物油中制成沥青油。天然沥青溶解在苯类溶剂中可以制造凹版油墨；石油沥青溶于矿物油中可制造胶印轮转黑墨及黑色新闻油墨。因为沥青价格便宜，性能较好，一直以来，使用相当普遍。但近些年来，由于苯类溶剂使用量越来越少，同时，对印报油墨的性能要求不断提高，要求普通报纸的墨膜有良好的耐摩擦性和环保特性，因此，大豆油油墨的使用越来越普遍，而石油沥青的使用日趋减少。

3．改性酚醛树脂

酚醛树脂是酚类物质与醛类物质经缩合而得到的高分子物质。

例如苯酚和甲醛的反应式为：

这种酚醛树脂不能直接用于油墨连结料，一般是用松香进行改性，再经甘油或季戊四醇酯化，得到甘油（或季戊四醇）松香改性酚醛树脂，反应式如下：

不同的酚类物质（如苯酚、甲酚、对苯基苯酚、对叔丁酚、对辛基酚、双酚 A），酚醛不同的连结方式及酯化所用的多元醇不同是造成松香改性酚醛树脂品种差异的主要原因。

目前，我国油墨行业大量使用的是二酚基丙烷甲醛松香改性酚醛树脂、对异辛酚甲醛松香改性酚醛树脂。由于这些树脂软化点较高，结膜硬度好，光泽好，油溶性好，所以是胶印亮光快干油墨连结料的理想树脂。

4．改性醇酸树脂

醇酸树脂是多醇和多酸类物质酯化得到的高分子物质。同样，醇酸树脂也不适宜直接用于油墨，需经改性处理。油墨中常用的改性剂是植物油。改性醇酸树脂一般是先由植物油醇解形成甘油单酯，再与多元酸酯化形成高分子。反应式如下：

与多元酸酯化的反应式如下：

在改性醇酸树脂中，根据植物油在树脂中的含量高低可以分为短油醇酸树脂（含植物油 40%～50%）、中油醇酸树脂（含植物油 45%～65%）和长油醇酸树脂（含植物油 65% 以上）。

改性醇酸树脂对颜料的润湿性，显色性都比较理想，制成的油墨流动性好，结膜光泽好，干燥性好。但由于体系中往往存在较多的羟基，导致抗水性差，因而限制了它在胶印油墨中的使用。目前，一般采用提高分子量或用异氰酸酯化（使一部分羟基反应掉）或与固体硬树脂一起反应等方法来提高改性醇酸树脂的抗水性。

5. 聚酰胺树脂

聚酰胺是多胺与多酸类物质缩合而得到的高分子物质，用于油墨的聚酰胺树脂是二聚脂肪酸与二胺类物质的缩合产物。

例如二聚亚油酸与二胺的反应式为：

$$\begin{bmatrix} -NH-R-NH-\overset{\overset{\displaystyle O}{\|}}{C}-(CH_2)_7CH=CH-CH_2 \\ CH_3(CH_2)_4CH \overset{C}{\underset{CH_3(CH_2)_5CH}{}} \overset{CH}{\underset{CH}{}} (CH_2)_7\overset{\overset{\displaystyle O}{\|}}{C}- \end{bmatrix}_n$$

　　油墨中所用的聚酰胺树脂属于非反应型树脂，酸值＜5，软化点为（150±5）℃，为固体树脂，主要用于溶剂型油墨，如雕刻凹版油墨、柔性凸版油墨和塑料包装油墨，因而对树脂的要求主要是与塑料薄膜的黏附性好，溶剂释放性好（干燥快）；其次是这类树脂的溶解性和低温抗凝性。目前，大多数聚酰胺树脂的溶解性较差，必须使用混合溶剂才能溶解，而且贮存性不好。因此，通过对树脂的改性，提高其溶解性能和低温抗凝性是至关重要的。

6. 丙烯酸树脂

　　丙烯酸树脂是由丙烯酸或它的衍生物聚合而成，结构式为：

$$\begin{bmatrix} & \overset{\overset{\displaystyle O}{\|}}{C} & \\ & | & \\ & OR & \\ -CH_2-C- & \\ & | & \\ & H(CH_3) & \end{bmatrix}_n \quad （R\,可以是\,H、烃基、烷氧基等）$$

　　近几年来，随着光固化油墨和水基油墨的发展，丙烯酸树脂的应用呈上升趋势。由于丙烯酸中含有大量不饱和基团，对紫外光有比较强的反应，它与其他物质的共聚物，可作为光固化油墨的树脂。

　　丙烯酸共聚物的乳液，由于其含水量低于26%时，就会封闭（干燥）而使印刷无法进行，因而一般将其制成水"溶"性的。其中，碱溶性的丙烯酸共聚物乳液，可广泛用于水基油墨。另外，丙烯酸树脂的溶解性很好，多数可溶于芳烃、酯类溶剂中，具有良好的黏附性和耐化学性，也可用来制造雕刻凹版等溶剂型油墨。由于它有比较强烈的气味，因此在某种程度上限制了它的应用。目前，有报道说，可以部分使用大豆油脂肪酸酯替代丙烯酸树脂应用于 UV 油墨中。

7. 其他树脂

　　（1）纤维衍生物。连结料中常用的纤维衍生物有硝酸纤维和乙基纤维两种。硝酸纤维是植物纤维硝化而成，它与松香衍生物、短油醇酸树脂、丙烯酸树脂，聚酰胺树脂等有一定的混溶性。其特点是成膜坚韧、干性好、防裂抗热。乙基纤维是植物纤维醚化而成，它与蜡、树脂混合后，在有机溶剂中溶解性良好，其特点是成膜坚韧，耐抗性好。两者都可以用于溶剂型柔性凸版和雕刻凹版油墨中。

　　（2）聚氨酯树脂。聚氨酯树脂是异氰酸酯与聚酯、乙二醇或蓖麻油的羟基团的反应产物，是预聚物，例如2，4—二异氰酸酯甲苯与乙二醇的预聚物还存在未反应的异氰酸酯基团，还可以与多元醇反应而形成树脂，反应式是：

$$2CH_3 \text{—} \bigcirc \text{—NCO} + CH_2\text{—OH} \longrightarrow$$
$$\quad\quad\quad | \quad\quad\quad\quad | $$
$$\quad\quad\quad NCO \quad\quad\quad CH_2\text{—OH}$$

$$\quad\quad\quad\quad\quad O \quad\quad\quad\quad\quad\quad\quad\quad\quad\quad O$$
$$\quad\quad\quad\quad\quad \| \quad\quad\quad\quad\quad\quad\quad\quad\quad\quad \|$$
$$CH_3\text{—}\bigcirc\text{—NHC—O—}C_2H_4\text{—O—C—NH—}\bigcirc\text{—}CH_3$$
$$\quad\quad | \quad\quad\quad\quad\quad\quad\quad\quad\quad\quad\quad\quad\quad\quad\quad | $$
$$\quad NCO \quad\quad\quad\quad\quad\quad\quad\quad\quad\quad\quad\quad\quad NCO$$

聚氨酯树脂膜层坚牢耐摩擦，对颜料润湿性好，用于胶印油墨中性能优良。目前，通过对各种聚氨酯树脂的改性处理，已经制备出各种醇溶性、酯溶性和水溶性聚氨酯树脂，广泛应用于各类柔性版、凹版的溶剂型和水基油墨中。

（3）环氧树脂。环氧树脂泛指含有环氧基的高分子聚合物，应用最广泛的是二酚基丙烷环氧树脂。环氧树脂的特点是对物质有良好的附着力，常与醇酸树脂、酚醛树脂混用制造印铁油墨、罐听内涂料等。

第三节　常用的连结料

不同种类、性能的油墨要采用不同性能的连结料。各种原材料的品种与数量的配合，再辅之以不同的工艺过程，就形成了性能各异的连结料。印刷油墨中使用的连结料种类很多，其中有一些类型在许多印刷油墨中被普遍采用，下面择要加以介绍。

一、干性油型连结料

这类连结料是由植物油经加热后形成的。其特征是以不同品种、不同分子量的植物油较为完全的混合，是一个单相体系。不同的品种具有不同的功能，有些可以强化膜层干燥能力，有些可以提高膜层柔韧性，有些可以提高膜层光泽等。

干性油型连结料采用的主要是植物油，不同的处理方法可以得到两类油型连结料。

1. 聚合油

非共轭干性油加热后，分子重排异构化而成为共轭油，分子上共轭支链和其他植物油反应形成聚合体。聚合油是植物油单分子、二聚体、三聚体的混合物。在炼制植物油中，对加热温度和加热时间的掌握十分重要，一般直接加热以 290℃ 为宜。随着时间的延长，聚合的程度加深，二聚体、三聚体逐渐增多，可以分别得到 6 号油、5 号油……号外油，它们的黏稠度逐渐加大，平均分子量加大。反应式如下：

$$\text{—CH}=\text{CH—CH}_2\text{—CH}=\text{CH—R} \xrightarrow[\triangle]{\text{异构}} \text{—CH}=\text{CH—CH}=\text{CH—CH}_2\text{—R—}$$

—CH＝CH—CH＝CH—CH₂—R

$$\xrightarrow{1,4-\text{加成}}$$

表 10-2 和表 10-3 给出了亚麻油在 290℃加热时特性的变化和各种聚合油的性能指标。

表 10-2　亚麻油在 290℃加热时特性的变化

加热时间（h）	酸值	折光率	黏度（Pa·s）	密度	碘值
0	1	1.483	0.03	0.932	751
2	2	1.484	0.15	0.936	—
6	3	1.487	0.9	0.952	—
8	3.4	1.490	2.3	0.960	113
9	3.6	1.491	4.4	0.963	100
10	3.8	1.491	8.0	0.966	90
11	4.4	1.492	15.0	0.967	84
11.5	4.8	1.492	20.0	0.969	

表 10-3　各种聚合油的性能指标

名称	指标		
	黏度（Pa·s/50℃）	酸值	颜色
号外油	36～42	＜16	13
2 号油	13～14	＜11	12
3 号油	8～9	＜10	10
4 号油	3.3～3.9	＜9	9
5 号油	1.3～1.7	＜7	9
6 号油	0.4～0.6	＜4	7

植物油在加热炼制过程中，脂肪酸链发生断裂，生成酸性产物。聚合油的酸值过高，对于胶印油墨会发生乳化；酸值过低，又会降低它对颜料的润湿性能。一般认为，连结料适宜的酸值在 5～15 之间。

聚合油的应用已呈下降趋势，通常 3～5 号油可以作为油型油墨连结料，制成胶印油墨。但由于抗乳化性能差，干燥不理想，已越来越多地被树脂调墨油所替代；6 号油作为油墨助剂，应用比较广泛。

2. 氧化油

氧化油是植物油在氧气环境中加热氧化聚合形成的连结料。生产聚合油时，先以蒸汽加热至 70℃，然后通入空气，继续升温至 150℃，继续保温至预期黏度，即可放出。

氧化油氧化聚合机理尚无定论，聚合度不同，可以得到不同标号的氧化油。表 10-4 给出了两种氧化油的性能指标。

表 10 - 4　两种氧化油的性能指标

	黏度（Pa·s/50℃）	酸值	碘值	密度（35℃）	折射率（25℃）
1 号氧化油	2.8～3.2	1.348	137.9	0.958	1.4845
4 号氧化油	11.4～12.4	2.077	119.5	0.980	1.4868

氧化油制成的连结料干性强，对颜料润湿性好，墨性稠短，黏性低，主要用以配制印刷各种证券的雕刻凹版油墨。

二、松香油和沥青油

松香油和沥青油是由不干性矿物油和松香、沥青构成的，是比较廉价的渗透固着型连结料。其特征是不同分子量的材料较为完全的混合。小分子组分在印刷完成后脱离大分子进行渗透，大分子组分继而更为紧密地与颜料颗粒结合。

1. 松香油

将 38% 的石灰松香和 62% 的 20 号机油装入熔化锅，升温至 100℃，待石灰松香熔化后开始搅拌升温至 160～180℃，保温 1h，当黏度达到 1.4～1.6Pa·s/50℃（落球法）即可出锅。

2. 沥青油

将 35%～40% 的石油沥青和 60%～65% 的 20 号机油装入熔化锅，升温至 160～170℃，使沥青熔化，开动搅拌，捞出浮出杂质，即可装桶。沥青油黏度应为 2.8～3.3Pa·s/20℃。

一般加入蓝色颜料以纠正黑墨的棕黄色调。

松香油和沥青油这两种连结料一直广泛用于制造新闻油墨，但是，用沥青油和松香油为连结料制造的新闻油墨存在一些弊端，例如，墨膜的耐摩擦性能不好，在阅读时会弄脏读者的手，另外，从环保的角度，存在一定的 VOC（挥发性有机化合物），所以，目前，这些连结料更多地被大豆油连结料所替代，制备的新闻油墨在耐摩擦性能、抗乳化性能、环保及报纸回收脱墨等方面有着极大的优势。

三、树脂型连结料

1. 树脂型连结料的性质

树脂型连结料是树脂、植物油、矿物油（油墨油）混制而成的产物，并且形成一个复杂液相系统。

亚麻油连结料是依靠吸收空气中的氧气后结膜干燥的，这个过程比较长，影响了油墨的快干性能；另一方面，植物油本身的成膜特性致使膜层质量不良，慢干又使连结料过多渗透，纸张表面成膜物质变少，影响了膜层的光泽。干燥剂对这一性能的改善，是有一定限度的。

树脂不能单独用于油墨连结料。在树脂型连结料中，要将分子量比较高的树脂溶于植物油（植物油在其中作为潜溶剂存在，起助剂作用）中，成为高黏度相，油墨油作为低黏度相，两相混溶，形成油墨连结料。这样形成了树脂/植物油—油墨油体系，这个体系要求有良好的两相混溶性及两相的快速分离性。混溶性是保证油墨质量、印刷稳定性及贮存稳定性的必要条件；两相的快速分离性是保证油墨快固着的必要条件。因此在高质量油墨连结料中，油墨油—树脂/植物油呈临界混溶状态。

2．各组分在油墨连结料中的功能

植物油有两个作用：一是起树脂与油墨油的连结作用，树脂与植物油混溶物才能与油墨油混溶；二是纯树脂成膜脆硬，植物油的存在使膜层柔软，有韧性。在满足以上两个功用前提下，植物油用量越少越好，否则影响快固。

树脂是油墨主要成膜物质，保证了油墨膜层的质量。树脂含量越多，膜层质量越好、固着越快，因此树脂在连结料中的含量越多越好。但这对树脂—油墨油的相容能力提出了更高的要求。为解决这个问题，通常采用两种树脂。其中一种树脂对油墨油容纳能力良好，起到类似植物油的作用，从而使溶解性差的树脂得到充分地混合。

油墨油是树脂的溶剂，它的渗透决定了油墨的固着。树脂在连结料中的含量取决于油墨油的用量，但含量过高又会影响固着。油墨油的沸点过低，会导致油墨机上不稳定，太高又可能影响固着及干燥。馏程不能过宽，否则油墨组分差异太大会导致树脂释放不均，因此要求油墨油的沸点应在250～310℃之间。另外，油墨油可以降低油墨的黏稠度，从而调节油墨的印刷性能。

3．连结料液相结构

在连结料的高黏度液相中，树脂与植物油的结合形式有两种：溶解型及分散型。

（1）溶解型树脂连结料。这类树脂油常用于制造亮光油墨，它是将高软化点树脂与植物油在250～280℃下炼制，保温30min以上，使树脂熔化后溶于植物油与油墨油中。虽然树脂印在纸张上以后仍不会渗入纸内，但释放油墨油的速度较慢，固着速度也就变慢了，它的长处是结成的墨膜光亮，性能也比较稳定，下面是两个实例。

①松香改性二酚基丙烷树脂油。配方如下：

季戊四醇酯化松香改性二酚基丙烷树脂	36%
桐油	18.5%
亚麻油	10%
油墨油（270～290℃馏程）	35.5%

制造工艺方法是将树脂、全部亚麻油和1/4量的桐油装入锅内，升温溶化后开机搅拌，继续升温至275～280℃，保温30min，冲入余下的3/4量桐油，待温度下降到210℃时冲入油墨油，搅匀出料，过滤装桶，黏度为16～20Pa·s/20℃。

②松香改性对—特丁酚高温树脂油。配方如下：

松香改性对—特丁酚树脂	34.5%
漂梓油	13.5%
桐　油	11%
长油醇酸树脂	7%
油墨油（馏程270～290℃）	34%

制造工艺方法是将松香改性对—特丁酚树脂与漂梓油、桐油一起装锅，升温熔化，开动搅拌升温至（270±2）℃，保温30min，然后降温到230℃，搅拌加入长油（梓油改性）间

苯二甲酸醇酸树脂，再加入油墨油搅匀出料，过滤装桶，黏度控制在 3～4Pa·s/35℃。

这类连结料由于树脂完全溶解于油墨油，树脂与溶剂得以良好混溶，光泽大，但固着速度低，制成的油墨墨性良好，墨丝长。

（2）分散型树脂连结料。分散型连结料其树脂不完全与油墨油混溶，有意识地不让树脂油中高软化点的树脂熔化，而是以颗粒较大的塑性团状体分散在植物油中，因此被称为分散型树脂连结料。这种连结料固着快，它印在铜版纸上后，只需 10～30s 就可以初步固着，常用以制造胶印和快固着油墨或热固着油墨，其缺点是亮光不如溶解型连结料，制成的油墨墨性及存放稳定性不如溶解型的好，容易乳化。

以松香改性对—特丁酚树脂（甘油酯化）油为例，其配方为如下：

松香改性对—特丁酚树脂	42%
桐 油	13%
梓 油	13%
高沸点煤油（馏程 270～290℃）	32%

制造工艺方法是将树脂、桐油、梓油一起装入锅内，升温待树脂熔化，开动搅拌机并继续升温到 230℃，保温 15min，降温到 100℃左右冲入煤油（油墨油），搅匀出料，过滤装桶。

分散型树脂油的黏度为 6～7Pa·s/35℃。

分散型和溶解型两种连结料的性能对比见表 10－5。

表 10－5　分散型和溶解型连结料的性能对比

类型 性能	溶解型	分散型
黏度	大—小	大
黏性	较大	较小
光泽	大	小
固着	慢	快
耐摩擦	较好	较差
印刷传递性	较好	较差
油墨流动性	好	差
触变性	小	大
墨性	长	短
防蹭脏性	较差	较好

目前，也有用改性大豆油全部或部分替代油墨油制备的大豆油单张纸和热固型轮转胶印油墨，通过对大豆油的改性，可以实现油墨的低黏着性和快固着等要求，同时油墨的光泽度高、油墨乳化率容易控制，满足环保的要求。

四、溶剂型连结料

溶剂型连结料分为以有机溶剂为基质的连结料和以水为基质的连结料。

1. 有机溶剂为基质的连结料

有机溶剂为基质的连结料指有机溶剂与树脂完全混溶成为透明溶液所形成的连结料。溶解过程是：首先溶剂分子渗透到树脂分子之中，由于溶剂对树脂分子的吸引力大于树脂分子本身的吸引力，而引起树脂膨胀，直至分子间完全脱离；树脂分子随溶剂分子进行扩散运动，而成为均匀的液状体。

有机溶剂的存在使之形成的油墨呈现挥发干燥的特性，干燥的快慢，很大程度受溶剂性能的影响。溶剂与树脂的相容程度决定了油墨的印刷性能、印刷稳定性及储存稳定性。

有机溶剂型连结料主要用于薄膜类承印材料印刷的凹版油墨和柔性版油墨的制造。尤其是印制塑料薄膜类承印物时，必须使用能牢固附着于塑料表面并能很快挥发干燥的溶剂型油墨，承印材料的品种不同，所选用的树脂和挥发性溶剂也不一样。

例如，在表面处理过的聚乙烯或聚丙烯薄膜上印刷，常使用聚酰胺树脂与硝酸纤维素，溶剂则采用混合溶剂，配方如下：

聚酰胺树脂	20%
硝酸纤维素（L型0.5s或0.25s）	3%
异丙醇	46%
甲苯	10%
乙酸乙酯	5%
聚乙烯蜡	2%

这一类连结料黏着性好，溶剂释放快，又不溶胀天然橡胶，再加入14%左右的有机颜料，即制成塑料薄膜使用的电子雕刻凹版油墨。

还有一类属于醇溶性连结料，主要用于在具有吸收性的表面上印刷的柔性版油墨，树脂常选用改性苹果酸树脂和乙基纤维素，溶剂则以乙醇为主。配方如下：

改性苹果酸树脂	15%
乙基纤维素	5%
酒精	50%
乙酸异丙酯	5%
烷烃溶剂	3%
聚乙烯蜡	5%

一般在常温下搅拌即可溶解，如再加入17%的有机颜料，就成为鲜艳透明的柔性版印墨，可以用于纸基承印材料的印刷，如印在纸张上再涂蜡可制成面包纸，但为了减少VOC排放对环境和人体的损害，目前更多的用于纸基承印材料的柔性版或凹版油墨采用水基连结料。

2. 水为基质的连结料

是指以水作为基质，树脂以溶解、胶体或乳液三种状态存在所形成的连结料。

水基连结料由于其制成的油墨安全、无毒，以及其他特殊的优点，在很多应用中，使用水基连结料替代溶剂型连结料成为发展趋势。树脂溶于水的条件为：树脂本身具有大量羧基（通常要求酸值>90），加碱后成盐，或直接在合成时得到液体水溶性树脂。通常采用的树脂有：顺丁烯二酸酐松香、碱溶性丙烯酸及其共聚物、苯乙烯顺丁烯二酸酐、水溶性聚酰氨、水溶性聚氨脂树脂等。

连结料中使用的碱，对油墨的性质影响很大，通常大量使用的是氨水及各种有机胺类，或是它们的混合形式。氨水挥发比较快，可以较快地得到耐水的膜层，但有可能导致油墨在印刷机上不稳定；胺类可以保证油墨的机上稳定性，但由于挥发慢，长期留在墨膜内，成膜后抗水性差。

有些水型连结料是以水/溶剂为混合溶剂，但溶剂含量很低，溶剂通常是极性或水溶的，对聚合物有溶解能力，具有适宜的沸点。溶剂对调节连结料的黏度、干燥性、稳定性、分散能力、流动性等性能有很大的作用。

例如，用丙烯酸乳液配制的连结料属于乳液型乳胶，常用的是碱性可溶性树脂，它利用丙烯酸含有羧基，与氨水或有机胺反应生成氨盐或胺盐，离子化合溶于水。反应式如下：

$$\left[\text{CH}-\text{CH}_2\right]_n\text{COOH} + \text{NH}_3 \cdot \text{H}_2\text{O} \longrightarrow \left[\text{CH}-\text{CH}_2\right]_n\text{COO}^- + \text{NH}_4{}^+$$
$$\quad\quad\quad |\quad\quad\quad\quad\quad\quad\quad\quad\quad\quad\quad\quad\quad\quad\quad | $$
$$\quad\quad\text{CH}_3\quad\quad\quad\quad\quad\quad\quad\quad\quad\quad\quad\quad\quad\quad\text{CH}_3$$

印刷到纸面上以后，氨盐分解蒸发，树脂变为不溶于水并结成耐水的墨膜。

这种丙烯酸系列水性分散连结料或乳液型乳胶配方如下：

苯乙烯丙烯酸乳液（固体含量40%）	30%
高酸值苯乙烯丙烯酸树脂	5%
异丙醇	10%
水	35.5%
28%氨水	1.0%
醇醚（水性助溶剂）	1.0%
聚乙烯蜡	2.0%
消泡剂	0.5%

搅拌溶解后加入15%左右的颜料和填充料就是常用的柔性版水型印墨。

五、反应型连结料

紫外线干燥油墨（UV固化）、高能量电子束干燥油墨（EB）、红外线干燥油墨（IR）等的连结料均属于反应型。这类连结料以低分子状态存在，它们具有高度不饱和性，当它们受外界能量（光、热、电子束等）激发后，发生光交联、光聚合直至固化，呈高分子状态，而且固化彻底、速度高。高能电子束作用需要1/2000s；紫外线干燥需要1/100～1s，红外线干燥需要1～5s。

红外固化是以热量引发连结料中分子进行交联、聚合反应。

电子束和紫外线固化是经游离基引发而发生链增长而聚合。

反应型连结料以多官能团预聚物为基质，以可以发生反应的单体作为溶剂，这些单体预聚物经激发后发生化学反应成为固体高分子物质。紫外线固化类连结料组成中还有引发剂，引发剂致使预聚物发生化学反应。此外，还有调节油墨流动性、改善油墨膜层质量的组分。

现以光引发剂（光敏剂）二苯甲酮在紫外光照射下产生的反应为例，说明此类连结料的固化过程。反应式为：

单重激发态　　　　　　　三重激发态

反应物　　　　　　　游离基

游离基十分活泼,它能向含有不饱和双键的光固化树脂(例如丙烯酸环氧树脂)转移活性中心,并发生连锁反应。反应式为:

这样继续下去,分子链不断延长,黏度增加,分子量迅速增大,最后聚结成有光泽的固体薄膜。

可选择的光敏树脂有环氧丙烯酸酯、丙烯酸氨基甲酸酯、聚酯丙烯酸酯及丙烯酸酯化油;可选择的活性单体可以是单官能团,如丙烯酸脂;双官能团或三官能团,如双酚 A 二丙烯酸酯;光引发剂则有二苯甲酮、米蚩酮(4,4′—二甲胺二苯甲酮)、安息香乙醚等。

光固化型连结料的特点是不含溶剂,丙烯酸酯单体本身就是液体。在 300～400nm 紫外线照射下,能在瞬间固化结膜,膜层耐摩擦,有光泽,有很好的耐溶剂和酸、碱性能。特别是不需要喷粉防止粘脏,省去了烘干过程。所以在包装领域印刷金、银卡纸、塑料、金属和印刷品上光领域,受到了重视和欢迎,并已推广到胶印、柔性版印刷和丝网印刷中。最近还有将紫外线干燥油墨作为喷墨油墨或用于直接制版,可见这是一种有发展前途的新技术。

第四节　辅助剂

辅助剂是在油墨的制造以及印刷过程中使用的为改善油墨本身的性能而附加的一种材料。辅助剂的种类很多,几乎每一种油墨都有与之配套使用的辅助剂,辅助剂加入量很少,却对油墨的性能产生明显和重要的影响。下面对一些使用比较广泛的辅助剂进行介绍。

一、干燥性调整剂

1．干燥促进剂

干燥促进剂俗称燥油,是一种催干剂,一切依靠氧化结膜干燥的连结料都需要加入催干剂。

催干剂主要是钴、锰、铅等金属的有机酸皂类，它们的催干机理至今尚未完全弄清，一般认为有以下两方面的作用。

（1）缩短诱导期。干性油中含有的磷脂类物质，很容易先被氧化而阻碍干性油的氧化聚合，所以常称为天然抗氧剂。虽然经过精制，尚有少量残留。这些残留的杂质对干性油氧化聚合的延缓作用时间，称为干性油的诱导期。如果加入催干剂，则催干剂中的金属被还原为低价，而将磷脂类物质氧化，或结合成沉淀析出，从而缩短了干性油的诱导期。

（2）促进游离基生成。在氢过氧化物生成阶段，由于氢过氧化物很不稳定，会在钴的催化作用下迅速分解，生成游离基，而钴离子本身未变化仍能继续起催化作用，形成的活泼游离基则继续发生聚合反应。反应式如下：

$$RCH_2CH=CH(CH_2)_7COOH + O_2 \longrightarrow \underset{\underset{O-O-H}{|}}{RCH}-CH=CH(CH_2)_7COOH$$

$$\underset{\underset{O-O-H}{|}}{RCHCH}=CH(CH_2)_7COOH + Co^{2+} \longrightarrow \underset{\underset{O \cdot}{|}}{RCH}-CH=CH(CH_2)_7COOH + OH^- + Co^{3+}$$

$$Co^{3+} + OH^- \longrightarrow Co^{2+} + \cdot OH$$

常用的催干剂有膏状的白燥油和液状的红燥油（钴燥油）。白燥油是混合干燥剂，由铅、锰、钴的皂类制成，其特点是能使油墨从内到外均匀干燥，白燥油应在开印前将它调入印刷油墨，否则会由于加入时间过长而结膜或胶化。白燥油与印刷油墨的比例最多不能超过15%～20%。钴燥油是一种表面催干剂，催干作用很强，先从印刷油墨表面开始结膜，用量过多，很容易在印刷机墨辊上结皮，一般按表 10 – 6 的比例在印刷前加入油墨中。

表 10 – 6　燥油的用量

油墨色别	白燥油的用量（%）	红燥油的用量（%）
黑色油墨	5～10	2～5
品红色油墨	5	2～5
青色油墨	3～4	1～3
黄色油墨	3～4	1～3

2. 防干剂（反干燥剂）

防干剂也称抗氧剂。若油墨配方中采用了一些催干性很强的颜料（如铁蓝、铬黄等），在轧墨时会有结膜现象，使油墨难以轧细；在存放时由于油墨表面与空气接触发生了氧化而结皮，在印刷机上也会发生结皮干固的倾向。所以在油墨中可以适当加入防干剂，以延缓干性油的氧化聚合。

防干剂都是强还原剂，如对苯二酚、邻苯二酚、β – 萘酚等，它们能优先被氧化，从而延缓了干性油的氧化。这些防干剂常用作高分子聚合反应中的阻聚剂，由于它们易与游离基反应生成稳定的化合物，从而阻止了游离基的链增长。

防干剂的加入量以油墨的 1% 为准，加得太多油墨干燥过慢，反而会影响印刷的进行。

二、流动性调整剂

流动性调整剂是用来调整油墨的流动特性的助剂，包括调整油墨的黏着性（tack 值）和黏滞性（viscosity）。常用于油墨的流动性调整剂有撤黏剂、稀释剂和增稠剂三大类。

1. 撤黏剂

撤黏剂是一种膏状物质，主要组成有铝盐、亚麻油、低黏度醇酸树脂、石蜡油。撤黏剂稠而疏松柔软，没有黏着性。撤黏剂的作用是降低油墨的黏着性（tack 值），而最好不改变其流动度。在印刷过程中，如果由于纸张的表面强度低、耐水性差及油墨黏着性过大等原因使纸张产生拉毛，而导致糊版、堆版等故障，可以适当使用撤黏剂，用量一般为油墨量的 3%～5%。

2. 稀释剂

胶印油墨的稀释剂有两类：6 号调墨油和沸点为 250～300℃的煤油。稀释剂的作用是在降低油墨黏着性的同时提高流动度。使用时应特别注意，6 号调墨油提高了油墨的油性，同时提高油墨膜层的光泽，但影响固着速度。煤油可以提高固着速度，但损失油墨膜层的光泽。

溶剂型凹版油墨的稀释剂就是有机溶剂，如乙醇、乙酸丁酯、二甲苯、甲苯等；水基油墨可以用水、乙醇、异丙醇作为稀释剂。

3. 增稠剂（成胶剂）

增稠剂的作用是使连结料的黏度增大，使之具有胶化结构和适当的触变性，防止颜料沉降，但却不增加油墨的黏性（tack 值）。

印刷油墨中常用的增稠剂有季铵盐处理过的膨润土（$H_2Al_2Si_4O_{12} \cdot nH_2O$）、烟雾硅（$SiO_2$，因最小颗粒只有 $15\mu m$ 而得名）和温石棉 $[Mg_6(Si_4O_{10}) \cdot (OH)_4]$。加入 1%就有增稠效果，并能改变油墨的流变性。

在平印油墨使用的树脂型连结料中，一般含有较多的胶质油，它是由八碳酸铝（或硬脂酸铝）与亚麻油、桐油、树脂配制而成的成胶剂。

胶质油在平版油墨中的作用，就是改善它的"身骨"，使它具有一定的胶化结构和触变性，使油墨网点凸立，网点增大率小，而且使树脂和颜料留在纸张表面，油墨油等低分子量、低黏着性的成分浸入纸内有助于印刷油墨的固着与干燥，墨膜光亮、平滑。

由于油墨是按照一定的工艺（温度、时间、各组分加入的顺序）科学配制成的，各组分间存在着平衡，外来组分的加入势必打破原有的平衡，使油墨品质下降。加入量过多，将导致油墨品质严重恶化。例如，撤黏剂的加入量若大于 5%，将使油墨内聚能降低，影响墨层和网点的光洁度、平整度，同时使印刷密度降低。因此，使用墨性调整剂要特别注意这些连锁反应。

三、色调调整剂

色调调整剂就是调整油墨颜色的助剂，可以使油墨的颜色加强或减弱，它包括冲淡剂和提色剂两种。

1. 冲淡剂

冲淡剂的使用目的是冲淡印刷油墨的颜色但不改变色相，同时保持其黏着性。

油型连结料使用的冲淡剂是白油或透明油，具体配方和制造工艺如下：

4 号调墨油	16%
地蜡油（15% 地蜡与 85% 4 号油组成）	38%
氢氧化铝［$Al(OH)_3$］	29%
硫酸钡（$BaSO_4$）	15%
钛白粉（TiO_2）	2%

将以上组分混合后在轧墨机上分散，成为透明浆状体即可，其印刷性能好，十分透明，但有延缓干燥的副作用。

树脂型连结料需要冲淡时，最好使用树脂型冲淡剂，可以使用下列配方：

松香改性二酚基丙烷树脂	34%
亚麻油	30.9%
桐 油	15%
油墨油	11%
硬脂酸铝	5%
蜂蜡	4%
萘酸钴	0.1%

先将桐油、亚麻油的一半和硬脂酸铝装入锅内，搅拌升温到 50～60℃，加入蜂蜡升温到 210℃，停止搅拌加入树脂继续升温，到树脂完全熔解，搅拌升温到 260～265℃，立即冲入另一半亚麻仁油，待温度下降到 220℃ 以下加入油墨油，充分搅拌直至温度降到 100℃ 以下再加入萘酸钴，搅拌均匀，即为成品。

2. 提色剂

提色剂是调整油墨色相的助剂，如为了提高黑墨的黑度，可以加入铁蓝或射光蓝等颜料以调整炭黑的偏棕色相。

四、其他辅助剂

1. 表面活性剂和分散剂

作用是将颜料很好地分散在各种类型的连结料中，用量虽少，效果显著。在油型连结料中，油酸本身就是一种表面活性剂；在水型连结料中，则使用烷基或芳基磺酸钠等阴离子表面活性剂，它们可以帮助颜料充分分散在连结料中，防止颜料颗粒凝聚和沉降。

2. 消泡剂和防针孔剂

电子雕刻凹版和柔性版油墨都比较稀，而且因为含有皂类更容易起泡，当用泵输送或搅拌时，有空气混入时会出现大量气泡，水型墨更为严重。蓖麻油是一种常用的天然消泡剂，水型凹印墨则使用醇类（聚烷基乙二醇），磷酸酯类和硅酮油。二甲基硅酮油（二甲基聚硅氧烷）的表面张力只有 20dyn/cm，醇型连结料则以 2－乙基己醇消泡剂较好。一般消泡剂应当在制造油墨时加入，使之均匀分散。

印刷在塑料薄膜或防水玻璃纸上的墨膜，经常可以看到极小的凹陷口，称之为针孔，这是挥发型油墨常见的故障。在制造凹版与柔性版油墨时，适当加入多羟基树脂或硅酮油，对克服针孔是有帮助的。二甲基聚硅氧烷的分子式为：

$$\left[O - \underset{\underset{\displaystyle CH_3}{|}}{\overset{\overset{\displaystyle CH_3}{|}}{Si}} \right]_n$$

3. 反胶化剂

印刷油墨如储存时间过长或者颜料酸值过高，与连结料中的游离脂肪酸反应成皂，或连结料本身聚合度过高都会出现胶化现象。加入5%的萘酸金属盐可以解胶，使印刷油墨恢复流变性能。但解胶后必须立即使用，否则有可能重新胶化。

辅助剂中还有水型连结料使用的防霉剂；含聚氧乙烯树脂的连结料中加入钡皂，可以起稳定作用；香草胺是可以使某些连结料脱去臭味的除臭剂。辅助剂很多，不再一一列举。

复习思考题十

1. 连结料的作用是什么？其主要成分有哪些？

2. 解释酸值、碘值和软化点的定义，并分析其大小对油墨性能的影响。

3. 植物油的化学组成是什么？它有怎样的分类？矿物油的主要组分又是什么？油墨中常用的矿物油有哪些？各有什么性能和用途？

4. 油墨对有机溶剂的基本要求是什么？常用的有机溶剂有哪些？

5. 常用的连结料有哪几种？各自的主要组分是什么？并阐述各组分的作用。各种连结料分别与何种类型的油墨相对应？

6. 辅助剂的种类有哪些？各有何作用？

第十一章
油墨的结构及油墨制造

第一节　概述

一、决定油墨品质的因素

决定油墨品质的因素有以下两个。

1．原材料的选择

原材料是油墨的基本构成单元。原材料的选取、配合（油墨配方）及原材料质量，是决定油墨品质的根本原因。

2．原材料的结合

即油墨的结构。对于具有适印性的油墨，特别是高品质的油墨，绝不是由油墨原材料简单混合或堆集的物质，而是由其构成物按照某种规则组合的有序系统。在这个有序的系统里，最佳的油量配方构成的油墨其各组分的优势得以发挥并且被放大。否则，各组分的优势将被埋没，油墨品质无法保证。

由此可见，获得良好结构的基本手段是油墨的制造工艺。制取高质量油墨必须保证两点，最佳的原材料配置及最佳的油墨结构。前者通过选择配方得以实现，后者通过控制生产工艺得以实现。

二、油墨的结构

油墨是一个多相分散体系。在该体系中，颜料颗粒（固相）分散于连结料（液相）中是其基本结构。另外，液相有时是一种介质材料分散于另一种介质材料中，构成一个新的分散体；颜料粒子间也存在着相互作用。因此，在油墨系统中，存在着下述几种关系及相应的平衡：

（1）介质材料间的相互作用，即液—液关系。

（2）颜料颗粒间的相互作用，即固—固关系。

（3）介质材料与颜料颗粒间的相互作用，即固—液关系。

其中，液—液关系决定了油墨连结料的品质，进而决定了油墨的品质和品种；固—固关系、固—液关系则决定了油墨分散体系的稳定性，进而对油墨的品质产生重要影响。

第二节　油墨的固—液结构及稳定性

在油墨体系中，颜料颗粒分散于连结料中，成为悬浮体。颜料分散的程度及与连结料结合的状态将对油墨的色彩性能、流变性能及储存稳定性产生很大影响。

一、颜料颗粒的表面特性

油墨中使用的颜料颗粒是分子的聚集体，众多的颜料颗粒形成了宏观上可见的粉末状颜料。由于颗粒细小，组成的体系具有极高的比表面，这样的体系存在着相当可观的表面自由能。从热力学角度来看，系统是不稳定的，颗粒具有彼此聚集的趋势。此外，系统中存在的杂质有使颗粒相互黏结的作用，从而使颗粒以聚集体的形式出现。颜料的原生颗粒通常称为"一次颗粒"，一次颗粒的聚集体称为"二次颗粒"。颜料在油墨中以二次颗粒的状态出现。

与液体相近，处于固体表面的分子与固体内部的分子受力状态不同，这种力的不对称性，使固体表面产生不饱和剩余力，这个力使固体表面处于高能态，表现为固体表面的吸引力，称为颗粒表面力。除此之外，还存在着固体表面分子与介质间的范德华力和氢键力，这两种力的大小主要与颗粒表面极性相关，表面极性越大，表面力越强。

二、颜料与连结料的结合

颜料的浸湿过程，即颜料颗粒浸入连结料液体的过程，气—固界面被固—液界面所取代，这个过程将伴随着能量的变化，而变化的幅度与固—液的亲合性有关，即浸湿过程的自由能变化为：

$$-\triangle G = \gamma_{GS} - \gamma_{SL} = W_i$$

W_i 称为浸湿功，它反映液体在固体表面上取代气体的能力。

从上式可以看出，具有高能表面（γ_{GS} 大）的固体颗粒显然有利于在介质中的分散，一般高能表面与液体接触后，体系表面能将有较大的降低，应为一般液体所润湿。在已定的分散系统中，要想改善分散状态，唯一的手段是降低固—液界面的界面能 γ_{LS}。

值得指出的是，实际浸润过程比理论分析要复杂。这是由于裸露在大气中的颜料表面都存在着一层水膜，它能顽强地阻碍和延缓颜料在连结料中的浸湿，对于极性较强的颜料，水分含量是影响颜料分散特性的主要因素。表 11－1 和表 11－2 是一些颜料的含水量。

表 11－1　几种颜料的含水量

颜料名称	含水量（%）	颜料名称	含水量（%）
二氧化钛（锐钛型）	0.1～0.3	铬黄（浅黄）	0.8
二氧化钛（含 0.1% Al_2O_3）	0.4	铬黄（中黄）	0.5
二氧化钛－硫酸钡（复合颜料）	0.2	群青	1.4
铁蓝	4.0	汉沙黄	0.1

表 11 - 2　炭黑的含水量

炭黑的含水量　油墨的品种	在不同相对湿度下的含水量（%）					
	12% ~15%	36%	58%	74%	80%	85%
新闻油墨	1	1	2	3	3	9
涂料纸油墨	3.5	7	7	8	8	12

三、分散体系的稳定性

分散体系中固—液两相的亲合性是由系统的能量状态决定的。界面的能量高，系统处于不稳定状态，固—液两相亲和不良，具有固液分离产生沉聚的趋势，以降低系统的能量。因此，连结料和颜料的亲合与否取决于它们的界面能 γ_{SL}。一般来说，亲水性颜料具有较强的表面极性力；亲油性的颜料表面极性力很弱。亲水性连结料具有较强的分子极性；亲油性连结料的分子极性很弱甚至无极性。因此，不同颜料与不同连结料之间的相互作用不同，亲和状态亦不同。

（1）亲水性颜料与亲水性连结料之间具有很强的极性力而相互作用。这种作用的结果使连结料的分子取向排列从而紧密地与颜料相结合，附着在颜料表面。这种排列将使颜料颗粒表面张力降至很低水准，界面能量大幅度降低，系统处于低能状态，颜料、连结料处于亲和状态，油墨稳定。

（2）亲油性颜料与亲油性连结料共同具有较低的表面性，极性力很弱。当它们相互作用形成界面后，虽没有大幅度能量降低，但由于固液双方都无过剩的表面极性力存在，因此，它们的界面处于较低的能量状态，连结料与颜料处于亲和状态，系统稳定。

（3）亲油性颜料与亲水性连结料或亲水性颜料与亲油性连结料形成界面，因不能释放足够能量，在界面处连结料或颜料将存在较大的过剩极性力，使界面处于较高的能量状态，表现为颜料与连结料不亲和，系统不稳定。在这种情形下，可以应用表面活性剂，以改变固液的润湿性质，提高油墨中颜料和连结料的亲和性。

四、表面活性剂的润湿作用

表面活性剂从分子结构看，有两种基团：一种是易于在油中溶解，在水中难溶的亲油憎水基团（非极性基），以长链烃基为代表的原子团；另一种是易于在水中溶解，在油中难溶的亲水憎油基团（极性基），以羟基、羧基、磺酸基、醚基等为代表的原子团。根据其是否离解和离解后所形成的活性部分是阴离子或阳离子可将表面活性剂分为阴离子表面活性剂、阳离子表面活性剂、两性离子表面活性剂和非离子表面活性剂，如图 11 - 1 所示。

表面活性剂对于提高油墨颜料和连结料的亲和性，具有两个方面的作用。

1. 表面活性剂在颗粒表面的吸附

例如，油型连结料中油酸作为表面活性剂对颜料粒子的定位吸附。油酸分子式为：$CH_3（CH_2）_7CH = CH—（CH_2）_7COOH$，其一端是很长的非极性烃链，另一端则是极性基——羧基，可以用图 11 - 2 表示。当它们遇到连结料中颜料颗粒时，油酸分子会以极性基吸附于颜料颗粒表面，形成定向排列的吸附层，而包围在颜料颗粒周围的非极性烃链，与连结料中的分子结合，形成相当厚的保护外壳，能够大大降低界面的自由能，防止印刷油墨这种悬浮体系因分散相的聚集沉降，而出现沉淀析出的情况，如图 11 - 3 所示。

（a）阳离子型表面活性剂

（b）阴离子型表面活性剂

（c）非离子型表面活性剂

（d）两性离子表面活性剂

图 11 - 1　表面活性剂的种类

$$CH_3-(CH_2)_7-CH=CH-(CH_2)_7-C\big\langle{}^{O}_{OH}\quad 或以\quad \text{（表示）}$$

图 11 - 2　表面活性剂（油酸）的分子形状

在水型连结料中可加入离子型表面活性剂。这种可离子化的表面活性剂以正或负离子的形式吸附在颜料表面上，其相对应的电荷扩散于介质中，就会发生电荷排斥。这些带电粒子的扩散层包围着颜料颗粒，并排斥着周围的带同样电荷的颜料，形成了颜料颗粒外围的双电层，防止了颗粒的接近，降低了絮凝的倾向，如图 11 - 4 所示。

有机溶剂型油墨加入非离子表面活性剂后，颜料颗粒表面吸附了表面活性剂并形成定向缓冲层，例如，当极性颜料分散在非极性的连结料中时，表面活性剂的极性部分就作为一个单分子层吸附在颜料表面上，而非极性部分则向外伸入连结料中，这样就可以防止颜料颗粒之间的接触，这个过程就是界面张力降低的过程。

▨：颜料颗粒

图 11 - 3   油型连结料中的定位吸附现象   **图 11 - 4   水型连结料中的定位吸附现象**

2. 提高连结料的润湿能力

亲水性连结料不能与亲油性颜料亲和，这是由于连结料分子极性高，其表面张力比颗粒临界表面张力高。为了改善体系的亲和性，在连结料中加入表面活性剂，降低其表面张力，使它小于固体的临界表面张力，同时也降低了系统的界面能。

第三节　油墨的制造工艺

印刷油墨的制造工艺，通常可以分为连结料制备、颜料分散和调整包装三大工序。由于印刷油墨根据黏度的高低分为黏度较高的浆状油墨和黏度很低的液状油墨，因此，所采用的工艺和设备都不相同。

关于连结料的制备，在第十章第三节中已有介绍，这里不再一一赘述。

一、浆状油墨的制备

1. 浆状印刷油墨的分散工艺

我们常见的胶印油墨、证券印刷的雕刻凹版油墨、丝网油墨和印铁油墨都属于浆状油墨。它们由色料（包括颜料、染料）、填充料和连结料、溶剂、辅助剂制成。在制造过程中需要将色料、填充料等固体成分尽可能均匀地分散在液体的连结料和溶剂中间，完成湿润、粉碎和分散三项加工。使用的设备并不复杂，主要有各种搅拌机、三辊轧墨机（研磨机）、捏合机和装桶机等，图 11 - 5 是浆状油墨的制造工艺流程。

2. 搅拌设备

浆状油墨在炼制好调墨油之后首先要将颜料和填充料、连结料放入搅拌机中完成湿润与初步分散加工。搅拌机又名调墨机、搅拌机，其结构如图11 - 6所示。依靠转动的搅棒将调墨桶中的固体与液体成分搅拌在一起，完成湿润与初步分散加工，操作时一般先将转速开到较慢的一挡，以防止固体成分过分飞扬；过一段时间后固体成分已被连结料初步湿润，这时可换成较快的速度使墨料搅拌得更加均匀。在国外除常用的行星式搅拌机外，还有效率更高的蝶形桨搅拌机与高速叶轮搅拌机。

图 11 – 5　浆状油墨制造工艺流程

3. 三辊轧墨机和分散作用机理

图 11 – 6　搅拌机示意图

从搅拌机中取出的墨料，仅仅是固体表面初步被连结料润湿，在分散度和颗粒细度等方面远远没有达到要求，而这些进一步的加工，是依靠制造油墨的主要设备，即三辊轧墨机来完成的。一般的浆状印刷油墨要经过 3 ~ 5 次的反复碾轧，才能将大颗粒的颜料聚集体破碎成直径为 10 ~ 15μm 以下的小颗粒，并且用连结料和树脂替换掉颜料颗粒表面吸附的水分或空气，使颜料小颗粒均匀地分散在连结料中，轧墨机的工作原理如图 11 – 7 所示。

三辊轧墨机的 3 个钢质辊是空心的，以便用冷却水带走轧墨生成的热量；辊表面经过淬火处理，以增加其硬度；3 个辊转速不同，出墨处的前辊速度最快，后辊最慢，转速比一般为 1 : 3 : 9 （也有 1 : 4 : 11 的），最快的前辊转速为 400r/min 左右；3 个辊一般是水平排列，但比较新式的改为斜列，前辊位置较高，便于工人操作。轧墨机辊间的距离可以调节。

在进行轧墨操作时，工人将从调墨桶中已初步润湿的墨料放在后辊与中辊之间左右两块挡板内，由于两个辊速度不同，墨料被带入夹缝中间，较粗的颗粒通不过狭窄的夹缝，从中间回到墨料顶部，流向两边。再次进入夹缝区域，这种周而复始的循环，产生了较强的混合与剪切作用，最强烈的剪切在通过夹缝时发生，较细的墨料流向中间辊与前辊之间的夹缝，在那里受到更大的剪切力，一部分较细的墨移到前辊，被刮刀刮下流入刀簸箕里面。

一次轧墨不可能达到所要求的细度和分散度，所以一般的胶印墨要反复轧研 3 ~ 5 次，才能达到 <15μm 的细度要求。对于酞菁蓝一类坚硬的颜料，有时需要轧 7 次以上。虽然颜料颗粒本身很细，但聚集体却相当粗，一般采取每一次（道）轧墨逐步缩小夹缝的方法，

增加辊间的压力，保持下墨量正常。

图 11 - 7　三辊轧墨机的工作原理示意图

4. 挤水法与捏合机

过去颜料在混合前先要烘干粉碎，耗费不少能量，而且颜料到处飞扬；现在对于亲油性较好的有机颜料，常采取比较先进的挤水法。操作方法是将未烘干的颜料滤饼（又称做湿浆）与含油的连结料一起放入捏合机，这是与和面机相近的机械设备，但外壳密闭，连接在真空泵上，分批捏合挤水，水汽被抽出后冷凝除去。以含固体20％的立索尔宝红颜料滤饼为例，1500kg 中含颜料300kg，分批加入450kg 的连结料，最后含水量仅为1％左右，就可以送到三辊轧墨机上去了，剩余的水在轧墨时会蒸发掉。

挤水法（flushing process）不仅节省能源，改善工人的操作环境，而且制成的油墨透明度、细度与着色力都有所提高，对于亲油性不好的无机颜料，要加入少量表面活性剂才能加快挤水过程。大部分的胶印墨都可以采用挤水法加工，其中射光蓝浆是最早在我国取得成功的例子。

捏合机除了用于挤水法外，胶印墨中使用的胶质油也可以在捏合机中生产，但外面的夹层要通入热油，以提高捏合的温度。白色颜料和炭黑颜料，如果采用捏合机代替行星式搅拌机，能够达到较好的分散效果，油墨厂称之为干粉捏合。

5. 调整与装桶

在三辊轧墨机上轧研时，墨料不能太稀，否则将严重影响生产效率，有一些辅助剂如催干剂等，也不可过早加入。所以在轧墨以后，还需要将部分溶剂、调墨油和催干剂等放入行星式搅拌机，与已轧细的墨料混合均匀，达到要求的黏度后放入装桶机内，进行分装，新式的自动装桶机可以保证数量精确。

二、液状油墨的制备

1. 液状印刷油墨的制造工艺

电子雕刻塑料凹版印刷油墨、柔性版油墨和新闻油墨等都是液状油墨,黏度很小,因此制造时采用密闭的球磨机或砂磨机,不必在搅拌机中预先混合,直接将颜料、填充料、调墨油和溶剂一起投入球磨机和砂磨机即可,其工艺流程见图 11 - 8。

图 11 - 8 液状印刷油墨的制造工艺流程

由于设备简单,工艺流程较短,所以液体油墨制造费用比浆状油墨低廉,技术难度相对较低。

2. 卧式球磨机与立式球磨机

卧式球磨机出现比较早,由一个水平放置的钢质筒与钢球或石球组成,由电动机带动转速为 20~30r/min,如图 11 - 9 所示。球的直径为 1~2 英寸,占桶内 1/3~1/4 空间,装入颜料和连结料、溶剂等也只能半满,旋转时磨球冲击颜料,产生剪切力和摩擦力,达到研磨与充分混合的目的。

图 11 - 9 卧式球磨机示意图

卧式球磨机用于批量生产,每一次装料和出料比较费事,但由于密闭在圆筒内的溶剂不会挥发,十分安全,操作简便,管理成本较低,所以至今仍在使用。

立式球磨机的工作原理与卧式球磨机相似,但是转速比较快,一般为 60~300r/min,磨球比较小,直径为 3~10mm,我国目前使用的转速仅为 30~40r/min,但能连续出料,常用于生产新闻油墨。

3. 砂磨机

砂磨机是一种能够连续生产的高效率研磨设备，其构造如图 11 - 10 所示，用于生产低黏度的电子雕刻凹版油墨和柔性版油墨。立式砂磨机由直立并带有夹套的圆桶和旋转的叶轮

组成，早期使用 0.6～3.0mm 粒径的天然砂子作为研磨介质，现在已改为玻璃球或氧化锆球，也有使用瓷球的，直径为 1.5～2.0mm 或 2.0～2.2mm。砂磨机主轴转速为 150～300r/min，叶轮的圆周速度达 480～900 r/min，墨料在每一层叶轮间受到高速甩出的小球撞击和剪切，可以较快地分散并研细。挥发型油墨的出料温度可以允许在 20～70℃范围内，温度再高就要在外套筒中通水冷却。

使用砂磨机和连续生产的立式球磨机时，颜料、填充料、连结料与溶剂应当在行星式搅拌机中预先湿润分散，再从下端泵入机内，立式球磨机的物流量为 200～500kg/h，一台容量为 500L 的立式球磨机比一台三辊轧墨机的产量高 3～4 倍，砂磨机的产量更高，但只适合于生产黏度在 1Pa·s

图 11 - 10 立式砂磨机示意图

以下的液体油墨，如果需要生产黏度为 10Pa·s 左右的胶印轮转墨，除了采用三辊轧墨机分散后再稀释的工艺方法外，还有比较先进的转速为 50～200r/min 的搅拌机（一般行星式搅拌机转速在 60r/min 左右）和高速分散机（转速可达 500～2000r/min），这些机械设备和被称为球磨的立式球磨机一样，可以生产用量很大的卷筒纸轮转胶印油墨。

复习思考题十一

1. 颜料被润湿的条件是怎样的？颜料在连结料中的分散与什么因素有关？
2. 分析不同亲和性颜料和连结料之间的相互作用和亲和状态。
3. 表面活性剂的分子结构如何？它有哪些分类？什么是表面活性剂的定位吸附？
4. 表面活性剂为什么能提高油墨颜料与连结料的亲和性？
5. 三辊轧墨机的分散作用机理是什么？
6. 浆状油墨和液状油墨在制造工艺上有何不同？

第十二章
油墨的干燥性质

第一节　概述

　　油墨从印刷机墨斗经墨辊转移到承印物表面后，其行为可以用油墨的干燥性质来描述。

　　对传统的印刷方式而言，印刷的瞬间，印版或橡皮布上的油墨被分为两部分，一部分残留在印版或橡皮布上，另一部分附着在承印物上。油墨的附着现象很复杂，它一方面取决于油墨对承印物的润湿能力，另一方面取决于油墨与承印物分子之间的作用力。

　　油墨转移到承印物表面形成液态的膜层，膜层经一系列物理或化学变化而成为固态或准固态膜层的过程称为干燥过程。不同类型的油墨干燥过程及机理是截然不同的。通常可以分为物理干燥、化学干燥、光化学干燥三类。干燥过程可分为两个阶段：第一阶段，油墨由液态变为半固态，不能再流动转移，这是油墨的"固着"阶段，是油墨的初期干燥，用"初干性"表示；第二阶段，半固态油墨中的连结料发生物理、化学反应，完全干固结膜，是油墨的彻底干燥阶段，用"彻干性"表示。

　　油墨的干燥速度与油墨的干燥方式有关，油墨的干燥方式又取决于油墨连结料的组分。

　　有些油墨具有单一的干燥方式，比如一直以来比较经典的以不干性矿物油为连结料的新闻油墨属于渗透干燥型；以有机溶剂为连结料的塑料油墨属于挥发干燥型；但大多数油墨由于连结料中的成分往往不是单一的，因而油墨的固着干燥是以某种干燥形式为主，同时伴随着其他干燥形式来完成的。特别是近几年来，各种新型油墨层出不穷，其干燥的过程更多地是几种形式相结合来完成的。

　　不同的印刷方式、承印物、印刷机械，对油墨的固着干燥有不同的要求。单张纸胶印机进行多色高速印刷时，要求油墨在瞬间固着，因此多使用快固着胶印树脂油墨，利用高沸点煤油渗透并迅速固着，再利用氧化聚合反应使油墨完全干固结膜。卷筒纸胶印机的印刷速度约为单张纸胶印机印刷速度的三倍以上，且绝大多数机器还附装有折页机，印好的书页立即被折叠，因此要求油墨有更高的快干性；若用涂料纸印刷彩色印品，必须使用热固型胶印油墨，利用高沸点煤油的热挥发及树脂受热发生热固化反应，迅速结膜干燥。最近，出现了用豆油或豆油酸的甲醇酯来部分甚至全部替代矿物油的大豆油胶印油墨，其中的矿物油成分很少。

　　油墨的附着与干燥是印刷油墨能否在承印物上形成印迹，并达到较为理想的复制效果的重要因素。

第二节　油墨的附着

油墨与承印物的附着，要从油墨与承印物的润湿和油墨皮膜与承印物间的"二次结合"两方面来讨论。

一、润湿

润湿是指固体表面的气体被液体所取代，衡量润湿程度的参数是接触角。接触角是指在固、液、气三相交界处，从固—液界面经过液体内部到气—液界面的夹角，用 θ 表示，如图 12-1 所示。用接触角表示润湿性时，一般是将 90°角定为润湿与否的界限，$\theta > 90°$ 为不润湿，$\theta < 90°$ 为润湿；θ 角越大润湿越差，θ 角越小润湿越好；$\theta = 180°$ 为完全不润湿，$\theta = 0°$ 为完全润湿。

图 12-1　液滴的接触角

G—气体；L—液体；S—固体；θ—接触度；

γ_{SG}—固体的表面张力；

γ_{LG}—液体的表面张力；γ_{SL}—界面张力

若以 γ_{SG} 表示气—固界面自由能（或固体的临界表面张力，简称固体的表面张力），以 γ_{LG} 表示气—液界面自由能（或液体的表面张力），以 γ_{SL} 表示液—固界面自由能（或界面张力），则平衡接触角 θ 与 γ_{SG}，γ_{LG}，γ_{SL} 的关系可用杨氏（T. Young）润湿方程来表示：

$$\gamma_{SG} - \gamma_{SL} = \gamma_{LG} \cdot \cos\theta$$

杨氏润湿方程是气、液、固三相交界处三个界面张力平衡的结果，从方程可以看出：

（1）$\gamma_{SG} - \gamma_{SL} < 0$ 时，$\cos\theta < 0$，则 $\theta > 90°$，固体不能被液体润湿。这是因为此时 $\gamma_{SG} < \gamma_{SL}$，气—固界面被液—固界面取代时，将引起界面能的增加，这是个非自发的过程。

（2）$\gamma_{SG} - \gamma_{SL} > 0$ 时，$\cos\theta > 0$，则 $\theta < 90°$，固体能被液体润湿。这是因为此时 $\gamma_{SG} > \gamma_{SL}$，气—固界面被液—固界面取代时，界面能要降低，这个过程是自发的。随着 γ_{SG} 的增加，θ 会越来越小，当 $\theta = 0°$ 时，固体表面被液体完全润湿。

（3）用同一种液体来润湿两种表面自由能不同的固体表面时，高能表面比低能表面容易被润湿。

在数值上，γ_{SL} 总是介于 γ_{SG} 和 γ_{LG} 之间，即 $\gamma_{SG} > \gamma_{SL} > \gamma_{LG}$ 或 $\gamma_{SG} < \gamma_{SL} < \gamma_{LG}$；而按杨氏润湿方程，固体表面被液体润湿的条件是 $\gamma_{SG} > \gamma_{LS}$，所以有 $\gamma_{SG} > \gamma_{LG}$。也就是说，要使液体润湿固体，液体的表面张力必须小于固体的临界表面张力。

纸张是由纤维物质和非纤维物质组成的薄膜。纸张中的非纤维物质包括填料、胶料、染色剂等，大多是金属氧化物或无机盐。非纤维物质的加入使纸张表面成为高能表面，表面张力都在 0.1N/m 以上。一般油墨的表面张力为 0.03～0.036N/m，所以纸张是容易被油墨润湿的。

由有机物或高聚物组成的固体，如塑料薄膜其表面是低能表面，表面能的大小和一般液体相差不多，能否被润湿取决于固体和液体表面张力的大小。

用表面张力为 0.036~0.042N/m 的聚酰胺油墨印刷时，承印物的表面张力不同，润湿情况自然不同，油墨的附着性能也不相同，如表 12-1 所列。

表 12-1　不同承印物的油墨附着性能

承印物	表面张力（10^{-3}N/m）	附着性能
聚一氟乙烯	28	不良
聚丙烯	29	不良
聚乙烯	31	不良
聚氯乙烯	39	良
涤纶	43	良
玻璃纸	45	良
尼龙66	46	良

从润湿的角度考虑，要使油墨很好地附着在承印物的表面上，可以设法降低油墨的表面张力，使它低于承印物的表面张力；也可以设法提高承印物的表面张力，使它高于油墨的表面张力。在使用的油墨确定的情况下，对于聚乙烯之类的低能表面的承印物，印刷前可以进行表面处理，提高其表面能，改善油墨的附着性能。

二、二次结合力

油墨与承印物的两相分子间，若具有较强的异性极性时，会产生牵引力，称为二次结合力；油墨与承印物因二次结合力而附着，称为二次结合。

一般地说，二次结合力是由分子间的配向效应、分散效应和诱发效应引起的。配向效应是由于极性分子内电荷不平衡，分子双极子的正负异端相互牵引所形成结合的效应，如图 12-2 所示，结合能为 0~2cal/mol。氢键结合也属于配向效应，结合能为 4~10 cal/mol。分散效应是由于非极性分子在电子涃乱运动中产生瞬间双极子，使得分子间产生牵引力而形成结合的效应,结合能为 0.2~2cal/mol。诱导效应是由于极性分子的永久双极子诱发其他邻近分子的双极子，使分子间产生永久的牵引力所形成的结合，结合能为 0~0.5cal/mol。这三种效应的综合结果，便在分子之间产生了二次结合力。

图 12-2　配向效应

在油墨的分子结构中，有极性部分，也有非极性部分。例如以亚麻油为连结料的油墨，极性部分包括游离脂肪酸的羧基、脂肪酸甘油酯中的酯键等；非极性部分主要是剩余的碳链部分。纸张的分子结构也是如此，有极性和非极性两部分。油墨分子结构中的极性部分和纸张分子结构中的极性部分能够发生配向效应；油墨分子结构中的非极性部分和纸张分子结构中的非极性部分能够发生分散效应。油墨和纸张分子间的配向效应和分散效应是产生油墨和纸张间的二次结合力的主要原因。油墨和纸张间的二次结合力越大，二次结合就越牢，油墨的附着性能也越好。

二次结合力的大小随分子间距离的减小而迅速增大。配向效应所引起的结合力与分子间距离的 3 次方成反比；分散效应所引起的结合力与分子间距离的 6 次方成反比。在高速印刷时，印张的堆积和密附会使纸张和油墨的分子间距离急剧地减小，二次结合力明显地增加，未干的油墨便会附着在后一印张的背面，造成所谓"背面蹭脏（set - off）现象"。所以，在不影响油墨与承印物附着的前提下，应适当地降低油墨的附着能力，或者设法加快油墨的固着干燥，以期达到减少印品背面蹭脏的目的。

第三节　油墨的渗透干燥

在油墨的干燥过程中，如果油墨的一部分连结料渗入纸张内部，另一部分连结料同颜料一起固着在承印物表面，那么油墨的干燥是依靠油墨的渗透作用和纸张的吸收作用来完成的。油墨的这种干燥方式称为渗透干燥（Penetrating Drying）。渗透干燥属于物理干燥，其墨膜无法承受强力摩擦。

一、渗透干燥型油墨的干燥过程和机理

对于依靠印刷压力实现油墨转移的印刷方式而言，渗透干燥型油墨的干燥，是一个从不平衡到平衡的过程。当印墨与纸张接触时，首先发生加压渗透，在很短的时间里，部分油墨被压入纸张纤维的缝隙中，另一部分则留在纸张表面形成墨层。压印以后，在纸张毛细管力的作用下，发生自由渗透，表现为纸张表面墨层中的连结料继续渗透。与此同时，油墨颜料粒子之间细微的空隙构成的无数毛细管是阻止油墨渗透的，使连结料包围在颜料颗粒表面。经过一定时间纸张毛细管力逐渐减小而颜料粒子间毛细管力逐渐加强，当这些力的作用达到平衡时，油墨的渗透过程趋于完成。

二、影响油墨渗透干燥的因素

1. 渗透深度

在油墨的渗透干燥过程中，加压渗透是短暂时间内的急剧变化过程，而自由渗透是较长时间内的缓慢变化过程。油墨的渗透干燥与这两个过程的渗透深度密切相关，加压渗透和自由渗透的深度可分别按奥尔森（Olsson）公式和渥斯宾（Washburn）公式来计算。

奥尔森公式：
$$h_1 = \sqrt{\frac{P \cdot r_2}{4\eta} \cdot t_1}$$

渥斯宾公式：
$$h_2 = \sqrt{\frac{r \cdot \gamma_{LG} \cdot \cos\theta}{2\eta} \cdot t_2}$$

式中　　h——渗透深度；

r——纸张毛细管的平均半径；

γ_{LG}——油墨的表面张力；

θ——油墨连接料对纸张的润湿角；

η——油墨的黏度；

P——印刷压力；

t_1——压印时间；

t_2——自由渗透时间（两张印品印刷的间隔时间）。

如果使用轮转印刷油墨在新闻纸上印刷，若油墨的黏度为 $\eta = 6\text{Pa}\cdot\text{s}；\theta = 0°；r = 1.0\mu\text{m}；$
$\gamma = 0.0388\text{N/m}；P = 480\text{N/cm}^2；t_1 = 2\times10^{-3}\text{s}；t_2 = 2\times10^{-3}\text{s}$，则按上述公式可以算得：

加压渗透深度 $h_1 = 20.0\mu\text{m}$；自由浸透深度 $h_2 = 2.6\mu\text{m}$，这个计算结果与实际印刷的结果大致符合。可以看出，在实际印刷过程中，加压渗透是占主导地位的。而且，油墨黏度越小，纸张越疏松多孔，毛细作用越显著，油墨渗透得越快。图 12－3 表示不同纸张随印刷压力变化油墨渗透深度的变化。图 12－4 表示两种纸张加压渗透深度和自由渗透深度的对比情况，可以看出，实验结果与理论是基本吻合的。

图 12－3　不同纸张随印刷压力变化油墨渗透深度的变化

图 12－4　两种纸张加压渗透深度和自由渗透深度的对比

在实际应用中，由于纸张的孔半径不容易测量，而且纸张的毛细孔半径分布也是不均匀的，这就使奥尔森（Olsson）方程的准确度和实用性受到限制。最近，有文献提出"渗孔比"的概念，可以通过测量一定的工艺条件下油墨在不同纸张中渗透的深度，利用一维渗流方程，导出渗透深度与纸张孔半径的关系，根据实验数据，作出标准纸张的渗孔比表（渗透率和孔隙率的比值），导出的方程中不再含有纸张孔半径的参数。这样，在印刷中就可以用渗孔比表和其他可以容易测定的宏观测试量，直接计算不同印压和不同印刷速度下的油墨渗透深度。

2．纸张毛细管孔径大小、分布与颜料粒子大小、分布的关系

无论是加压渗透或自由渗透，油墨的渗透过程总是与油墨和纸张两方面的结构和性质有关。而从结构上看，影响渗透的重要因素是纸张毛细管孔径的分布状况、油墨颜料粒子大小的分布状况及二者间的关系，将直接影响渗透干燥型油墨干燥达到平衡时的状态。

大量的实验结果表明，纸张毛细管半径的概率密度分布如图 12 - 5 所示，近似地符合对数正态分布。

图 12 - 5　纸张毛细管的分布曲线

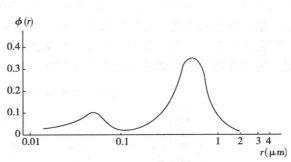

图 12 - 6　涂料纸毛细管的分布曲线

铜版纸是由涂料层和原纸构成的涂料纸，图 12 - 6 是把铜版纸的涂料层和原纸层分离后得到的毛细管概率分布曲线，曲线的左半段表示涂料层的毛细管半径的概率分布，右半段表示原纸层毛细管半径的概率分布。

前面已经指出，油墨在纸张中的渗透，在加压过程中，是依靠压力的作用使一部分油墨整体进入纸张的内部；离开压印区，主要依靠自由渗透，靠纸张的毛细作用吸收油墨中的连结料。但是，在连结料渗透的同时，油墨中颜料粒子也参与其中，由于颜料粒子的大小和分布状态不同，也会向纸张进行不同程度的渗透。

研究表明，纸张毛细管孔径的分布和油墨中颜料粒径的分布都近似地符合正态分布规律，但曲线的形状有所不同，前者低而平，后者高而陡，如果将两条曲线画在同一坐标系下，它们之间的相对位置会出现许多不同的情况，而这种关系会直接影响油墨在纸张中的渗透。从理论上分析可以有如图 12 - 7 所示的三种有代表性的分布情况，图中，r_1 为纸张毛细管的直径；r_2 为油墨中颜料颗粒的直径。

图 12 - 7　纸张毛细管孔径、颜料粒径与分布情况

图 12 - 7（a）表示油墨中颜料粒子平均半径小于纸张毛细孔平均半径。在这种情形下，颜料粒子颗粒细小，吸附连结料的毛细作用很强，而且，大于纸张毛细孔径的颜料粒子比较

少，因此它对连结料的吸引力大于纸张纤维对连结料的吸引力，从而使墨层在平衡状态时，仍含有一定量的连结料，保证了墨膜的成膜特性，这是一种合理的分布状态。

图 12－7（b）表示油墨中颜料粒径大小分布曲线右移的结果，颜料颗粒平均半径与纸张毛细管平均半径相等。这时颜料粒子粒径加大，毛细吸附作用相对减少，对连结料的吸引力减弱，当与纸张对油墨连结料的吸收达到平衡时，可能会有相对多的颜料粒子随同连结料一同渗入纸张中，使纸张表面的墨层暗淡。

图 12－7（c）表示油墨中颜料颗粒平均半径大于纸张毛细管平均半径。这种情形下，较大的颜料颗粒对连结料的吸附力很小，纸张则会大量吸收连结料，平衡很难形成，造成连结料过量渗透，而颜料粒子失去介质成为干粉，造成油墨的"粉化"。

因此，图 12－7（b）和图 12－7（c）都是不合理的分布状态。在油墨的渗透干燥中，控制上述平衡是十分必要的。

一直以来，印报油墨在新闻纸上的干燥过程就是完全依靠渗透干燥的实例，那种油墨连结料中主要含有沥青和矿物油；新闻纸具有较好的吸收性能，所以是完全依靠渗透干燥的形式来完成油墨干燥的。但是，这样的附着干燥，因墨层不能牢固的结膜，所以不耐摩擦。现在，新型的大豆油新闻纸油墨是用大豆油或豆油酸的甲醇酯（见第十章第二节）部分替代矿物油，由于新闻纸的渗透性强，用这种新型油墨不仅可以保证油墨的快速渗透，同时，大豆油有氧化结膜作用，可以提高墨膜的耐摩擦性能，同时，减少 VOC（挥发性有机化合物），有利于环保。

有许多种油墨的干燥形式是混合型的，其中包含渗透干燥，例如，书刊印刷油墨主要是依靠渗透干燥的，但也包含氧化结膜干燥；亮光快干胶印油墨的固着过程也可以说是一个渗透干燥过程，但不同于普通的渗透干燥。胶印树脂油墨的构造不同于渗透干燥型油墨，它由大分子量的高黏度相和分子量相对小的低黏度相构成，在纸张表面，低黏度相很快渗透而高黏度相由于其结构特性而迅速凝固，在很短的时间内完成固着；固着后，墨膜成为介于液态和固态之间的半固化状态。严格地讲，固着时油墨仍处于液态，但膜层具有相当高的黏度，这是由于膜层自身的物理变化使之黏度急骤增高所致。固着对于实际印刷的意义在于：在进行下一道工序或成品堆放时，墨膜能够保持原有状态而不被破坏。胶印树脂墨的后期干燥依靠氧化结膜干燥。

第四节　油墨的挥发干燥

如果在油墨的干燥过程中，连结料中的溶剂挥发，剩下的树脂和颜料形成固体膜层固着在承印物表面上，那么，油墨的干燥是依靠溶剂脱离膜层的挥发作用来完成的，这样的油墨干燥形式称为挥发干燥（Evaporating Drying）。

挥发干燥属于物理干燥。电子雕刻塑料凹版油墨、溶剂型柔性版油墨、塑料印刷油墨等属于挥发干燥油墨。

一、挥发干燥型油墨的干燥过程和机理

挥发干燥型油墨的连结料主要由树脂与有机溶剂互溶构成。油墨被印于承印物表面后，有机溶剂脱离树脂的束缚而游离出来，依靠其自身的挥发能力而脱离墨膜进入气相。此时，承印物表面膜层中只留有树脂等组分，而树脂原本是固态的，在油墨制造过程中溶剂浸入树脂分子的间隙，继而扩张间隙直至完全隔离树脂分子，从外部看，即为树脂的溶胀和溶解。

当溶剂脱离树脂后，树脂分子又重新靠近，直至产生物理交联。此时树脂随着溶剂的不断挥发，逐渐从溶胶状态转变为凝胶状态，失去流动能力而成为固态，从而完成挥发过程。

二、影响油墨挥发干燥的因素

1. 溶剂的挥发干燥

溶剂的挥发速率，可以用每分钟内每平方厘米面积上溶剂挥发的毫克数来表示，即用 $mg/cm^2 \cdot min$ 来表示，也可用每毫升溶剂在过滤纸上完全挥发所用时间（s/ml）来表示。单一溶剂的挥发速率可以按下列公式计算：

$$E_r = K \frac{P_{25} \times M}{d_{25}}$$

式中　E_r——溶剂的挥发速率；

　　　P_{25}——25℃时溶剂的饱和蒸汽压；

　　　d_{25}——25℃时溶剂的密度；

　　　M——溶剂的分子量；

　　　K——常数 = 1.64（假定甲苯的挥发速度为 100 时所取的常数）。

按上述公式算得的溶剂的挥发速度是个相对值。表 12 - 2 列出了常用溶剂挥发速率的数据。

表 12 - 2　常用溶剂的挥发速率

溶剂类别	溶剂名称	挥发速率 E_r	沸点范围（℃）
芳香烃类	苯	288	79 ~ 81
	甲苯	100	109 ~ 112
	二甲苯	34	135 ~ 143
醇类	甲醇	254	64 ~ 65
	乙醇	117	75 ~ 80
	异丙醇	96	81 ~ 83
	正丁醇	19	116 ~ 119
酯类	醋酸甲酯	500	52 ~ 58
	醋酸乙酯	260	72 ~ 80
	醋酸正丁酯	42	115 ~ 130

同类溶剂，沸点越低，挥发速率越高。但不同类型的溶剂，沸点同样低时，挥发速率却

不一定高。如乙醇和乙酸乙酯的沸点相近，但乙酸乙酯的挥发速率却是乙醇的 2 倍以上，这是由于乙醇的蒸发潜热比乙酸乙酯高。蒸发潜热是指一定量的溶剂完全变成气体时所需要的热能。溶剂的蒸发潜热越小，挥发速率越高。溶剂的挥发速度还与外界的蒸汽压和温度有关，外界的蒸汽压越大，温度越高，溶剂的挥发速率越高。表 12 - 3 列出了常用的溶剂以每毫升溶剂在过滤纸上完全挥发所用时间（s）来表示的挥发速率、蒸汽压和蒸发潜热的数值。

表 12 - 3　常见的溶剂的挥发速率和蒸汽压和蒸发潜热

溶剂名称	挥发速率（s）	蒸汽压（mmHg/20℃）	蒸发潜热 [kcal/kg（25℃）]
醋酸乙酯	85	120	410
甲乙酮	100	119	400
甲苯	180	36	389
乙醇	240	79	810
水	1120	31	2291

实际油墨中的挥发物质，一般不是单一组分的溶剂，如石油烃溶剂，一般是由在一定馏分内的同系物组成。在这种情况下，挥发性强的组分首先逸出，挥发弱的组分滞留下来，溶剂的组成发生了变化，不可能像单一溶剂那样在恒定的沸点下得到单一的挥发速率，而是溶剂的挥发逐渐变缓，如图 12 - 8 所示。一般地，要求油墨溶剂沸点应尽量窄些，否则一些高沸点馏分将残留在墨膜中，容易引起粘脏。

对于窄馏分的混合溶剂，也可以用上面挥发速率公式近似计算，M 项必须取平均分子量。

图 12 - 8　混合溶剂的挥发过程

a—恒定沸点溶剂；b—在一定沸点范围内的溶剂

图 12 - 9　溶剂的挥发

a— 单纯溶剂；b—溶剂/树脂；c—溶剂/树脂/颜料

2. 树脂对溶剂挥发的影响

树脂溶解于溶剂之中，则树脂分子和溶剂分子之间将存在作用力，这种作用力使溶剂分子逃逸的能力降低，挥发速率减慢。如图 12 - 9 所示。

溶剂的挥发速率由于溶入不同种类的树脂而明显不同。在 70% 树脂和 30% 石油溶剂的体系中，这种效应从表 12 - 4 可以反映出来。

表 12 - 4　树脂的种类和溶剂的挥发速率

树脂	挥发速率（mg/cm² · min）/200℃
酚醛树脂	3.10
石灰松香	2.94
石油树脂	2.80
聚合松香	2.45

　　一般来讲，树脂在溶剂中越容易溶解，则溶剂的逸出越慢；熔点高的树脂，溶解度较小，溶剂比较容易挥发。因此，对于高速凹印油墨，所用的树脂其熔点最低不应低于150℃。但熔点过高的树脂，溶于溶剂的能力过低，树脂溶液比较黏，树脂容易产生胶凝甚至沉淀。

　　3. 颜料对溶剂挥发的影响

　　颜料的表面特性、比表面大小及浓度都将对溶剂的挥发产生明显的影响。

　　表 12 - 5 给出了在烃类树脂和石油溶剂中，不同浓度的炭黑对溶剂挥发速率的影响。

表 12 - 5　炭黑浓度对溶剂挥发速率的影响

炭黑（%）	挥发速率（mg/cm² · min）/200℃
0	3.54
5	2.21
10	2.01
15	1.78
20	1.51

　　图 12 - 9 中的曲线 c 是由曲线 b 所代表的连结料和 30% 炭黑所形成的体系。显然，溶剂的挥发速率并非由表 12 - 5 所示的常数，而是随着时间的增长而迅速下降。

　　不同种类的颜料对溶剂挥发的影响见表 12 - 6。所给数据是以 10% 的颜料与烃类溶剂溶解石灰松香的连结料所形成的油墨中得到的。

表 12 - 6　颜料的种类和溶剂的挥发速率

颜料	密度	颗粒平均粒径（nm）	溶剂挥发速率（mg/cm² · min）/200℃
炭黑	1.77	30	1.81
铁蓝	1.51	65	1.75
铬黄	5.90	210	3.49
立索尔红	1.59	70	2.25

　　总之，颜料密度小，溶剂挥发速率低；颜料颗粒小，溶剂挥发速率低。

第五节　油墨的氧化结膜干燥

以干性植物油为连结料的油墨，吸收空气中的氧之后，发生氧化聚合反应，使干性植物油分子变成立体网状结构的大分子，干固在承印物表面。这种利用氧化聚合反应使油墨从液态转变为固态，形成有光泽、耐摩擦、牢固的油墨皮膜的过程，称为油墨的氧化结膜干燥（Air Drying）。

氧化结膜干燥属于化学干燥。胶印油墨、部分丝印油墨、印铁油墨、印刷有价证券的雕刻凹版油墨等其干燥过程中存在着氧化结膜干燥。

一、氧化结膜干燥的过程及机理

氧化结膜干燥的主要特征是连结料组分发生聚合或缩合反应而形成固体。干性植物油暴露于空气中时，其分子在氧气作用下发生不饱和脂肪酸的氧化和聚合。干性植物油的成膜反应很复杂，可以用过氧化物理论和共轭双键加成理论来解释。

过氧化物理论认为：干性植物油是通过氧桥聚合成高分子的。含有共轭双键的干性植物油，是经过下述过程来完成氧化结膜干燥的：氧化结膜干燥初期，干性植物油因含有微量磷酯类有机抗氧剂，吸收的氧较少，氧化聚合反应很缓慢，是干燥过程的诱导期。当抗氧剂被破坏以后，干性植物油吸收氧气，首先与邻近双键的亚甲基（α-亚甲基）发生反应，生成氢过氧化物，这是干燥过程中的氢过氧化物生成期，化学反应式为：

$$RCH_2CH=CH-(CH_2)_7-COOH + O_2 \longrightarrow RCH-CH=CH-(CH_2)_7COOH$$
$$\underset{O-OH}{|}$$

实验证明，位于两个隔开的双键间的亚甲基（双α-亚甲基），对于氧分子的活泼性更大。例如，亚油酸的吸氧速度是油酸的 10~20 倍，这是因为亚油酸分子中存在着双α-亚甲基。亚油酸与氧分子生成氢过氧化物的反应式为：

$$CH_3(CH_2)_4=CH-CH_2-CH=CH(CH_2)_7COOH + O_2 \longrightarrow$$
$$CH_3(CH_2)_4=CH-CH-CH=CH(CH_2)_7COOH$$
$$\underset{O-OH}{|}$$

氢过氧化物很不稳定，在光的照射下会分离成两个游离基。这是干燥的分解期，也是游离基的生成阶段，化学反应式为：

$$R_1CH=CH-CH-CH=CH-R_2 \xrightarrow{\text{光照}} R_1CH=CH-CH-CH=CH-R_2 + \cdot OH$$
$$\underset{O-OH}{|} \qquad\qquad\qquad \underset{O\cdot}{|}$$

（游离基）

$$或 R_1CH=CH-CH-CH=CH-R_2 + \cdot OOH$$

游离基的化学性质很活泼，当它去攻击另一个油分子时，又产生新的游离基，这样就产生了游离基的增殖，继而发生游离基的碰撞而聚合。

若用 RO·、R· 或 ·OH 相互碰撞时，就会生成新的化合物：

$$R_1O· + ·OR_2 \longrightarrow R_1O{-}OR_2$$
$$R_1· + ·OH \longrightarrow R_1OH$$
$$R_1O· + R_2· \longrightarrow R_1O{-}R_2$$
$$R_1· + R_2· \longrightarrow R_1{-}R_2$$

这样，干性油的小分子就变成了大分子，再与双键发生反应，形成以氧桥相连的大分子，油墨变成高分子网状结构的干固皮膜，这是干燥过程的聚合期，化学反应式为：

$$R_1CH_2O· + ·OCH_2R_2 \longrightarrow \begin{array}{c} R_1CH_2{-}O \\ | \\ R_2CH_2{-}O \end{array}$$

$$\begin{array}{c} R_1CH_2{-}O \\ R_2CH_2{-}O \end{array} + \begin{array}{c} CH{=}CH \\ R_3 \quad R_4 \end{array} \longrightarrow \begin{array}{c} R_1CH{-}O{-}CHR_3 \\ R_2CH{-}O{-}CHR_4 \end{array}$$

含有共轭双键的干性植物油（如桐油）和氧可以直接生成过氧化物，然后通过分子重排产生氧桥相连的高分子，化学反应式为：

$$2\cdots{-}CH{=}CH{-}CH{=}CH{-}CH{=}CH{-}\cdots + 2O_2 \longrightarrow$$

由于干性植物油是由十八碳烯酸构成的甘油三酸酯，分子结构中含有大量的双键，属于多官能团结构，因此，同样的反应也将在另外的亚甲基或双键上发生，这样，就使植物油产生彼此联结，形成空间网状结构分子而成为固态。另外，与植物油并存的树脂组分也将对氧化结膜干燥过程产生影响。由于树脂结构复杂，具有较多双键和活性基团，因此，树脂势必参与植物油氧化过程，树脂与树脂间，树脂与植物油间都有可能发生类似反应或其他类型的反应。其结果是加快了分子量的增长，促进干燥反应的进行；另一方面，当墨膜中稀组分渗透或挥发而脱离墨膜后，膜层树脂增稠，这容易使树脂分子间产生物理交联，其结果促进了墨膜的胶凝。生产实践也表明，树脂型连结料构成的油墨其固着及固化性能及固化后皮膜都比单一植物油油墨要优越得多。

二、影响氧化结膜干燥的因素

1. 干燥剂的影响

油墨中常用的催干剂是钴、锰、铅的有机酸皂类，一般以离子形态存在。这些金属具有多级化合价，通过它们化合价的变化，在氧化结膜的吸氧过程中起到氧的载体作用。这种载氧作用一方面加快了杂质的氧化，从而缩短了诱导期；另一方面又促进了油分子中氧化物的形成，使膜层吸氧反应的活化能大幅度地降低。催干剂的另一个重要作用是促进氢过氧化合物的分解，即促进了油分子的聚合反应的进行。这两种作用结合起来，就大大加快了氧化结膜速度。但催干剂的存在并不改变上面所述氧化反应的机理。

不同的催干剂催干性能是不同的。一般铅离子是催化吸氧反应；钴离子和锰离子是催化氢过氧化物分解反应。钴催干剂的催干作用十分强烈。

单独的钴催干剂，可以加剧膜层表面分子的氧化，却使膜层内部分子的氧化发生困难。铅和锰的混合催干剂，由于两种催干作用并存，可以使膜层整体硬化，但硬化速度比较慢。因此，催干剂混合使用时，对膜层的干燥效果最好。

催干剂的催干机理如下：

（1）催干剂加速氧吸收的反应机理，以氧化铅为例。

$$
\begin{array}{l}
CH_2-OR \\
CH-OR \\
CH_2-OR
\end{array}
+ 2PbO \longrightarrow
\begin{array}{l}
CH_2-O \\
CH-O
\end{array}
Pb + Pb
\begin{array}{l}
OR \\
OR
\end{array}
$$

两种盐都被空气氧化：（R 代表植物油分子中的 $-\overset{\overset{\displaystyle O}{\|}}{C}-R'$ ）

$$
\begin{array}{l}
CH_2-O \\
CH-O
\end{array}
Pb +
\begin{array}{l}
CH_2-OR
\end{array}
+ O_2 \longrightarrow
\begin{array}{l}
CH_2-O \\
CH-O
\end{array}
Pb
\begin{array}{l}
O \\
O
\end{array}
+ CH_2-OR
$$

$$
Pb
\begin{array}{l}
OR \\
OR
\end{array}
+ O_2 \longrightarrow
\begin{array}{l}
O \\
O
\end{array}
Pb
\begin{array}{l}
O \\
O
\end{array}
$$

这两种过氧化物放出多余的氧，这部分氧气必被其他油分子吸收，完成了氧的传递过程。

$$
\begin{array}{l}
O \\
O
\end{array}
Pb
\begin{array}{l}
O \\
O
\end{array}
+
\begin{array}{l}
| \\
CH \\
\| \\
CH \\
|
\end{array}
\longrightarrow
\begin{array}{l}
OR \\
OR
\end{array}
Pb +
\begin{array}{l}
-CH-O \\
-CH-O
\end{array}
$$

$$
\begin{array}{l}
CH_2-O \\
CH-O \\
CH_2-OR
\end{array}
Pb
\begin{array}{l}
O \\
O
\end{array}
+
\begin{array}{l}
| \\
CH \\
\| \\
CH \\
|
\end{array}
\longrightarrow
\begin{array}{l}
CH_2-O \\
CH-O \\
CH-OR
\end{array}
Pb +
\begin{array}{l}
-CH-O \\
-CH-O
\end{array}
$$

（2）催干剂加速氢过氧化物分解的反应机理，以钴催化剂为例。

$$
Co^{2+} + R_1-\underset{\underset{\underset{H}{|}}{\underset{O}{|}}{\underset{O}{|}}}{CH}-R_2 \longrightarrow Co^{3+} + R_1-\underset{\underset{O\cdot}{|}}{CH}-R_2 + OH^-
$$

$$Co^{3+} + R_1-CH_2-R_2 \longrightarrow Co^{2+} + R_1-\overset{\cdot}{C}H-R_2 + H^+$$

$$Co^{3+} + R_1-\underset{\underset{\underset{H}{\overset{|}{O}}}{\overset{|}{O}}}{\overset{|}{C}}H-R_2 \longrightarrow Co^{2+} + R_1-\underset{\underset{\overset{\cdot}{O}}{\overset{|}{O}}}{\overset{|}{C}}H-R_2 + H^+$$

2. 颜料的影响

不同颜料会对墨膜干燥带来不同影响。从影响干燥的角度来分，颜料可以分为：促进干燥的颜料、延缓干燥的颜料、不影响干燥的颜料。

促进干燥的颜料通常称为天然干燥剂，如铁蓝、铬黄等。其中铁蓝对干燥的影响十分突出，确切的干燥机理还不清楚，似乎是铁盐复合物对于性油的氧化具有催化作用，类似于干燥剂的催干作用。

延缓干燥的颜料最突出的是炭黑。炭黑延缓干燥的重要原因是它对干燥剂的吸附而使干燥剂失活。其他延缓干燥的颜料还有钨钼盐类颜料，其作用机理尚不清楚。

大多数有机颜料对墨膜的干燥没有明显的影响，这类颜料的存在，即使含量很大，也不会阻碍干性油的聚合。这类颜料通常称为惰性颜料。

3. 温度、湿度的影响

由于氧化结膜是化学干燥，在较高的温度下，反应速度加快，通常情况下温度每升高10℃，干燥速度提高1倍。

湿度对干燥的影响与墨膜中的颜料是相关的。铬黄、立索尔红、罗平红等颜料的油墨在湿度高达95%时，墨膜的干燥仍不受影响，而炭黑则受湿度影响严重。湿度增加时，为了保持不变的干燥速率，要加入较大量的干燥剂。另外，相对湿度在70%以上时，锰和铅的催干能力是不足的，必须使用钴催化剂。大部分颜料，其墨膜干燥一般都受湿度的影响，但影响程度不像炭黑那样强烈。

4. 纸张的影响

纸张表面的酸碱性对油墨的氧化结膜影响很大，pH值越小，干燥越慢。表12-7列出了温度、湿度和纸张的pH值对油墨干燥时间的影响。

表12-7　温度、湿度和纸张的pH值对油墨干燥时间的影响

纸张的pH值	不同温度、湿度下油墨的干燥时间（h）	
	65%RH(18℃)	75%RH(20℃)
6.9	6.1	12.4
5.9	6.6	14.1
5.5	6.7	23.1
5.4	7.0	30.1
4.9	7.3	38.1
4.7	7.6	60.0
4.4	7.6	80.0

从表中可以看出，在较高湿度下，纸张的表面酸性将阻滞油墨的干燥。这种现象的原因是纸张表面的酸性物质与干燥剂中金属反应形成不溶于油的反应物，使干燥剂失活。纸张酸性对墨膜干燥的影响只是在纸张表面润湿的条件下才明显产生，因此，胶印必须考虑这一问题。

5．润版液的影响

酸性润版液形成的油包水乳化油墨会对墨膜的干燥产生阻滞作用。这是由于钴干燥剂和酸性润版液发生化学反应，生成不溶于油的钴盐，而使干燥剂失活。表 12 - 8 给出了胶印黑墨使用不同 pH 值润版液印刷后，墨膜的干燥时间。

表 12 - 8　润版液 pH 值与油墨干燥的时间

纸张	干燥时间（h）				
	pH = 7.0	pH = 3.8	pH = 3.6	pH = 3.0	pH = 2.0
胶版纸正面	12	16	17	22.5	70
证券纸正面	15	21	22	32	84

第六节　紫外线干燥

紫外线干燥（Ultraviolet Drying）油墨，简称 UV 油墨，其主要组成有光聚合活性预聚物、活性助剂、光敏溶剂及光聚合引发剂。

UV 油墨干燥属光化学干燥，其特征是油墨经紫外线辐射后引发游离基迅速发生光聚合反应，导致油墨瞬间固化。

在紫外线的作用下，光聚合引发剂被激发，产生游离基或离子。反应式为：

$$R—R \xrightarrow{h\gamma} R· + R·$$

这些游离基或离子与预聚物等单体中的不饱和双键起反应，形成单体基团开始进行连锁反应：

$$RM· + M \longrightarrow RMM· \longrightarrow RMMM· \longrightarrow \cdots\cdots$$

由于预聚物是多官能团结构，所以分子交联是三维的，因此连结料由液态变成固态。这个反应速度很快，不到 1s 就完成，即在印张到达收纸装置时就已完成。

紫外线油墨干燥的优点是：在印刷机收纸之前，油墨就能瞬间固化，因此不会粘脏；没有溶剂挥发；油墨在照射紫外线之前不会干燥，清洗印版、橡皮布容易；油墨干燥不受承印材料及润版液药水 pH 值的影响；可以适应多种承印物；经固化后的墨膜手感好。

紫外线油墨的缺点是：干燥设备投资较大；产生臭氧；墨辊材料受到限制；需使用专门的洗涤剂；油墨成本高等。

除了以上几种典型的油墨干燥形式之外，还有很多油墨的干燥是几种形式相结合的过程，如商业轮转印刷，承印材料是轻量涂布纸，印刷速度很快，又带有联机折业装置，要求油墨具有很快的干燥速度，是矿物油挥发和植物油氧化结膜相结合，属于热固型干燥；纸基承印材料的柔性版水基油墨，是连结料渗透和溶剂（主要是水）挥发相结合。

其他类型的油墨性质参见本书第十五章各类油墨及应用。

第七节　油墨干燥的测定方法

油墨干燥的测定，是测定油墨干燥的速度，或者是在一定的条件下测定油墨的干燥时间。由于油墨的干燥方式比较复杂，油墨干燥的测定方法也各不相同。常用的有下面几种方法。

一、压力摩擦法

压力摩擦法一般用来测定渗透干燥型油墨的干燥速度。这种方法是将油墨的刮样覆盖在新闻纸上，每隔一定的时间，在固定的压力下进行摩擦，从开始刮样到新闻纸不再因摩擦而染色的时间，即是油墨的干燥时间，用以表征油墨的干燥速度。

二、压痕法

压痕法一般用来测定氧化结膜干燥型油墨的干燥速度，通常在油墨干固仪上测定。干固仪的种类很多，原理基本相同，图12－10所示为油墨干固仪的测试原理。这种方法需先在印刷适性仪上印出油墨试验条，然后在试验条上覆纸，一起固定在干固仪上，干固仪开始工作。干固仪的托纸板自左而右做间歇运动，时间间隔可以在开机前选定；压痕机构即可上下移动又可做前后的运动，下移时便压在覆盖膜上，前后运动便可在覆纸上留下墨痕。随着油墨的干燥，经过一定的时间，覆纸上便不再有墨痕出现了，这个时间就用来表示油墨的干燥速度。图12－11所表示的是油墨试验条和覆纸上的墨痕。油墨的干燥时间 T 可以按下式计算：

$$T = T_0 + nT_1$$

式中　　T_0——试验条从印刷到干固仪开机时所经历的时间；

　　　　T_1——压痕的时间间隔；

　　　　n——覆纸上墨痕的条数。

图 12－10　油墨干固仪的测试原理

图 12－11　干固仪的测试结果

挥发性油墨的干燥速度要用初干性和彻干性来表示。初干性即油墨的固着速度；彻干性即油墨彻底干燥的速度。初干性和彻干性要用刮板细度计来测定。方法是先将待测油墨放入刮板细度计的凹槽内，用刮刀沿凹槽刮平，再迅速地覆盖上空白纸张并转压。30s 时纸张上不出现墨痕所对应的刮板细度计上的刻度值，即表示油墨的初干性，以 mm/30s 计；在刮板细度计的 100μm 处纸张上不出现墨痕的时间，即表示油墨的彻干性，以 s/100μm 计。

复习思考题十二

1. 油墨的干燥分为哪两个过程？
2. 写出杨氏方程，从表面自由能变化的角度分析油墨在承印物上附着的条件。
3. 什么是二次结合（力）？二次结合力由什么效应引起？
4. 分析胶印亮光快干油墨、塑料凹印油墨、新闻油墨等连结料的主要组成、干燥机理和影响干燥的主要因素。
5. 如何测量渗透干燥、氧化结膜干燥和挥发干燥油墨的干燥性？

第十三章
油墨的光学性质、耐抗性及细度

第一节　概述

　　油墨的光学性质是对油墨在承印物表面成膜干燥后，膜层的状态、品质及相应感观效果的描述。其主要内容有膜层光泽、膜层透明性及膜层色彩特征。决定膜层光学性质的根本因素是膜层对照射在其表面的光线的反射、透射和吸收能力。即膜层对光线不同量的反射、透射、吸收的组合构成了墨膜不同的光泽性、透明性和色彩特征。其中光泽主要取决于膜层镜面反射的能力；透明度（遮盖力）取决于膜层的透射能力；而膜层的颜色则取决于油墨对各种光谱的吸收比例。等比例吸收时，产生非彩色系列，吸收的光量不同，产生不同的非彩色效果。全部吸收为黑色，部分吸收为灰色，全部反射为白色。不等比例吸收时，产生彩色系列，吸收的光量不同，产生不同效果的色彩，即颜色的色相、明度、饱和度不同。

　　膜层的光学性质不仅与颜料的结构、性质、颗粒大小及分布有关，与颜料在连结料中的分散程度及连结料自身的性能、颜色有关，还与承印物的性能、油墨的渗透量及干燥速度、印刷工艺过程有关。下面将分别讨论油墨的各种光学特性及其测量方法。

第二节　膜层的光泽

　　光泽指物体表面反射的亮光。当光线照射于膜层表面时，将产生反射和折射，反射的光线又分为两部分：镜面反射和漫反射。镜面反射的光量即反映了膜层的光泽（Gross），光泽度用百分比表示。

　　光泽赋予印品外观以美感，亚光有时也是一种艺术表现手法，因此，光泽是印刷品质量的一个重要指标。有许多印刷品进行上光、涂塑、覆膜等处理，其目的都是为了改善印品的光泽。影响油墨膜层光泽的因素有油墨、纸张及印刷工艺等多方面因素。首先，油墨本身的流平性将影响印品的光泽。流平性不佳的油墨可能会使印品表面出现波纹或橘皮状，严重影响墨膜的光泽。其次，油墨的渗透量及干燥速度也有影响，纸张疏松多孔，油墨中连结料过多地渗入会导致墨层粉化，墨膜无光泽；干燥速度太快会使印刷品油墨堆积、光泽不良；干燥太慢，印品粘脏，亦会严重影响光泽。另外，纸张的平滑度和光泽度对印品的光泽度也有影响。实验表明，纸张自身的平滑度和光泽度越高，则印刷品的光泽度也越高，两者成正比关系。

测试油墨膜层光泽与测量纸张光泽所采用的仪器及测量原理相同，参见本书第五章第二节。

第三节　膜层的透明度（遮盖力）

一、透明度（遮盖力）

当光线照射于膜层表面时，将有一部分光线产生折射而进入膜层内部。进入膜层内部的折射光又分为两部分：穿透膜层的透射光和被膜层所吸收的光。透射光量越大，膜层的透明度（Transparency）越高；吸收的光量越多，膜层的遮盖力越高。

不同的印刷效果，对油墨膜层的透明（遮盖）能力的要求不同。例如打底油墨，要求油墨具有完全遮盖承印物底色的能力；而彩色印刷则要求油墨的透明性好。如果后一色油墨的透明性不良，就会影响色光减色的效果，从而导致叠印出的颜色产生偏差。

影响油墨透明性的因素有以下四种。

（1）颜料本身的分子结构及结晶构造。不同的分子结构及结晶构造对光线产生不同的吸收能力，从而使相应的油墨具有不同的透明度。

（2）颜料颗粒。同一种颜料，颗粒越小，遮盖力越强。这是由于增加颜料的比表面积，即增加了光线的反射和吸收。但有一极限，当颜料颗粒的粒径小于入射光波长之半时，颜料透明性会急剧增大，并且造成光线的选择性透过，这将导致颜料色相变异。

（3）油墨中颜料的含量。颜料含量高对光线的吸收能力加大，透明度下降。

（4）颜料及连结料折射率的差别。两者的折射率相近，光线折射角度小，油墨呈透明趋势；两者差别越大，油墨的遮盖力越强。通常用两者折射率之比值表示。例如：

白色油墨：颜料折射率/连结料折射率 = 1.68　　不透明
调墨油：　颜料折射率/连结料折射率 = 1　　　透明

二、检验方法

检验油墨透明度的常规方法是刮样对比法。这个方法是将被测样品与标准样品在印有黑色横道的刮样纸表面用刮墨刀刮成墨样之后，目测进行对比，以判断油墨的透明度。如图 13 - 1 所示。比较被测试样、标准试样遮盖刮样纸黑色横道的情况，即可定性判断被测试样品的相对遮盖力（透明度）。比较被测试样、标准试样的底色，即可判断被测试样的色彩效果，预测油墨的印后效果。

刮样纸
试样·底色
标样·底色
黑色条杠
面色

图 13 - 1　对比刮样

用刮样对比法还可以测量油墨的着色力。着色力的测试原理为，在被测墨样和标准墨样中加入定量标准白墨，刮样进行对比，若不一致则反复调整，直至两种油墨达到相同的色彩效果。被测墨样的着色力（S）用百分比表示。

$$S = \frac{B}{A} \times 100\%$$

式中　A——冲淡标准墨样所用的白墨量；

　　　B——冲淡被测墨样所用的白墨量。

国际上标准白墨由75%氧化锌与25%亚麻油调墨油配成；溶剂型油墨则采用30%钛白粉和同一体系的连结料配成标准白墨。

第四节　膜层的颜色

颜色是油墨经印刷手段赋予印刷品的色彩特性。因此，颜色是油墨的一个极为重要的指标。油墨呈现的色彩是印刷质量特征的决定性因素之一。

一、油墨颜色的评价指标

油墨的颜色由颜料决定。我们所使用的黄、品红、青颜料的颜色与自然界光谱颜色的差距很大，理想的黄色应只吸收蓝光而全部反射红光和绿光；理想的品红色应只吸收绿光而全部反射红光和蓝光；理想的青色应只吸收红光而全部反射蓝光和绿光。但实际上，由于颜料本身存在有害吸收，不可能制作出完全纯正的三原色油墨，也就是说，三原色油墨对光的吸收和反射偏离理想的方式，使每一个墨色都会产生色相误差和灰度。这将导致印品达不到预期的色调（相）及密度。这一问题通常是通过印前图文处理时对三原色油墨的颜色偏差进行补偿调节而得到解决。因此，必须先掌握三原色油墨的颜色特点，对其颜色进行评价和预测。在印刷过程的控制中，可以采用密度测量和色度测量两种体系，从密度测量的角度，三原色油墨的颜色特性有四个方面，即色强度、色相误差、灰度（饱和度）、色效率。这四个特性可以用反射密度并以红、绿、蓝三个滤色片分别对三原色油墨样条进行测定后，根据密度的高低进行计算得知。

某三原色油墨相应的光学密度值如表13－1所示。

表13－1　某三原色油墨的光学密度值

滤色片　　　三原色油墨	红	绿	蓝
黄	0.02	0.08	0.86
品红	0.09	0.89	0.33
青	1.25	0.40	0.57

对三原色油墨可用以下指标进行评价。

1. 色强度（Strength）

用彩色密度计三原色滤色片测得的三个密度值中最高的一个表示该油墨的色强度，如表13-2中，黄墨的强度是0.85，品红墨的强度是0.89，青墨是1.25。油墨的色强度可用来估计油墨叠色后的色偏情况。

2. 色相误差（Hue Error）

以油墨色相反射区域密度差与吸收区域密度差之比来表示。色相误差是描述油墨颜色偏差的指标，油墨色相偏向密度最小值的滤色片的颜色，其量值表示了这种偏差的程度。

$$色相误差 = \frac{M-L}{H-L} \times 100\%$$

式中　　H——油墨最大密度值；

　　　　L——油墨最小密度值；

　　　　M——介于H和L之间的密度值。

3. 灰度及饱和度

油墨色相不应吸收区域最小密度与应吸收区域的最大密度之比表示油墨的灰度。饱和度是指油墨的纯度。

$$灰度 = \frac{L}{H} \times 100\%$$

$$饱和度 = \left(1 - \frac{L}{H}\right) \times 100\%$$

灰度是油墨灰含量的一个标志，灰度越小，油墨的饱和度越高，则颜色较为明亮、干净。

4. 色效率（Efficiency）

色效率是指一个颜色对光的正确吸收与不正确吸收的百分比。

$$色效率 = \left(1 - \frac{L+M}{2H}\right) \times 100\%$$

如果一个颜色对某种光应当反射而没有反射，应当吸收而没有吸收，甚至有相反的作用，则它的效率就会下降。如果一个油墨的效率较高，则它与其他颜色套印时，就能够得到相应色相和反射纯的色光。表13-2给出了上述三原色油墨各指标的数据。

表13-2　三原色油墨各指标的数据

油墨颜色	色强度	色相误差（%）	饱和度（%）	色效率（%）
黄	0.85	7.2（偏红）	97.7	94.2
品红	0.89	30（偏红）	90	77
青	1.25	2（偏绿）	87	78

二、色轮图

按照这些数据，可以根据GATF方法，确定它们在GATF色轮图上的坐标，如图13-2所示。

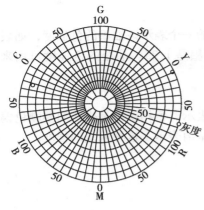

图 13-2　GATF 色轮图

利用色轮图就可以清楚地看出三原色油墨的色相误差与灰度。例如在图 13-2 中，黄墨色相误差为 7.2%，因最小的数值是以红滤色片测得的，故确定坐标时应往红偏 7.2%。灰度坐标是由外往里计算确定的。一个颜色的灰度坐标位置越接近圆心，则说明这个颜色的灰度越大。

一般地说，利用色轮图可以达到两个目的，即预测二（次）色或三（次）色的套印情况及与理想颜色进行比较。我们知道，当一种油墨套印在另一种油墨上时，可以得到这两种颜色之间的任何色相，它取决于这两个颜色的相对强度、透明度及套印性能等条件。

如果将黄、品红、青以及套印后的颜色红、蓝、绿通过一系列的测定计算后，将它们的坐标画（点）在色轮图中，再把这些点用直线连接起来，则这个圈连起来的面积就基本上可以说明三原色油墨的限度，以及能够产生的纯颜色。圈连起来的面积越大，则说明油墨的效率越高。

按表 13-3 的比例将黄、品红、青油墨进行混合，表中 M19C 1 的意思是 19 份品红加 1 份青；C13Y7 的意思是 13 份青加 7 份黄；M16Y4 的意思是 16 份品红加 4 份黄，等等。

表 13-3　三原色油墨的呈色范围

油墨比例	滤色片			色相误差	区域	灰度
	红	绿	蓝			
黄（Y）	0.02	0.11	1.37	6.7	Y－R	1.5
M4　Y16	0.05	0.565	1.49	35.8	Y－R	3.4
M7　Y13	0.05	0.71	1.41	48.5	Y－R	3.5
M10　Y10	0.07	0.88	1.37	62.4	Y－R	5.1
M13　Y7	0.085	1.05	1.29	80.0	Y－R	6.6
M16　Y4	0.09	1.15	1.02	87.8	M－R	7.8
品红（M）	0.10	1.325	0.51	33.5	M－R	7.6
M19　C1	0.27	1.20	0.48	22.6	M－R	22.5
M18　C2	0.37	1.19	0.48	13.4	M－R	31.1
M17　C3	0.495	1.28	0.48	1.9	M－B	37.5
M16　C4	0.57	1.205	0.45	15.9	M－B	37.4
M13　C7	0.89	1.26	0.455	54.0	M－B	36.1
M10　C10	1.07	1.08	0.40	98.5	M－B	37.0
M7　C13	1.19	0.87	0.33	62.8	C－B	27.8
M4　C16	1.42	0.73	0.27	40.0	C－B	19.0
青（C）	1.52	0.39	0.17	16.3	C－B	11.2

续表

油墨比例	滤色片			色相误差	区域	灰度
	红	绿	蓝			
C19　1Y	1.29	0.355	0.32	3.6	C－B	24.8
C18　Y2	1.42	0.405	0.54	13.3	C－G	28.5
C17　Y3	1.285	0.38	0.62	26.5	C－G	29.6
C16　Y4	1.38	0.41	0.82	42.3	C－G	29.7
C13　Y7	1.19	0.39	1.10	89.0	C－G	32.8
C10　Y10	0.99	0.345	1.24	72.0	Y－G	27.8
C7　Y13	0.85	0.33	1.39	49.1	Y－G	23.8
C4　Y16	0.57	0.26	1.35	28.4	Y－G	19.3
C2　Y18	0.35	0.19	1.33	14.0	Y－G	14.3
C1　Y19	0.27	0.175	1.35	8.1	Y－G	13.0

　　然后，将这些油墨印样以反射密度计进行测定，然后再用前面的公式进行计算，它们的计算结果列在表13－3中。根据计算结果将其点于色轮图中，然后将各点连起来，此时就形成了图13－3的情况。此图表示用这套三原色油墨可以得到的全部色彩的范围。

　　除了密度测量的方法之外，还可以采用色度测量，直接测量各个样条上 Y、M、C、R、G、B 各个颜色的 x、y 值，在 CIExy 色品图上标定各个颜色的位置，将此六个点连成一个六边形，即是此工艺条件下的印刷复制呈色范围（色域）。图13－4 是用国产 128g/m² 的铜版纸，天狮牌胶印亮光快干油墨，印刷压力为 625N，印刷速度为 0.6m/s，转移到承印材料上的墨层厚度为 1.0μm 的工艺条件，在 IGT 印刷适性仪上进行叠印试验，对得到的样条进行色度测量绘制的 CIExy 色品图。

图13－3　三原色油墨实际测定数据在
色轮图上的分布区域

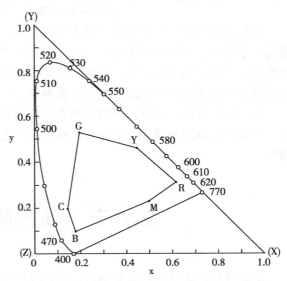

图13－4　测试样张的 CIExy 色品图

第五节　油墨的细度及测定

油墨的粗细是一个重要的质量指标。油墨颗粒太粗会引起许多印刷故障，例如，在平版印刷中会引起毁版、堆墨、糊版等；溶剂型油墨会引起毁版、油墨沉降等。一般地说，印刷加网线数比较高的印刷品时，对油墨的细度要求更高。

所谓油墨的细度就是指混合在连结料中的颜料、填料等固体颗粒被分散的程度。如果分散不好，油墨看起来就会产生不光滑、不流畅的感觉，同时，颜料的强度也不能得到充分的发挥。

图13－5　刮板细度计示意图

测量油墨细度的方法很多，最常用的方法是刮板细度计法。刮板细度计又名细度计，是一块中间刻有由深到浅凹槽的钢板，如图13－5所示。细度计上端凹槽深50μm，往下逐渐变浅至零，槽边有刻度。试验时用墨刀将已用6号调墨油稀释的墨样（根据油墨流动度高低进行稀释：流动度在27mm（平行板黏度计）以下，加5倍调墨油；27～32mm之间加4倍调墨油；32～45mm之间加3倍调墨油；46mm以上不稀释。约0.5ml放在50μm处凹槽内，将刮刀垂直放在槽上，自上而下（由深到浅）刮到零点，使油墨充满细度计的凹槽。然后立即以30°角斜对光源，用放大镜或目测观察密集的固体颗粒，如果某刻度范围内颗粒数为15个，此刻度即为被测定油墨的细度值。每种油墨都要重复试验2～3次，取其平均值。

印刷油墨的细度与印刷品质量有密切关系。一般来说，图像的加网线数越高，对油墨的细度要求越高。如油墨细度值为15μm，则在200lpi的10%网点中，只有10个油墨颗粒。事实上，当细度为15μm时，大部分油墨颗粒均在10μm以下，所以能够印到250lpi，但应防止油墨在储存中发生胶凝和颜料聚集现象。

除了这种方法，还可以利用光的散射原理制作的粒度仪进行测量，通过对测试数据的分析，不仅可以得到油墨或其他分散体系中分散相颗粒的平均大小，还可以得到分散相的分布曲线。

第六节　油墨膜层的耐抗性

油墨膜层的耐抗性是指油墨形成固态膜层后，膜层受到外界因素侵袭时，保持膜层色彩及其他品质不变的性能，又称稳定性。

印刷品的特定用途、特定的使用环境，对印刷品的稳定性提出了特殊的要求。如常接触酸、碱、有机溶剂的印刷品，必须具有耐酸碱、耐有机溶剂的性能，招贴广告必须耐晒等。

油墨抵抗所有的外界侵蚀是不可能的，但我们可以通过对材料加以选择，使油墨抵抗某一种外界侵蚀，即具有某一特定的耐抗性。

评价膜层的稳定性包括两个方面的内容：第一，膜层中的颜料受到侵蚀，化学结构是否发生变化，从而导致颜色变化；第二，膜层材料受到侵蚀而被破坏，颜料是否游离出膜层。下面分别介绍油墨的几种耐抗性及其测试原理。

一、耐光性

由于许多印刷品要长期暴晒在日光下，所以测定印刷油墨的耐光性是非常必要的。印刷油墨耐光性的强弱主要取决于所使用的颜料，颜料在光的作用下发生化学反应或晶形转化则导致退色。所有可见光都可能产生这种作用，短波光线作用比较强烈，紫外光尤其如此，这就要求用于广告、招贴等用途的油墨的组成具有耐短波光照的特性。

测定耐光性主要使用褪色仪（俗称曝晒仪）。其原理是将试样与国家规定的日晒牢度蓝色标准一起用黑色厚纸板遮盖一半放入褪色仪，在 5500～5600K 色温的氙灯下曝晒 20～40h，取出后观察被测油墨试样与 8 个日晒牢度蓝色标准中哪一个标准接近，就以该标准的级数作为被测油墨的耐光性级数。其中，8 级最不易褪色，耐光性最好，1 级最差。

二、耐热性

如果有些油墨印刷时需要强制干燥（如印铁油墨、软管油墨、热固型油墨的加热烘干）或印刷品有其他用途需要加热时（如塑料油墨印在包装薄膜上要加热封口），要求颜料必须能够承受高温而不变色。用于配制白色油墨的连结料是否会因加热而泛黄，有时也需要测定。测定方法：将 4.75g 被测油墨与 0.25g 燥油调匀，涂在 3cm×15cm 的新镀铁皮上，剪成 6 小块，放入恒温箱，分别在 60℃、80℃、120℃、140℃ 和 180℃ 条件下烘 30min，观察比 60℃ 高的铁皮是否有变色、褪色或泛黄倾向，以未变化的最高温度代表被测油墨的耐热性。

三、耐酸、碱、水和溶剂性能

在国家标准中，规定了测试印刷油墨耐酸、碱、水和化学溶剂性能的测试方法，有浸泡法和滤纸渗透法两种。

1. 浸泡法

将被测油墨在刮样纸上刮样或印成实地版，在常温下干燥 24h，剪成小条分别浸泡在下列试管中。

（1）1% 盐酸溶液。

（2）1% 氢氧化钠溶剂。

（3）蒸馏水。

（4）95% 乙醇或其他溶剂。

浸泡 24h 后，取出试样与保留的未浸泡样张对比，根据表 13－4 中的规定，判断被测油墨耐酸、碱、水和化学溶剂的级别。

表 13 - 4 油墨化学抵抗力的级别

级别	样张变色程度	溶液染色程度
1	严重变色	严重染色
2	明显变色	明显染色
3	稍变色	稍染色
4	基本不变色	基本不染色
5	不变色	无色

2. 滤纸渗透法

按照浸泡法制备样张，将其一半平放在玻璃板上，取定性滤纸 10 张浸透酸、碱、水或溶剂，放在试样上，加盖一块玻璃板和砝码，静置 24h 后取出。仍按表 13 - 4 中的规定观察试样，滤纸染色张数 0 张为 5 级；1~3 张为 4 级；4~5 张为 3 级；6~7 张为 2 级；8~9 张为 1 级，张数与试样变化级数不一致时，以二者中较差者为准。

复习思考题十三

1. 分析影响墨膜层光泽性、透明性的因素。
2. 油墨颜色的评价指标有哪些？写出其表达公式，并说明油墨为什么会产生色差和灰度？
3. 如何利用密度测量和色度测量的方法评价一套三原色油墨的色域范围？
4. 油墨的细度对油墨的性质有什么影响？如何测量油墨的细度？
5. 油墨的耐抗性指的是什么？它包括哪些性能？如何评价油墨膜层的稳定性？

第十四章
油墨的流变特性与印刷适性

第一节　概述

油墨的流变特性是对油墨在印刷机上及承印物表面行为的一种全方位的、深入的描述，它揭示了油墨在印刷过程中的行为和造成这种行为的原因。

流变学是研究具有固—液双重形态物质力学行为的学科。油墨具有固体和液体两种特征，在印刷过程中，要发生种种变形及相应的流动和断裂行为。油墨流变学即是对油墨的变形流动、断裂过程进行研究，以期控制油墨的行为，预测油墨的印刷质量。

油墨在印刷过程中的流变特性与油墨的印刷适性密切相关。油墨的印刷适性可以分为运行适性和质量适性。所谓运行适性，是要求油墨具有适应印刷机的要求，使印刷得以顺利完成；所谓质量适性是如何使油墨获得最佳的印刷效果。

油墨在印刷过程中要经历从墨槽到墨斗，从墨斗到墨辊，从墨辊到印版（橡皮布），从印版（橡皮布）到承印物以及在承印物表面固着等一系列过程，在整个印刷过程中，油墨主要有两种行为：其一是油墨在剪切应力作用下作黏性流动，这时油墨呈液体行为，即表现为黏滞性流动特征；其二是在非常短暂的近于冲击力的作用下，油墨产生变形及断裂，这时，油墨的弹性效应不可忽视，表现为固体的弹性特征；油墨呈现的这种固—液双重行为，即黏弹性特征对于油墨的稳定性、传递和转移及固着等印刷适性有着重要作用。下面将分别讨论。

第二节　油墨的黏滞性

流体的黏滞性，是流体在流动中表现出来的内摩擦特性。量度流体黏滞性的物理量，称作流体的黏度。流体的黏度与很多因素有关，如流体的切应力和切变速度、流体的温度、作用力作用的时间及流体的组成、结构等。

本节所讨论的油墨的黏滞变形，暂且不考虑其弹性效应，因为弹性效应在一定条件下处于次要地位，可以忽略；另外也使问题的讨论趋于简化。

一、油墨的黏度与黏滞流动

1. 黏度和屈服值

（1）油墨流动及黏度。在流动的液体中，如果流动的速度不是很快，则宏观上流体质点间不发生掺混，呈现层流状态。如果外力作用使得流体各层流速不同时，则在两层接触面流动速度不同的液层之间，有作用力和反作用力存在，这种力称为液体的内摩擦力，也称为流体流动的阻力，一般液体都具有这种性质，表现为液体的黏性。度量流体黏性的物理量称为黏度。

由剪切力引起的流动称为剪切流动。图 14－1 所示是剪切流动的模型。黏性流体充塞在两个平行平板之间，一板固定，另一板在力 F 作用下以匀速 U 平移，则板间流体的运动就是剪切流动。

图 14－1　剪切流动图

F—外力；U—平板的移动速度；τ—剪切应力；V—流体的速度；Y—液层的高度

剪切应力（shear stress）τ 表示单位面积上的正切力，流体受剪切应力τ作用产生变形，并产生变形的速度梯度 D，速度梯度是描述不同液层间变形速度差别的量：$D = \dfrac{\Delta V}{\Delta Y}$

对于某一流体微团则有：

$$D = \frac{\mathrm{d}V}{\mathrm{d}Y} = \frac{\partial}{\partial Y}\left(\frac{\partial X}{\partial t}\right) = \frac{\partial}{\partial t}\left(\frac{\partial X}{\partial Y}\right)$$

$\dfrac{\partial X}{\partial Y}$ 为变形率（γ）

则：

$$D = \frac{\mathrm{d}\gamma}{\mathrm{d}t} = \dot{\gamma}$$

因此，速度梯度（Velocity Gradient）即为变形速率，或称剪切速率（Rate of Shear）。

牛顿定律表明，对理想的黏性流体，剪切应力τ与流动的速度梯度 D 成正比：

$$\tau = \eta_N D = \eta_N \frac{\mathrm{d}V}{\mathrm{d}Y} \tag{14－1}$$

式中，η_N 是剪切应力τ与相邻两层垂直于流体流动方向的速度梯度 D 的比例系数，称为流体的黏性系数或牛顿黏度。η_N 体现了流体在剪切力作用下产生变形的难易程度，是描述流体流动特征的重要特征参数。η_N 是不依赖于剪切速率的常量。

η_N 的国际单位制单位为 Pa·s（帕·秒：$N \cdot s/m^2$）；它的厘米克秒制单位为 P（泊：$dyn \cdot s/cm^2$），现已逐渐被国际单位制替代，其换算关系为：

$$1Pa \cdot s = 10dyn \cdot s/cm^2 = 10P$$

$$1\text{Pa}\cdot\text{s} = 10^3\text{mPa}\cdot\text{s}$$
$$1\text{P} = 10^2\text{cP}$$

由于牛顿黏度 η_N 具有动力学量纲，所以将其称为流体的动力黏度，也称绝对黏度。此外，在讨论流体的运动时，还经常引入 η_N/ρ（ρ 是流体的质量密度），由于 η_N/ρ 具有动力学量纲，所以将 η_N/ρ 称为运动黏度，用 ν 表示。

$$\nu = \frac{\eta_N}{\rho} \qquad\qquad (14-2)$$

运动黏度的国际制单位为 m^2/s；厘米克秒制单位为 cm^2/s（斯托克斯）。

在温度为 20℃，压力为 1atm 的条件下，水的运动黏度 $= 1 \times 10^{-6}\text{m}^2/\text{s}$。

运动黏度和动力黏度可以根据流体的密度相互换算。

在生产控制上，还经常使用相对黏度和条件黏度。相对黏度是流体的绝对黏度与同条件下标准液体（例如水）的绝对黏度之比；条件黏度是指一定量流体，在一定温度下从规定直径的小孔中全部流出所需的时间，以秒（s）表示。

在油墨的检测中，习惯上把 η_N 的倒数 $1/\eta_N$ 称作油墨的流动度，用 f 表示，对于屈服值很小的油墨，在切变速率不是太大的情况下，可以看作是牛顿流体；f 就可以用来表示这种油墨的流动情况。

大多数油墨属于非牛顿流体。非牛顿流体的 τ—D 关系较为复杂，黏度系数 η 也不是一个常数，通常用表观黏度 η_a 来表示。同一种油墨在不同的条件下其表观黏度是不一样的，即流动变形特征是不同的。因此，必须确定不同因素对表观黏度值的影响，才能确定油墨的表观黏度。油墨的表观黏度与油墨自身的结构特征有关，与剪切应力 τ 和速度梯度 D 有关，还与应力作用持续的时间 t 和环境温度 T 有关。

还应指出，以上针对剪切流动而定义的黏度，都是对稳态层流而言。所谓稳态层流，是指相邻流体层作相对运动时，没有流体质点宏观上的掺混。只有在层流状态下，流体的黏滞性对流体的流变行为起主导作用，流体的弹性效应才能忽略不计，速度梯度才有意义。

（2）屈服值。屈服值是指使流体（油墨）产生流动所需要的最小剪切应力，记为 τ_0，即当剪切应力 $\tau \leqslant \tau_0$ 时，$D = 0$，油墨不产生变形；当剪切应力 $\tau > \tau_0$ 时，油墨才发生变形而流动。屈服值 τ_0 的单位是 N/m^2。通常，要求油墨具有较小的屈服值，否则将对油墨从墨斗中的输送产生不良的影响。

2. 流变曲线

由于在一定的切应力作用下，流体的剪切速率 D 是一个可测的物理量，所以，我们可以用切应力 τ（σ）和剪切速率 D（$\dot{\gamma}$）作为描述流体黏滞变形的变量。如果以剪切速率 D 为横坐标，以切应力 τ 为纵坐标，在直角坐标系中绘制 τ–D 关系曲线，即为流体的流变曲线。

实验表明，黏性流体的剪切流动，可以分为五种主要的流动形式。油墨作为黏性流体，在印刷过程中所表现的流变行为大多在这五种流型之中，图 14-2 给出了这五种流型典型的流变曲线：曲线 A 表示的是牛顿型流动，它表明只要有切应力 τ，不管它多么小，在 τ 的作用下，流体的变形速度 D 便瞬间产生，并且始终与 τ 成正比。曲线 B 和 C 同曲线 A 一样通过原点，同样表明，只要有切应力 τ，不管它多么小，在 τ 的作用下，D 便瞬间产生。但在剪切速率产生之后，随着切应力的增加，曲线 B 所代表的流型的剪切速率增加得越来越快；而曲线

C 所代表的流型的剪切速率却增加得越来越慢。前者称为假塑性流动，后者称为胀流型流动。与此相应的把符合假塑性流动的规律的流体模型称为假塑性流体；而把符合胀流型流动规律的流体模型称为胀流型流体。曲线 D 代表宾哈姆流体的宾哈姆流动（Bingham Flow）；曲线 E 代表塑性流体的塑性流动。它们的共同特点是，当作用在流体上的切应力小于或等于某个确定的应力屈服值时，流体并不发生流动，这时的变形速度为零；而当切应力大于这个确定的应力时，流体才发生流动，这是塑性流体的典型特征。印刷用油墨特别是浆状油墨大多数属于塑性流体。D 和 E 的不同之处在于，当流动发生后，宾哈姆流动的剪切

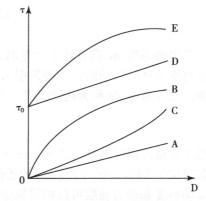

图 14 – 2　各种流体的流变曲线

A—牛顿型流动；B—假塑性流动；C—胀流型流动；
D—宾哈姆流动；E—塑性流动

速率随切应力成比例地增加，而塑性流体的剪切速率却增加得越来越快。

　　假塑性流体、胀流型流体、宾哈姆流体、塑性流体通称为非牛顿流体。印刷过程中的油墨，在很多情况下可视为非理想的宾哈姆流体，如胶印油墨；但有时要看作胀流型流体，如证券印刷所用的雕刻凹版油墨；有时还要看作假塑性流体，如某些电子雕刻凹版油墨。下面主要分析假塑性流体和宾哈姆流体流变曲线及特性。

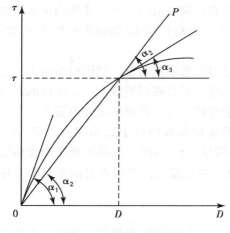

图 14 – 3　假塑性流体的流变曲线

　　（1）假塑性流体。从图 14 – 3 假塑性流体的流变曲线可以看出，当流体受到剪切作用时，$\tau - D$ 曲线偏离而倾向 D 轴，即随剪切速产增加，黏度下降。

　　当切变速率很低时，假塑性流体表现出牛顿流体的性质，即切应力 τ 与剪切速率 D 成线性关系，这一阶段流体的黏度，可以用 $\tau - D$ 流变曲线的初始斜率来表示，称为零切变黏度。

$$\eta_0 = \left.\frac{\mathrm{d}\tau}{\mathrm{d}D}\right|_{D=0} \qquad (14 - 3)$$

　　当切变速率较高，$\tau - D$ 关系为非线性时，则对应于某一剪切速率的黏度，可以用表观黏度 η_a 或微分黏度 η_d 来表示。

　　表观黏度是连接原点 O 和给定的剪切速率在 $\tau - D$ 曲线上对应点 P 所做的割线 OP 的斜率：

$$\eta_a = \tau/D \qquad (14 - 4)$$

微分黏度是过 P 点所做的 $\tau - D$ 曲线的切线的斜率：

$$\eta_d = \frac{\mathrm{d}\tau}{\mathrm{d}D} \qquad (14 - 5)$$

　　从图 14 – 3 中可以看出，$\eta_0 = \mathrm{tg}\alpha_1$；$\eta_a = \mathrm{tg}\alpha_2$；$\eta_d = \mathrm{tg}\alpha_3$。

假塑性流体的表观黏度和微分黏度，随剪切速率的升高而降低，这种现象称作切稀现象。这是由于分散体在静置状态，受其颗粒间作用力的影响具有保持不规则排列的趋势。因此，具有较大的抵抗变形的能力，表现出比较高的黏度值，流体在剪切力的作用下，分散体的颗粒将沿剪切力的方向定向排列，而高分子溶液中的链状分子则从彼此缠绕中分开、拉伸，解缠绕，也呈现定向排列，这种定向排列使得它们之间的流动阻力相应地降低，黏度因而减小。剪切速率越大，这种定向排列越彻底，黏度就越小，直到所有粒子都得到定向排列，黏度也就不变了。

假塑性流体的流变方程为：

$$\tau = kD^n \quad (n < 1) \tag{14-6}$$

这样的流动称为幂律流动。式（14-6）中的 k 称为流动系数，n 称为流动指数，是表征油墨在剪切作用下黏度下降的幅度。油墨的行为，表现为表观黏度受到 k 值与 n 值的制约，因此，k 值与 n 值是油墨的特性参数，并且在一定条件下为常数。

假塑性流体的表观黏度为：

$$\eta_a = \tau/D = kD^{n-1} \tag{14-7}$$

从式（14-7）可以看出，油墨的表观黏度取决于特征参数，同时受其所受切应力 τ 与剪切速度 D 的影响。因此，油墨的表观黏度不是一个常数，而只是油墨在某种状态下所表现的行为。表观黏度值只有在注明了切应力、剪切速率的状态时才有意义。

（2）宾哈姆流体。流变曲线如图14-4所示，理想的宾哈姆流动的 $\tau-D$ 关系是线性的（图14-2中的曲线 D）。这种流体的特点是流体在 τ 小于或等于某个确定的 τ_B 时，并不发生流动；而当 $\tau > \tau_B$ 时，就像牛顿流体那样流动。τ_B 是宾哈姆流体的屈服值。切应力超过屈服值才发生流动的现象称之为体系的塑性现象。只有分散粒子的浓度达到可以使粒子彼此接触的程度，体系才有塑性现象发生。分散体系的可塑性质，可以认为是由于体系中存在不对称的网状结构引起的。当外部施加的应力不足以破坏流体内部的网状结构时，流体不发生变形；

图14-4　宾哈姆流体的流变曲线

当外部剪切作用力大到足以破坏网状结构时，网状结构被破坏，表现为黏度随之下降，网状结构被破坏后，又可能重新结合。当网状结构的被拆散速度超过重新结合的速度时，黏度才成为常数。因此，实际上的流动并不像理论上的宾哈姆流动那样简单，而是如图14-4所表示的 $\tau-D$ 曲线那样。宾哈姆流体流变方程为：

$$\begin{cases} D=0 & \tau \leq \tau_B \\ \tau = \eta_p D + \tau_B & \tau > \tau_B \end{cases} \tag{14-8}$$

η_P 称为宾哈姆流体的塑性黏度。τ_B 是宾哈姆流体的屈服值。图14-4上 τ_e，τ_B，τ_m 具有不同的物理意义：当 $\tau \leq \tau_e$ 时，流体不发生流动；当 $\tau > \tau_e$ 时，流体才有流动。从图上看，开始有一段极短的直线，随后是一段较短的曲线，在这段曲线上，流体的表观黏度 η_a 越来越小，表征体系的网状结构被逐渐破坏，直到 $\tau = \tau_m$ 为止；此后 $\tau-D$ 关系成为线性，黏度成为常数，即塑性黏度 η_P；而 τ_B 则是这段直线外延得到的。τ_e 是开始流动的切应力，流体只有部分发生变形，还有部分流体并未发生变形，而是仍按原来的结构形式一起移动，形成"塞流"。随着切应力的增加，流体变形的部分增加，"塞流"部分减少；当 $\tau = \tau_m$，流体全部变形，"塞流"部分消失，流动形式与牛顿流动相同。τ_B 介于 τ_e 和 τ_m 之间，只有用于计算塑性黏度的理论意义。事实上，τ_e 和 τ_m 是很难测得的，所以要用 τ_B 来计算塑性黏度。

$$\eta_p = (\tau - \tau_B) / D \tag{14-9}$$

油墨的分散相是颜料，颜料粒子的形状很复杂，有球形、棒形、片形，等等，粒子的分散度很高，对油墨流动性的影响十分复杂。主要因素有：颜料和连结料的体积比，颜料粒子的大小和形状等。

表面活性剂的存在对油墨的流动性有很大影响。表面活性剂赋予颜料粒子保护性外壳，同时也增大了颜料粒子的体积。由于表面活性剂溶于油墨的连结料，从而改变了连结料本身的黏度。影响油墨黏度和流动性的因素太多，从理论上说明还有困难，可以指出的一些经验规律是：如果颜料等固体粒子的浓度以百分比计，则 η_P 以指数规律随固体浓度的增加而升高。如以 $\lg\eta_P$ 对粒子百分比体积（V%）作图，得到的是近于直线的关系；τ_B 与粒子百分比体积 V% 的关系也大致如此。如果固体粒子的浓度不变，则粒子越小，η_P 越大。

二、黏度和屈服值的测定

油墨流动的流变方程中联系着力学变量（切应力 τ 和剪切速率 D）和油墨的物理特性参量（黏度 η，屈服值 τ，k 值，n 值等）。所有这些物理特性参量都是用实验来测定的。对于油墨，黏度和屈服值的实验测定尤为重要。

油墨的黏度和屈服值都是在黏度计上测定的，黏度计是一种主要用来测定液体稳态黏度的仪器。黏度计的种类很多，可以根据油墨黏度大小及测试要求选择使用。

1. 毛细管式黏度仪

毛细管式黏度仪用于测定比较稀薄的溶剂和矿物油的黏度，根据在一定温度下，一定容积的流体通过毛细管所需的时间确定流体的黏度。由于毛细管黏度仪中流体的流动时间与运动黏度成正比，所以毛细管黏度仪又称作运动黏度仪。图 14-5 是一种有代表性的毛细管黏度仪，称做凯能-芬斯克黏度仪。

以蒸馏水为例，在 20℃ 时蒸馏水从黏度仪的 X 刻度流至 Y 刻度所需时间为 500s，已知它的运动黏度为 0.01 斯托克斯，可以求出该仪器的常数值 k：

$$k = \frac{\nu}{t} = 0.01 \text{ 斯托克斯}/500s = 0.000020$$

如果在同样的条件下乙酸乙酯需要 420s，则可以求出乙酸乙酯的运动黏度：

$$\gamma = k \cdot t = 0.000020 \times 420 = 0.0084 \text{ 斯托克斯}$$

图 14-5 凯能-芬斯克毛细管黏度仪

2. 小孔式黏度仪

小孔式黏度仪与毛细管式黏度仪一样，都属于流出型黏度仪，这种仪器的简单结构如图 14－6 所示。由于在涂料行业广泛使用的是美国的 4 号福特杯（No. 4 Ford Cup），所以我国现在统一称为涂－4 杯，是一种以测定流体从黏度杯中全部流出的时间（s）来作为该流体的条件黏度的一种黏度仪。

涂－4 杯一般只适合于测定黏度在 150s 以下的流体，水的黏度约为 10s，汽油型照相凹版墨的黏度为 15～25s，对触变性大的油墨不能使用此法（见第十四章第二节）。

涂－4 杯黏度仪的优点是结构简单，操作简便，易于擦洗，耐用，能在印刷车间现场测试。但由于该仪器孔径大，长度短，因此，流动的稳定性差，所以不适合用于比较精密的科学研究。

图 14－6　涂－4 黏度仪（杯）示意图

3．旋转黏度计

旋转黏度计是基于在黏滞液体中转子转动会产生扭矩的原理测量液体黏着程度的一种仪器，其结构及原理如图 14－7 所示。黏度计的主要部件为两个同轴圆筒，其中一个圆筒静止不动，另一个圆筒以一定速度旋转，内外筒间的环形缝隙中充填被测流体。如果黏度计采用内筒静止，外筒旋转的形式，外筒以角速度 ω 旋转，使液体受到剪切作用并传到内筒上，使内筒产生转矩 M，这个转矩可通过指针的偏转角度直接读出。所以，可以由外筒旋转的角速度 ω 来计算剪切速率 D，由内筒产生的转矩 M 计算剪切应力 τ，但 τ 和 D 这两个流体变量与流体在缝隙中所处的位置有关。另外，旋转黏度计可以通过改变转速 ω 来改变被测流体的剪切速率 D，所以更适合用来测定非牛顿流体。

设内筒半径为 R_c，外筒半径为 R_b，两筒间流体的高度为 L，在半径 R 处，外层流体对内层流体的剪切应力为 τ，则剪切应力对转轴的转矩为：

$$M = 2\pi RL\tau \cdot R$$

则剪切应力为：

$$\tau = \frac{M}{2\pi R^2 L} \qquad (14-10)$$

如果被测流体是宾哈姆流体：在内筒和外筒间隙的被测流体中，各层间的力矩都等于 M，所以，外筒内表面 R_b 处的切应力 τ_b 最小；内筒外表面 R_c 处的切应力 τ_c 最大：

$$\tau_b = \tau_{min} = \frac{M}{2\pi LR_b^2} \qquad (14-11)$$

$$\tau_c = \tau_{max} = \frac{M}{2\pi LR_c^2} \qquad (14-12)$$

设被测宾哈姆流体的屈服值为 τ_B，则根据 τ_b，τ_c，τ_B 之间的关系，可以把旋转黏度计中流体的流动分为三种情形。

①如果 $\tau_c < \tau_B$，即 $M < 2\pi L\, R_c^2\, \tau_B$，则各层流体间的切应力都小于流体的屈服值，全部流体都不发生流动。

图 14－7　旋转黏度计

②如果 $\tau_b > \tau_B$，即 $M > 2\pi L R_b^2 \tau_B$，则各层流体间的切应力都大于流体的屈服值，全部流体都像牛顿流体那样流动。

图 14-8　宾哈姆流体的 $M-\omega$ 关系

③如果 $\tau_c > \tau_b > \tau_B$，即 $2\pi L R_c^2 \tau_B < M < 2\pi L R_b^2 \tau_B$，则内、外筒间的流体可以分为两部分：靠近外筒内侧的一部分流体和外筒一起做整体运动，形成塞流区；靠近内筒外侧的一部分流体，各层之间都有相对运动，形成层流区。

如果以 ω 为横坐标，以 M 为纵坐标，$M-\omega$ 关系曲线如图 14-8 所示。这条曲线和非理想的宾哈姆流体的流变曲线（$\tau-D$ 关系）形状相似，可以分为三个区段，当 $M < 2\pi L R_c^2 \tau_B$ 时，$\omega = 0$，$M-\omega$ 关系为直线，即图中的 OA 段；当 $2\pi L R_b^2 \tau_B > M > 2\pi L R_c^2 \tau_B$ 时，$M-\omega$ 关系为一曲线，即图中 AB 段；当 $M > 2\pi L R_b^2 \tau_B$ 时，$M-\omega$ 关系再次为直线，即图上的 BC 段。图中 M_B 是直线外延后与 M 轴的交点，当 $\omega = 0$ 时，$M = M_B$。

利用雷诺—里弗林公式（推导略），只要测得一组（M，ω）值后，就可以求出宾哈姆流体 τ_B 和 η_p 这两个重要参量了。

$$M_B = 4\pi L \tau_B \cdot \ln\frac{R_b}{R_c} \Big/ \left(\frac{1}{R_c^2} - \frac{1}{R_b^2}\right) \tag{14-13}$$

$$\eta_p = K \cdot \frac{M - M_B}{\omega} \tag{14-14}$$

式中 K 为仪器常数。

4. 旋转锥板黏度计

这种黏度计主要由置于同一轴线上的圆锥和圆板构成，其结构如图 14-9 所示。锥板黏度计的圆板固定，圆锥以角速度 ω 旋转，锥板间隙装填待测流体，被测流体在圆板的间隙中受到剪切作用，锥板间的夹角很小，一般圆锥角 $\theta \leqslant 3°$，以使流体中的剪切速率均一，可以近似地认为 $\mathrm{tg}\theta = \theta$ 通过圆锥的旋转角速度 ω 计算剪切速率 D，通过测定扭矩 M 来计算剪切应力 τ。

图 14-9　锥板黏度计

取流体中距轴心为 r 处一点，该点线速度 $V = r\omega$，此点液体厚度为 $r\mathrm{tg}\theta = r\theta$，所以，在此点：

$$D = \frac{r\omega}{r\theta} = \frac{\omega}{\theta} \tag{14-15}$$

由式（14-15）可以看出，剪切速率 D 与流体所处位置无关，即流体中任何一点的剪切速率是相等的。切应力对于转轴的转矩，即圆锥所受的转矩为：

$$M = \int_0^R \tau(2\pi r \mathrm{d}r)\cdot r = \frac{2}{3}\pi R^3 \tau$$

即剪切应力为：
$$\tau = \frac{3M}{2\pi R^3}$$
（14-16）

由式（14-16）可以看出，剪切应力 τ 也与流体位置无关，即流体中任何一点剪切应力是相等的。这样就避免了由于应力作用不一致（如旋转圆筒黏度计）所带来的麻烦。转速 ω 由电机控制，转矩 M 通过装在圆锥转轴上的弹簧用电测方法确定。有了 D 值和 τ 值，就可以用来计算 η_N、η_P 和 τ_B。

对于牛顿流体

$$\eta_N = \frac{\tau}{D} = \frac{3M}{2\pi R^3}\bigg/\frac{\omega}{\theta}$$
（14-17）

对于宾哈姆流体，可以在稍高的转速下，测出两组数据 ω_1、M_1 和 ω_2、M_2，按下式算出塑性黏度：

$$\eta_P = \frac{3(M_1 - M_2)}{2\pi R^3}\bigg/\frac{\omega_1 - \omega_2}{\theta}$$
（14-18）

然后再按下式计算屈服值 τ_B

$$\tau_B = \tau - \eta_P D = \frac{3M}{2\pi R^3} - \eta_P\cdot\frac{\omega}{\theta}$$
（14-19）

对于假塑性流体，表观黏度为：

$$\eta_a = \frac{\tau}{D} = \frac{3M}{2\pi R^3}\bigg/\frac{\omega}{\theta}$$
（14-20）

这里，表观黏度 η_a 是随 ω 而变化的，改变 ω，测对应的 M，在 $\tau-D$ 坐标系中找到对应的点，连成曲线，就是假塑性流体的流变曲线。因此，旋转锥板黏度计很适于非牛顿流体的测定，黏度测量的范围很大。

5. 拉雷（Laray）黏度计

拉雷黏度计又称落棒黏度计，其结构和工作原理如图 14-10 所示。

落棒黏度计是由同轴圆棒和套在棒外的短圆管组成。圆管的长度为 L，圆棒的半径为 r，圆管内径为 b，圆棒的质量为 p，圆棒上附加一个可以改变的重物，质量为 W。被测流体装在圆棒和圆管的间隙之间，设经过时间 Δt，圆棒在被测流体中下降 Δl，这时，和圆棒表面接触的流体所受的切应力为：

$$\tau = \frac{(p+W)\,g}{2\pi r L}$$
（14-21）

剪切速度为：

图 14-10　落棒黏度计
1—底座；2—支架；3—止动板；
4—短圆管；5—落棒；6—被测物料

$$D = \frac{\Delta l}{(b-r)\,\Delta t} \qquad (14-22)$$

因而，被测流体的表观黏度为：

$$\eta_a = \frac{(p+W)\cdot g\cdot(b-r)}{2\pi r L\cdot \Delta l}\cdot \Delta t \qquad (14-23)$$

用于油墨测定的落棒黏度计的圆棒有两种，分为合金棒和玻璃棒。合金棒常用的质量是130g，玻璃棒质量是32.5g，长度都在30cm左右，半径是0.6cm；圆棒的附加质量可以选择，有100g、200g、300g、400g、500g等，圆管的内径通常只能比圆棒的直径大40～60μm，所以，对于圆管，圆棒的加工精密及其装配和使用中的对称性，要求都十分严格。

落棒黏度计只适用于较为黏稠的宾哈姆型流体。

在黏度计的支架上有红外测试头，能自动记录10cm的距离，测定时加载一定附加质量的圆棒在油墨中下降10cm距离所需的时间为Δt，只要测定若干对（$P+W$）和Δt的数据，就可以按照公式求出τ、D及作出油墨的流变曲线了。除了用公式计算之外，还可以利用仪器所提供的附表直接将测量的数据标在图中，通过一定的方法直接得到屈服值和塑性黏度。

6. 平行板黏度计

平行板黏度计是一种简易黏度计，用它可以测定印刷油墨的丝头长短、软硬程度、屈服值、表观黏度和塑性黏度。这种仪器有上下两块平行板，其结构如图14-11所示。将0.5cm³的被测油墨放在下平行板中间的凹下处，测定时将活塞上推，顶部与下板持平，卡棒正好走到活塞的凹槽位置，弹簧将卡棒顶入活塞方向，上平行板失去支撑，沿支柱下落，通过上板对试样的压力而产生相应的剪切应力r，同时促使油墨流动而产生剪切速率D。此时，启动秒表，读出10s、20s、……、60s、100s时油墨铺展的直径（下平行板圆孔周围刻有同心圆的毫米数，可以从透明的上平行板清晰地看到）。然后以铺展时间t的对数值$\lg t$为横坐标，以铺展直径d为纵坐标作图，可以近似得到一条直线，如图14-12所示。

图14-11 平行板黏度计

1—弹簧；2—下板；3—上板；4—试料；5—活塞；6—卡棒

图14-12 油墨铺展直径和时间的关系

直线的斜率为SL：

$$SL = \frac{d_2 - d_1}{\lg t_2 - \lg t_1} = \text{tg}\theta$$

当$t_1 = 10s$，$t_2 = 100s$，则

$$SL = \frac{d_{100} - d_{10}}{\lg100 - \lg10} = \frac{d_{100} - d_{10}}{2 - 1} = d_{100} - d_{10}$$

即只需将100s油墨的铺展直径减去10s的铺展直径（mm）即可。

直线的截距为I： $I = d_{10} - SL \times \lg10 = d_{10} - SL$

用平行板黏度计测出的直线的斜率SL代表油墨的丝头长短，丝头长的油墨斜率大；截距I代表油墨的软硬程度，截距越小，油墨越硬。油墨的软硬可以和油墨的"身骨"相联系，稀的油墨身骨差一些，稠的油墨身骨好一些。将油墨在平行板黏度计60s时的铺展直径称为流动值。对一般的胶印墨而言，流动值在15～17mm，截距在18～25mm之间，19～22mm比较理想；斜率为5～8（25℃）。

用平行板黏度计也可以求出油墨的屈服值、表观黏度和塑性黏度。油墨在铺展的过程中，平板与油墨间的切应力τ与黏度计上板的自重P和墨柱在给定时间t的铺展半径r有关；而相应的油墨的剪切速率D则与墨样在给定时间t的铺展半径r和r对时间的变化率dr/dt（SL）有关。τ、D可以用来计算油墨的表观黏度η_a。

τ和D可近似地用下式表示：

$$\tau = \frac{2PV}{\pi^2 r^5} \tag{14-24}$$

$$D = \frac{6\pi r^2}{V} \cdot \frac{dr}{dt} = \frac{6\pi r^2}{V} \cdot \frac{0.4343 \cdot SL}{t} \tag{14-25}$$

因而， $$\eta_a = \tau/D = \frac{2PV}{\pi^2 r^5} \bigg/ \frac{6\pi r^2}{V} \cdot \frac{0.4343 \cdot SL}{t} = 0.7675 \frac{PV^2 \cdot t}{\pi^3 r^7 \cdot SL} \tag{14-26}$$

测定时，通常取 $P = 1.127N, V = 0.5 \times 10^{-6}m^3, \pi = 3.14$

则有 $$\eta_a = 6.985 \frac{t}{r^7 \cdot SL} \times 10^{-10} \tag{14-27}$$

必须注意的是，在墨柱的铺展过程中，油墨初期的剪切应力很大，试样全部层流，此时，$\tau_{min} > \tau_B$，流变特性为$\tau = \eta_p D + \tau_B$；随扩展持续，剪切应力逐渐减小，试样部分层流，部分塞流；随扩展持续，剪切应力更小，直至$\tau_{max} < \tau_B$，此时，试样整体塞流，停止流动，$D = 0$，且扩展半径达到最大r_{max}，（$t = t_\infty$），此时试样所受的剪切力即为屈服值τ_B，继而进一步求出塑性黏度η_p。

$$\tau_B = \frac{2PV}{\pi^2 r_{max}^5} \tag{14-28}$$

$$\eta_p = \frac{\tau - \tau_B}{D} \tag{14-29}$$

因此，计算塑性黏度所采用的数据，必须保证墨样流动中没有塞流区出现，即墨样全部屈服。

三、应力作用时间与黏滞流动——触变性

1. 触变性的表现及定义

假塑性流体的表观黏度对切应力和剪切速率具有依赖性，随切应力的增大而减小，但当切应力保持恒定时，剪切速率也保持恒定；表观黏度是个常数，不随应力作用的时间而发生

变化；这类流体称为非依时性流体。与其相反，有些流体如胶印油墨，在温度不变的情况下，如果剪切速率保持恒定，切应力和表观黏度会随时间延长而减小，或者说它们的流变性受应力作用时间的制约，这种流体称为依时性流体。依时性流体的行为称为触变性。

流体的触变性表现为其表观黏度不仅随剪切速率变化，同时在恒定的剪切速率作用下，随时间的持续而下降，并且逐渐稳定在一个较原来黏度水平低的恒定值。剪切作用停止后，表观黏度又随静置时间的持续而上升，经一段时间黏度又恢复到原来的较高的恒定值。

应当注意到，触变性是在温度保持恒定的条件下出现的，并不是由于搅动使油墨温度升高而导致黏度下降，而是由于油墨内部结构的原因而产生的一种现象。

油墨具有触变性对印刷工艺有很重要的意义。在给墨过程中，如果油墨的触变性较大，那么在发生触变之前黏度可能很大，这是在墨斗中形成"堵墨"现象的原因之一。有的印刷机墨斗装有搅拌装置，用以使油墨发生触变现象，降低油墨的表观黏度，使油墨顺畅地从墨斗中传递出去，进入分配行程。在分配行程中，油墨在许多高速旋转的墨辊间延展和传递，把油墨充分地均匀化，再转移到印版上去。如果油墨的触变性较大，在分配行程中，油墨的表观黏度会明显地下降，有助于油墨的均匀化和转移传递。油墨从印版上转移到承印物上的过程称做转移行程。进入转移行程的油墨，因触变作用表观黏度下降，油墨转移到承印物上以后，外界的机械作用没有了，表观黏度重又回升，保证了油墨不向四周流溢，使网点清晰，印品的墨色鲜明而浓重。由此看来，某些印刷过程是利用了油墨的触变特性才得以实现的。

2. 触变性产生的机理

对于悬浮体，产生触变性的原因在于其内部结构，即颗粒与颗粒间的相互作用力及颗粒与介质，介质与介质间的力的作用。

图 14 – 13 双电层效应

关于油墨触变现象产生的机理，看法还不一致。一般认为，按照胶体化学的观点，油墨是由作为分散相的颜料分散在连续介质的连结料中所形成的分散体系。颜料颗粒表面带有电荷，而油型、树脂型油墨中的连结料都含有一定数量的极性介质，在表面活性剂加入后，连结料的极性还会增加，所以，油墨中颜料粒子能够吸附具有相反电荷的分子和极性基，在界面附近形成有规则的排列，建立起一个所谓"扩散双电层"，如图 14 – 13 所示。由于粒子界面附近扩散双电层作用，使得油墨粒子间存在斥力和引力，在静止状态下，斥力和引力相平衡，印刷油墨内部会形成比较稳定的"架子"结构，使颗粒间产生力的约束，大量的颗粒以同样方式形成一个空间网状结构，整个体系具有一种类似凝胶的比较稠厚的状态，表现为具有较高的表观黏度。当外部应力作用于系统时，这种"双电层"和"架子"结构遭到破坏，带电荷的粒子在体系中自由活动；"架子"被拆散，所以流体变稀，呈溶胶状态，表现为表观黏度下降。外部应力作用时间越长，粒子双电层被破坏得越厉害，"架子"结构被拆散得越彻底；外部切应力撤除后，粒子双电层重又开始恢复，油墨的"架子"结构也会重新建立起来，经过一段时间，流体又恢复至原来的凝胶状态，表现为表观黏度重新恢复至较高的水平。这里，粒子的双电层，并不单指体系中的分散相，也包括体系中的介质。

不含颜料的连结料也会出现轻微的触变现象。这是由于连结料中的高分子原来是互相缠绕的，使流动单元的位移变得困难，液体呈现较高的表观黏度；应力作用使这种缠绕被扯散，使流动单元的位移容易进行，流体呈现较低的表观黏度；应力作用消失后，高分子又逐渐恢复缠绕状态，表观黏度又恢复到原有状态。

体系触变性产生的机理还没有一套准确完整的理论，对油墨触变性理论更是如此。一般来说，影响油墨触变性的主要因素是颜料的性质，颜料粒子的形状，颜料粒子在油墨中所占的体积比以及颜料粒子与连结料之间的润湿能力等。实验表明，针状和片状颜料粒子制成的油墨，要比球状颜料粒子制成的油墨触变性大些；颜料粒子在油墨中所占的体积比越大，油墨的触变性也越大；颜料和连结料之间的润湿能力强，则制成的油墨触变性要小。

流体触变性的存在，改变了它的流变曲线的形状，产生了所谓的"滞后现象"，这是触变性流体的一个重要特征。

3. 油墨流变曲线的滞后现象

如果用旋转黏度计测量油墨触变体系，使外筒转速从零连续地增加到 ω_0，再从 ω_0 连续地下降为零，并测定相应的转矩 M，然后将 ω 和 M 换算为相应的剪切应力 τ 和剪切速率 D，画出流变曲线，如图 $14-14$ 所示。这条曲线的特点是，对应于 ω 从零到 ω_0 的上行线是一条凸向 τ 轴的曲线，对应于 ω 从 ω_0 到零的下行线大致是一条直线，理想条件下，流变曲线的起点和终点重合，形成一个封闭曲线。在这条流变曲线上，对应于同一个剪切速率 D，下行线上切应力 τ_1 小于上行线上切应力 τ_2，或者说对应于同一个剪切速率，上行线的

图 14 − 14　触变性流体的流变曲线

表观黏度要大于下行线的表观黏度。这种现象称做滞后现象，这个流变曲线的封闭曲线称做滞后圈。

在流变曲线的上行线上，切应力连续增加，流体结构不断被拆散，表观黏度因而逐渐减小，流变曲线就凸向 τ 轴；当曲线到达顶点时，结构已被拆散到一定程度。在下行线上，外部切应力不断减小时，已被拆散的结构来不及恢复，切应力不再拆散结构，而只是推动粒子运动，所以，表观黏度近于常数，也就使流变曲线近于直线。油墨结构恢复的速度是比较慢的，这是造成滞后圈的原因。如果油墨结构恢复很快，当剪切速率下降时，立即就建立起平衡，则滞后圈消失。

在恒定的剪切速率作用下，触变性体系表现出明显的时间效应。对于同一体系，当用不同的时间使剪切速率从零上升到 D_0，再从 D_0 降为零，体系将得到不

图 14 − 15　$\dot{D}$ 对触变性的影响

D_0 ——任选的最高剪切速率；

$\dot{D}$ ——剪切速率对时间的变化率；

$\dot{D}_3 > \dot{D}_2 > \dot{D}_1$

同的滞后圈。如图14-15所示。可以看出，当剪切速度从零上升到 D_0 所用的时间很短，即 $\dot{D}$ 很大时，体系的结构在较短的时间内被拆散得也较少，因而表观黏度较大；当 $\dot{D}$ 较小时，体系的结构在较长时间内被拆散得也较多，因而表观黏度较小；当时间长到足以使体系的结构全部被拆散，流体的表观黏度就变为最低了。这就说明，用不同的时间来完成使 $\dot{D}$ 从 0 到 D_0，结果是不一样的。因此，不同形状的滞后圈反映了触变性体系的时间效应。

4. 触变性的测量方法

（1）流变曲线滞后圈面积法。使用可以变速的旋转黏度计，测定油墨的流变曲线，可以得到由上行线和下行线构成的滞后圈。滞后圈是对油墨触变性大小的一种描述方法。这个圈所包围的面积越大，表示被测油墨的触变性越大。

在测定时应注意的是，在递增或递减转速时，所用的时间间隔要相等；另外，选择好最大转速，因为最大的转速不同，所做出的滞后圈的面积不同；同时，应在恒温条件下进行测定。

流变曲线滞后圈面积法是表达流体具有触变性的最常用而通俗的方法。在实际应用中，一般将滞后圈（或称触变环）的面积进行粗略估计与比较来确定不同油墨触变性的大小。

（2）触变性破解系数。使用可变速的旋转黏度计以两个不同的角速度 ω_1 和 ω_2，测得相应的塑性黏度 η_1 和 η_2，代入由格林触变方程推导出来的公式（推导略），求出触变性破解系数：

$$H = \frac{2(\eta_1 - \eta_2)}{\ln(\omega_2/\omega_1)} \qquad (14-30)$$

式中 H——触变性破解系数；
  ω_1——低速角速度；
  ω_2——高速角速度；
  η_1——低速时的塑性黏度；
  η_2——高速时的塑性黏度。

从图14-16可以看出触变性破解系数的物理意义。当角度从 0 上到升到 ω_1，再从 ω_1 下降为 0，得到一个滞后圈 AB_1A，相应的塑性黏度为 η_1；重复这个过程，但改变 ω_1 为 ω_2，则得到另一个滞后圈 AB_2A，相应的塑性黏度为 η_2。从图中可明显看到，滞后圈面积 $AB_1A < AB_2A$，而 $\eta_1 > \eta_2$。这意味着，ω 较小时，体系只有部分结构被拆散；η_1 较大，ω 较大时，体系的结构进一步破坏，因而 η_2 较小。所以，触变性破解系数 H 表示当角速度 ω 有一个增量时，流变曲线滞后圈面积所发生的变化，这样，H 的值就可以度量油墨触变性大小。

（3）时间触变系数。实验表明，当剪切速率 D 一定时，塑性黏度 η_p 与测试时间 t 和 $\ln t$ 的关系如图14-17所示。可以看出，当剪切速率 D 一定时，塑性黏度 η_p 随测试时间 t 的延长而降低，而当 t 足够大时，η_P 为一常数。

图14-16　触变破解系数的物理意义

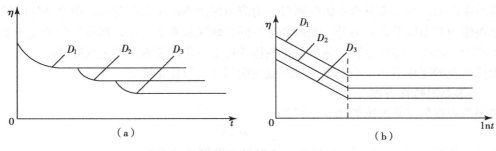

图 14 – 17　黏度与时间的关系（$D_3 > D_2 > D_1$）

如果测得对应于 t_1、t_2 时刻的塑性黏度为 η_1 和 η_2，则可以求出时间触变系数。

$$B = \frac{\eta_1 - \eta_2}{\ln(t_2/t_1)} \qquad (14 - 31)$$

B 为时间触变系数。时间触变系数的物理意义表示单位时间对数增量下油墨触变程度的变化。

（4）触变指数——静置时间—剪切应力峰值图法。在旋转黏度计上测定触变性流体的黏度时，黏度仪的指针在达到最大值后随即会迅速下降到一个稳定值（最小读数），这是由于触变性流体被剪切后结构受到破坏的缘故。我们把测定时达到的最大值称为峰值，这个峰值与流体的触变性大小有关，峰值越高，流体的触变性越大。由于触变性的恢复与时间有关，所以，峰值的高低也与流体的静置时间有关，静置时间越长，峰值越高。

作图方法是：将被测油墨在旋转黏度仪上以选择好的剪切速率进行测定，仪器开始旋转后，首先得到一个最大值，这个最大值即为最大的剪切应力值，记为 τ 峰；然后让仪器一直旋转，以破坏油墨的触变性，直至达到一个稳定的最小值。然后关闭仪器，使流体静置一段时间 $\triangle t$，再重复上述实验，又将得到一个 τ 峰值，重复这个过程，但静置时间 $\triangle t$ 不同，随 $\triangle t$ 的延长就可以得到一系列越来越高的 τ 峰值。当 $\triangle t$ 大到足以使流体的结构全部恢复时，再重复上述实验，流体所能表现出的触变性达到极限，τ 峰也就趋于某个极值了。

将得到的若干组（τ 峰，$\triangle t$）值，分别以 $\sqrt{\triangle t}$ 为横坐标，以 $\sqrt{\tau}$ 峰为纵坐标作图，就可以得到如图 14 – 18 所示的各种曲线。曲线有明显的直线部分，直线部分的斜率（图中 $< \theta$ 的正切值）叫做触变指数。用以表示被测流体触变性大小，斜率越大则表示这个流体的触变性越大。

图 14 – 18　代表性颜料制作的
胶印油墨的触变性能

1—铬黄；2—耐晒色淀蓝；3—铬黄/钼铬黄；
4—永久红/克来红；5—钼铬黄/永久红；
6—BON 红；7—酞菁蓝；8—联苯胺黄

四、温度与油墨的黏滞变形——黏温曲线

油墨的黏温特性是指油墨的黏滞变形特性随温度变化而产生变化的性质。

油墨在印刷机的传递过程中将受到很大的应力作用而产生永久变形，由此消耗的能量产生热量而使油墨温度升高；另外，油墨要在不同的地区和季节使用，即油墨将被置于不同的温度环境中。因此，印刷过程对油墨的黏温特性提出一定的要求，即温度变化时，油墨的黏滞变形所产生的变化应尽量小，即油墨对温度应具有相对稳定性。

1. 油墨黏温特性方程

油墨的表观黏度是温度的函数，记为：

$$\eta_a = f(T)$$

当 $d_D = 0$ 时，或 $d_\tau = 0$ 时，油墨的表观黏度与温度的关系为：

$$
\begin{cases}
\eta_a = Ae^{\frac{E_D}{T}} & (14-32a) \\
\eta_a = Ae^{\frac{E_\tau}{T}} & (14-32b)
\end{cases}
$$

式中　E_D，E_τ——$d_D = 0$ 或 $d_\tau = 0$ 时的温度指数；

　　　A——常数；

　　　T——绝对温度，K。

为简化起见，只讨论 $d_D = 0$ 的情形：对式（14-32a）微分：

$$d\eta_a = -A\frac{E_D}{T^2}e^{\frac{E_D}{T}} \tag{14-33}$$

当温度从 T_1 变为 T_2，相应地，表观黏度从 η_{a1} 变为 η_{a2}，由此确定积分上、下限并积分：

$$\ln\frac{\eta_{a1}}{\eta_{a2}} = \frac{E_D(T_2 - T_1)}{T_2 T_1} \qquad (d_D = 0) \tag{14-34}$$

式（14-34）为黏温特性方程，它描述了当温度产生 ΔT 的变化时，油墨表观黏度 η_a 发生的变化。

2. 黏温特性参数

从式（14-34）可以看出，各种油墨的表观黏度对温度变化的规律是一致的，但在不同的温度区域，其变化幅度是不同的，这取决于黏温特性参数。

将式（14-32a）两边取对数，有：

$$\ln\eta_a = A + \frac{E_D}{T} \qquad (d_D = 0) \tag{14-35}$$

图 14-19　黏温特性曲线

以 $\ln\eta_a$ 为纵坐标，$1/T$ 为横坐标作图，得到如图 14-19 所示的曲线。

由图 14-19 可见，在 $d_D = 0$ 时，油墨表观黏度的对数与温度倒数关系可以分为两个阶段，以 $1/T_c$ 为界，分为高温区域和低温区域，而且各为一条直线，只是二者的斜率不同，即表观黏度随温度变化的幅度不同，这里温度指数 E_D 和转折温度 T_C 分别为黏温特性参数。

（1）温度指数 E_D。油墨的 $\ln\eta_a - 1/T$ 直线的斜率 E_D 为油墨的温度指数。它是油墨表观黏度随温度变化幅度的标志，是描述油墨相对于温度变化所呈现的黏滞变形特性参数。油墨的温度指数越大，油墨的表观黏度受温度的影响越大。通常，这样的油墨在使用中对温度的变化比较敏感，其行为对温度稳定性差，造成油墨温度适应性差，在较差的操作环境中容易产生故障。

（2）转折温度 T_C。油墨的黏温曲线是在某一温度下发生转折而成为两条直线，这说明在固定的剪切速率下同一种油墨在不同的温度区域，油墨表观黏度随温度变化的幅度是不同的。发生转折的温度称为转折温度 T_C。在较低温度区域，油墨温度指数 $E_\mathrm{D}(L)$ 值较大，即油墨表观黏度随温度而变化的幅度较大；在较高温度区域，温度指数 $E_\mathrm{D}(H)$ 值相对较小，即油墨表观黏度随温度而变化的幅度较小。因此，油墨在低温操作条件下使用时，温度稳定性差，容易发生故障。

通常油墨的转折温度在 $25\sim40℃$ 之间。显然，T_C 值较小是有利的。T_C 值小，较高温区域增大，油墨处于较为稳定的黏温曲线上，即 $E_\mathrm{D}(H)$。另外，应特别注意，当利用黏温特性方程计算油墨表观黏度变化时，当温度从 T_1 提高至 T_2 时，如果 ΔT 跨越 T_C，则应分段代入式（14-34）计算。分别取不同的 $E_\mathrm{D}(L)$ 和 $E_\mathrm{D}(H)$ 值。即：

$$T_1 \xrightarrow{E_\mathrm{D}(L)} T_\mathrm{C} \xrightarrow{E_\mathrm{D}(H)} T_2$$
$$\eta_{\mathrm{a}1} \longrightarrow \eta_{\mathrm{ac}} \longrightarrow \eta_{\mathrm{a}2}$$

第三节　油墨的黏弹特性

仅仅讨论油墨的黏滞变形不能全面预示油墨在印刷机上的行为。前面所述的各种流变参数如黏度、屈服值、触变性等，仅仅说明了油墨在静应力下的行为。而在印刷机上，油墨受动应力的作用，将会做出不同的反应。在静应力作用下，油墨不发生弹性反应，而在动应力作用下，油墨要同时产生黏性和弹性反应，而且随印刷速度的提高，油墨的弹性反应更为明显。油墨的分离过程是一个黏弹过程，油墨的黏弹性不仅与前述黏滞因素有关，而且与黏着能、黏着能密度等弹性因素有关。

一、油墨的黏弹性模型

油墨在剪切应力作用下的黏弹性模型是描述弹性特性的虎克模型与描述黏性特性的牛顿模型的串联加和，即麦克斯威尔（Maxwell）黏弹性模型，如图14-20所示。

对于单纯弹性变形，切向应变 γ 与切应力 τ 的关系为：
$$\tau = G\gamma \tag{14-36}$$
式中　G——物体剪切弹性模量；
　　　γ——相对剪切变形。

如果应力随时间变化，则（14-36）式可以写成：
$$\frac{\mathrm{d}\gamma}{\mathrm{d}t} = \frac{1}{G} \cdot \frac{\mathrm{d}\tau}{\mathrm{d}t} \tag{14-37}$$

图14-20　Maxwell 模型

对于单纯黏滞变形，剪切应力与剪切速率的关系为：

$$D = \frac{\mathrm{d}\gamma}{\mathrm{d}t} = \frac{\tau}{\eta} \qquad (14-38)$$

当剪切应力作用在相当于 Maxwell 模型的物体时，表现出来的黏弹变形应为式（14 - 37）和式（14 - 38）之和，即：

$$\frac{\mathrm{d}\gamma}{\mathrm{d}t} = \frac{1}{G} \cdot \frac{\mathrm{d}\tau}{\mathrm{d}t} + \frac{\tau}{\eta}$$

亦即：

$$\frac{\mathrm{d}\tau}{\mathrm{d}t} = \frac{G \cdot \mathrm{d}\gamma}{\mathrm{d}t} - \frac{G \cdot \tau}{\eta} \qquad (14-39)$$

令 $\lambda = \eta/G$，代入式（14 - 39）得：

$$\frac{\mathrm{d}\tau}{\mathrm{d}t} = \frac{G \cdot \mathrm{d}\gamma}{\mathrm{d}t} - \frac{\tau}{\lambda} \qquad (14-40)$$

式（14 - 40）为 Maxwell 方程。

方程的解是：

$$\tau = \tau_0 e^{-\frac{t}{\lambda}} = \tau_0 e^{-\frac{G}{\eta_N}t} \qquad (14-41)$$

式中　　G——剪切弹性模量；

η_N——牛顿流体的黏度；

$\lambda = \eta_N/G$ —— 松弛时间，λ 与材料的黏滞性和弹性有关；

τ_0——初始应力。

可以看出，当切应力的作用时间等于松弛时间（$t = \lambda$）时，模型残余应力 τ 恰好等于初始应力的 $1/e$，这时，可以视为应力完全松弛，模型内能完全消散。因此，λ 值可以表示黏弹性模型内能储存能力的大小。

另外，由于模型的黏性部分和弹性部分对时间的响应不同，因此，应力作用的频率不同将使模型产生不同的黏弹性行为。当应力作用频率极高，应力以极短的时间施加于模型，此时，$\mathrm{d}\tau/\mathrm{d}t$ 很大。Maxwell 方程可近似为：

$$\frac{\mathrm{d}\tau}{\mathrm{d}t} = \frac{G \cdot \mathrm{d}\gamma}{\mathrm{d}t}, \tau = G \cdot \gamma$$

由此可以说，黏弹模型在急剧变化的应力作用下，表现为弹性；当应力缓慢作用于黏弹性模型，应力作用时间足够长，此时 $\mathrm{d}\tau/\mathrm{d}t \approx 0$，Maxwell 方程可近似为：

$$\tau = \frac{\eta \cdot \mathrm{d}\gamma}{\mathrm{d}t}$$

可视为单纯黏性变形。虽然此时也有弹性变形产生，但由于有足够的时间，弹性部件的势能将被释放，而黏性部件进一步发生变形。这就是模型在缓慢应力作用下应变完全由黏性而产生的原因。

可见，与应力作用时间相比较，松弛时间越长，材料的弹性越显著，力学行为越接近于固体；松弛时间越短，材料的黏性越显著，力学行为越接近于液体。而当材料的松弛时间一定时，应力的作用时间越短，则材料的弹性越明显，越像固体；应力的作用时间越长，则材料的黏性越明显，越像液体。所以，材料的松弛时间与所受的应力作用时间之间的关系，对于分析材料的流变性质十分重要。

　　一般印刷油墨的松弛时间，都在万分之几秒的数量级上，是很短的，所以，在应力作用时间不是极短的情况下，油墨的黏性显著，流变行为就像通常意义下的液体。可是当切应力的作用时间 t 小到与 λ 有相同的数量级时，油墨的弹性就十分显著，甚至占主导地位。严格地讲，油墨在传递、断裂过程中，是同时具有黏滞性和弹性，但在不同的条件下，所表现出来的黏滞性和弹性可能大不相同。油墨的黏着性和拉丝性就是同时考虑到黏滞性和弹性，在印刷过程中所表现出来的流变特性。

二、油墨的黏着性和拉丝性

　　在印刷过程中，油墨在墨辊与墨辊间、墨辊与印版间以及印版（橡皮布）与承印物之间，依靠压力频繁地进行分离和转移。图 14－21 是曝光 1/106 s 拍出的墨膜在墨辊间分离和转移的情形，可见，油墨是在强制受压的情况下进入两个墨辊之间，并由于压力作用相互间产生黏附力而成为一个整体。随着墨膜进入出口负压部位而被拉伸，在油墨内部形成细微空洞；随着拉伸的持续，空洞逐渐扩大，墨膜被拉成丝状，最后墨丝被拉变形

图 14－21　墨膜的分离

直至断裂。由于印刷机运转的速度很高，墨膜断裂和转移的时间极为短暂，频率很高，在印刷过程中油墨的弹性效应具有很重要的地位，不容忽视，所以，这个过程油墨的行为是基于黏弹性基础之上的。

　　使墨膜分裂并转移到相应物面（墨辊表面，印版表面或承印物表面）上的力是附着力，这个力的作用时间非常短暂，而且是周期性的，可以看做是周期性的冲击力。墨膜本身在这个动态过程中所表现出来的阻止墨膜破裂的能力，称做油墨的黏着性（tack）。油墨的黏着性实质上是油墨内聚力（油墨分子间连结力）在附着力的作用下的一种表现。而油墨形成丝状的能力，称为油墨的拉丝性。

　　油墨在动应力作用下，急剧变形导致墨膜断裂的过程可以看成是固体破坏，即弹性破坏过程。这种弹性破坏过程和由于静应力而产生的黏性破坏是不同的，墨膜以黏性为特征断裂时，拉丝比较长；墨膜以弹性特征断裂时，拉丝比较短。可以说，在油墨成丝的过程中，是油墨的黏滞性起主要作用，油墨的弹性起辅助作用；而在油墨的断裂过程中，油墨的弹性起主要作用，黏滞性起辅助作用。

　　当墨膜被拉成丝而断裂后，拉伸应力消失，势必在某种应力的作用下恢复到被拉伸之前的状态，这种恢复同样分为弹性恢复和黏性恢复。

　　黏性恢复过程中，膜层无内部应力，依靠重力作用产生恢复，其结果是膜层表面不平整，边缘扩散，网点不光洁且有增大，是一种很不理想的恢复。弹性恢复是依靠膜层内能作用产生恢复，由于膜层内部积蓄较强的内部应力，墨丝被弹性拉力拉回而收缩。弹性恢复使墨膜被强力拉平，表面平整且不扩散，网点挺立。

　　影响恢复行为的因素同样是膜层断裂的速度和油墨本身的 λ 值。当墨膜断裂速度很高时，即应力作用时间 $t < \lambda$，膜层呈弹性断裂，这种断裂使膜层断丝得以蓄积大量内能，这

种内能将使墨丝以弹性行为回弹。

油墨的黏着性和拉丝性，是决定油墨分离和转移性能好坏的重要因素，而印刷的过程也就是油墨不断转移的过程。因此，油墨的黏着性和拉丝性对印刷过程有着直接的影响。例如，当使用的印刷油墨黏着性比较大，而承印纸张的表面强度又比较低时，就会导致纸、墨间的附着力不足以抗拒墨膜分裂，而反倒使纸张的表层被剥离，随同墨膜一起转移到印版或橡皮布上去，这就是所谓"拉毛"、"剥皮"的现象。如果采用的油墨黏着性过小，墨丝回弹无力，则又会引起印品网点增大铺展现象，印刷图文不清晰。又如，在多色湿压湿叠色印刷中，如果后面一色油墨的黏着性（tack）比前面一色油墨的黏着性强，就可能在印后面一色时，把前面一色油墨粘走，造成印品色相失真，油墨转移率下降。所以，在多色叠印连续印刷中，后一色油墨的黏着性一般应比前一色油墨的黏着性弱。另外，印刷油墨的拉丝性也要适当，墨丝过短，油墨不能附着到墨辊上；墨丝过长，又容易引起飞墨。凡此种种，都说明了油墨的黏着性和拉丝性对印刷工艺的重要意义。

三、油墨黏着性和拉丝性的测定

尽管油墨的黏着性和拉丝性在油墨的分离和转移过程中具有重要意义，但对其产生的机理、定量分析及实验测定等项研究，并没有十分满意的结果。这是因为，油墨的分离和转移是在极高的速度和极短的时间内完成的，而且油墨膜层极薄，不易获得和控制。在这种条件下确切求解油墨的黏弹性响应是非常困难的，目前广泛使用的测定方法都是一些经验方法。

1. 油墨黏着性的测定

（1）黏着能和黏着能密度。黏着能可以说是墨膜分离的总能量。油墨黏着力在油墨破裂转移过程中所做的功，是油墨本身潜在能量转化的结果。上两者在数量上是相等的，油墨的这部分潜在的能量称作油墨的黏着能，记作 E，而把单位体积油墨所具有的黏着能称为黏着能密度，记作 e。

$$e = \frac{E}{V} \tag{14-42}$$

图 14-22 沃耶特的实验装置

V 是被测油墨的体积，e 可以通过实验计算出来。

油墨黏着能可用沃耶特（Voet）滚动黏着能测试仪进行测试。沃耶特滚动黏着能仪如图 14-22 所示。

质量为 p 的墨辊从装置的左侧滚下，途经一块涂有一定厚度墨层的平板（平板上墨膜的面积为 A，厚度为 δ，体积 $V = A \cdot \delta$），越过坡谷，冲上右边的斜坡。设测得的墨辊的高度变化是 Δh，则墨辊势能的损失是：

$$\Delta v = p \cdot \Delta h \tag{14-43}$$

这里忽略轨道摩擦等因素造成的能量损失。另一方面，当墨辊滚过平板上的墨膜时，墨膜被分离和转移，因而油墨的黏着能 E 要下降，黏着能的损失 ΔE，在数值上等于墨辊势能损失 Δv，所以，油墨黏着能密度的损失量是：

$$\Delta e = \frac{\Delta E}{V} = \frac{\Delta v}{V} = \frac{p \cdot \Delta h}{A \cdot \delta} \qquad (14-44)$$

由于墨膜的破裂是在近于冲击的作用下完成的，弹性效应极为显著，可以想象，墨膜的破裂过程像弹性固体的圆棒被拉伸破坏一样，油墨在辊间的破坏过程如图 14-23 所示。

在墨辊和平板的间隙最窄处，单位体积的墨柱长为 h_0，由于附着力的作用，墨柱逐渐被拉长至 h，直至 $h = h_m$ 处，墨柱断裂，因而，墨柱的拉伸应变和拉伸应力分别为：

$$\varepsilon = \frac{h - h_0}{h_0} \text{ 和 } \sigma = E\varepsilon$$

拉伸过程中，从开始到断裂，应力 σ 对墨柱做的功是：

图 14-23 墨膜的破裂

$$W = \frac{V}{h_0}\int_{h_0}^{h_m}\delta dh = \frac{V}{h_0}\int_0^{\varepsilon_m}Eh_0\varepsilon d\varepsilon = V \cdot \frac{1}{2}E\varepsilon_m^2 \qquad (14-45)$$

式中 E——拉伸弹性模量；

ε_m——最大拉伸应变，$\varepsilon_m = \frac{h_m - h_0}{h_0}$；

V——墨柱体积。

这个功 W，就等于油墨黏着能的损失 ΔE，所以有：

$$\Delta e = \frac{\Delta E}{V} = \frac{W}{V} = \frac{1}{2}E\varepsilon_m^2 \qquad (14-46)$$

$$\sigma_m = E\varepsilon_m = \frac{2 \cdot \Delta e}{\varepsilon_m} \qquad (14-47)$$

实验表明，油墨的 ε_m 常在 $3 < \varepsilon_m < 10$ 的范围内；而 Δe 常在 $10^6 < \Delta e < 10^8$（N/m²）范围内；E 一般在 $10^5 < E < 10^7$（N/m²）范围内；σ_m 在 $10^6 < \sigma_m < 10^8$（N/m²）范围内。通常，测量油墨弹性模量的方法是采用振动的方法，实验条件和油墨转移的条件很接近，变化不定的应力作用使油墨的弹性效应得以体现。实验结果表明，对于矿物油和亚麻油连结料，计算结果与实测结果比较吻和，表 14-1 给出了两种流体的剪切黏性模量和剪切弹性模量的数值。

表 14-1 有关流体黏、弹性数据（η_p，G）

测试指标	矿物油	熟亚麻油
黏度（黏性模量）（25℃，Pa·s）	6.3	6.5
黏着能密度（N/m² $\times 10^{-8}$）	11.67	1.75
计算的弹性模量值（N/m² $\times 10^{-7}$）	4~16	5~18
实测的弹性模量值（N/m² $\times 10^{-7}$）	7.85	15.8

注意：油墨是不可压缩的材料，拉伸弹性模量 E 与剪切弹性模量 G 的关系为 $E = 3G$。

（2）油墨表（油墨黏性仪）。油墨黏着性的测定大部分是在油墨表上进行的。油墨表的结构和原理如图 14-24 所示。

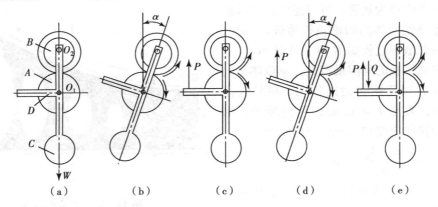

图 14-24　油墨表的结构与工作原理

油墨表的主要部件有三个：A 是个金属辊，中间是空的，可以通入循环水以调节温度，A 辊绕 O_1 轴旋转，是主动转辊，转速可以调节；B 是个合成橡胶辊，绕 O_2 轴旋转，O_2 轴又能在小范围内调节，所以 B 辊可以靠自重压在 A 辊上；C 是个支架，O_2 轴装在支架的上端，支架的中部有个平衡杠杆 L，支架下部有个配重 W，整个支架绕 O_1 轴转动。

图 14-24 中，（a）是仪器静止时的状态；（b）是两辊间无墨，仪器空转时的情形，此时两辊的摩擦力形成了对支架的转矩，使支架转过的一个角度；（c）是在支架的杠杆上的某个位置加上一个适当的配重 P，使仪器重又回到静平衡位置的情形；（d）是两辊间装上油墨，仪器运转时的情形，此时在墨膜破裂过程中出现的黏着力形成了对支架的附加转矩，所以又使支架转过了一个角度；（e）是在杠杆距 O_1 轴为 L 长的位置上又加上一个重力 Q，形成恢复力矩 QL，使仪器再次回到静平衡位置的情形。

从以上所述油墨表的各种情形可以看出，恢复力矩 QL，是和墨膜黏着力附加转矩相平衡的，因而恢复力矩 QL 的大小反映了油墨的黏着性。而且，油墨表有很好的模拟性，即油墨表的结构和工作原理和实际印刷过程很相似。所以用油墨表测得的 QL 值对于衡量油墨的黏着性有较大的参考价值。不过，在油墨表上测得的数据和墨辊的压力、表面状态、墨层的厚度、测试的温度等有很大关系。按照 GB/T 18723—2002 要求，测量时，温度控制在 31℃ ±1℃，油墨墨量 1.32cm³，O_1 轴转速 400r/min。由于墨膜黏着力附加转矩和油墨黏着性间的数量关系并不明确，因此这些数据仅能作为油墨黏着性对比的依据。因为用油墨表测得的结果仅具有比较的意义，所以，仪器给出的表示油墨黏着性（tack）的数值是个没有量纲的数值。一般在标准测试条件下，单张纸胶印油墨的 tack 值在 9~12 的范围内，胶印轮转油墨的 tack 值在 5~8。

还应指出，胶印树脂油墨连结料里含有高沸点窄馏程的煤油溶剂，在墨辊高速运转下会有部分挥发，造成油墨的黏着性增加。这种黏着性的变化，可以用黏着性增值来表示。黏着性增值规定为：油墨表运转 15min 和 1min 两种情况下测得的油墨的黏着性的差值。黏着性增值越小，油墨的黏着性越稳定。黏着性增值为 1 左右比较理想。

2. 油墨拉丝性的测定

目前还没有可以用来直接测定油墨拉丝性的理想方法。直观的方法是用丝头的长短来衡量油墨的拉丝性。所谓油墨丝头长短是指油墨被拉伸成丝到墨丝断开为止，墨丝伸展的长度。这仅仅是个粗略的、形象的描述，计算和测定都有困难。

对油墨的拉丝性，实际中普遍采用的是一种间接的测定和表示的方法。这种方法是从平行板黏度计测定油墨黏度中得到和引伸的，这种方法在第十四章第二节中曾经提到。平行板黏度计上油墨的铺展直径 d 和油墨的铺展时间的对数 $\lg t$，近似地成线性关系：

$$d = SL \cdot \lg t + I \tag{14-48}$$

习惯上，把上式称做油墨的特征方程，把方程中的 SL 和 I 分别称为油墨的斜率和截距。在用平行板黏度计测定不同的油墨时，如果取相同的测定时间 t，则油墨的斜率 SL 大时，说明油墨的铺展速度 dr/dt 也大；铺展速度大则在某种程度上表示了油墨的拉丝性好，所以可以用 SL 的大小间接地表示油墨拉丝性的好坏。油墨拉丝性 SL 的计算请参考第十四章第二节。

用 SL 表示油墨的拉丝性是个简便实用的近似方法，国内外印刷行业普遍采用这种方法。对于胶印油墨，如在25℃条件下测定，SL 值在 $5\sim8$ 范围内是可用的，SL 值在 $5\sim6$ 的范围内更好，下限不宜低于4。

以上讨论了油墨的流变特性，介绍了油墨的黏度、屈服值、触变性、黏着性及拉丝性等。同时介绍了相应的测定及计算方法。所有这些内容对于讨论印刷过程中油墨的印刷适性都是十分重要的。除了以上介绍的流变特性外，在印刷工艺中，还经常用油墨的流动性来表示油墨的其他流变特性。

四、油墨的流动性

油墨的流动性没有确切定义，目前在油墨的制造和使用的领域里，对油墨流动性的理解，通常包括以下三方面的内容。

1. 流动性

油墨从一个容器很容易地倾注到另一个容器的性能，这就是我们平常所说的一般流体的流动性。影响油墨的这种流动性的主要因素是油墨的黏性、屈服值和触变性。对于接近牛顿流体的较为稀薄的油墨，如水基柔性版、凹版油墨、溶剂型凹版油墨等，流动性用牛顿黏度 η_N 来表示就可以了，通常是用流动性 $f = 1/\eta_N$ 来表示。对于可以看做是塑性流体的稍稠的油墨，如印报用轮转油墨等，情况比较复杂，流动性要测定几个指标一起来表示。例如，屈服值小的油墨，在黏度一定时，就比较稀薄，丝头也比较长，流动性较好。此外还与触变性有关，这样，油墨的流动性就要测定 τ_B、η_P、油墨的斜率，并和油墨的触变破解系数等一起来表示。有时也用一种综合的评价方法，以"流度"来表示油墨的这种流动性。流度是这样得到的，用一个特制的铜棒蘸取油墨并搅拌一定时间，拉成墨丝后滴在一块玻璃板上，再使玻璃板垂直立起，10min 后量取油墨沿玻璃板下流的长度，这个长度就是流度。对于较为稠厚的胶印油墨，不能用流度表示它们的流动性，必须分别测定几个指标。

2. 流平性

油墨在容器内或者在涂层上使墨膜表面流平的性能，通常称为油墨的流平性。流平现象是在油墨自身的重力和分子作用力的作用下发生的现象，是油墨在低切应力和低切变速率下发生的流变特性。所以，油墨的流平性是一种特定条件下的流动性。流平性不佳的油墨可能使印品表面出现波纹或呈橘皮状，流平性过分的油墨又可能在印刷过程中不时产生流挂现象，即涂好的墨层在干燥之前只要不是水平放置便会不住地向某个方向流动，流挂现象会使印品上留下流动的痕迹或者造成墨层的厚薄不匀。如果油墨近于牛顿流体，在低黏度范围，油墨的流平性总是好的，但有时会发生流挂现象。如果油墨近于塑性流体，由于有屈服值，油墨自身的重力和分子作用力未必能克服屈服值而使油墨流动，所以流平性总不理想。如果油墨具有触变性，在发生触变现象后的短时间内（一般是指300s内），如果不是很快地回到原来的状态，那么油墨是可以流平的，也不致发生流挂现象。

3. 下墨性

下墨性是油墨在印刷机墨斗里能不断下墨的性能。流动性好的油墨，在墨辊稍许转动时，墨斗中的油墨即可整体地转动；流动性差些的油墨，在同样的情况下，就只有靠近墨辊附近的油墨运动；流动性太差的油墨，墨辊和油墨就像分开的一样，不能顺利下墨。出现不下墨的现象与油墨的黏度、屈服值、触变性、丝头长短有关，从经验说，油墨的黏度高、屈服值大、触变性大、丝头短都是导致不下墨的原因，其中又以触变性更显重要。下墨容易的油墨的触变指数在1.6左右，如果触变指数超过3.2，油墨使用中，下墨便有困难了。显然，如果油墨的流平性好，就容易下墨。因为油墨在墨斗和墨辊间流动的情形和油墨发生流平时的流动条件是很相似的。

用油墨的流动性描述油墨的流变特性，与用油墨的黏度、屈服值、触变性、丝头长度等描述油墨的流动特性，在本质上是相同的，不过有时会更方便些。

与流动性有关的还有两个实用的指标，一个称做"流动度"，另一个称做"流动"，都是习惯上的叫法。在两块质量为50g，直径为67～70mm的圆形玻璃板间放入0.1cm³的油墨，在上面加上一个200g的砝码，放入恒温35℃的恒温箱中，经15min后取去砝码，量油墨的扩展直径，这个直径就是"流动度"。在平行板黏度计上测出1min时油墨的扩展直径，这个直径就是"流动"。流动度和流动的一些参考数据列在表14-2中。

表14-2　一些油墨的流动度和流动

油墨品种	流动度（25℃）	流动（25℃，半径）
单张纸胶印墨	28～36	15～17
卷筒纸胶印墨	28～36	15～17
书刊墨	17～32	14～16
证券雕刻凹版墨	20左右	11左右

复习思考题十四

1. 黏度、屈服值的定义是什么？简述黏度测量计的原理。
2. 画出牛顿流体、假塑性流体、胀流体、塑性流体、非理想宾哈姆流体的流变曲线，具体分析它们的特点。

3. 画出油墨的特性曲线（$d-\lg t$ 关系曲线），说明斜率和截距的表达含义。阐述如何利用平行板黏度计求出油墨的屈服值、表观黏度和塑性黏度。

4. 什么是油墨的触变性？分析触变性产生的机理。油墨的触变性对印刷工艺有何意义？

5. 画出触变滞后曲线，简述三种触变性测量的方法。

6. 塑性流体的典型特征是什么，触变性流体的典型特征又是什么？

7. 写出黏温特性方程，画出黏温特性曲线，分析温度指数高低的意义。

8. 写出 Maxwell 方程，分析 $\lambda-t$ 的相对大小对油墨流变行为的影响。

9. 什么是油墨的黏着性与拉丝性？分析黏着性高低和丝头长短对油墨的叠印、转移和飞墨所产生的影响。

第十五章
各类油墨及应用

第一节　概述

不同的印刷方式，不同的印刷机，不同的承印材料对油墨性能提出了多种多样的要求。因此，不同类型的油墨从外观到性能都有相当大的差异。

随着科学技术的发展，印刷行业从制版的方式，印版的材料以及印刷的方式都发生了很大的变化。相应地，为了适应新的版材，新的承印材料及印刷目的的要求，除了各种经典油墨品种外，各种新型油墨应运而生。如各种无毒、无污染的水基油墨，既能快速固着又有很好光泽的亮光快干胶印油墨，廉价且无污染的油包水型速印一体化机油墨，各种喷墨油墨，UV 固化油墨都被广泛使用，另外各种用于特殊目的的荧光油墨，示温变色油墨，微胶囊结构油墨，导电油墨，磁性油墨等更是层出不穷，品种多样。

按照传统的习惯，油墨是按照印版的特点来划分的，如凸版印刷油墨、平版印刷油墨、凹版印刷油墨及孔版印刷油墨。在同一类别中还可以分为不同的品种，如凸版印刷油墨中，可以按印刷是圆压平或圆压圆的方式分为平台凸印油墨和轮转凸印油墨；平版印刷油墨可以按其性能分为单张纸胶印油墨、卷筒纸胶印油墨和在铜版纸上印刷的胶印油墨、印铁油墨等；凹版印刷可分为证券雕刻凹版油墨和电雕塑料凹版油墨；孔版油墨又可以根据承印物不同分为玻璃油墨、织物印花油墨、陶瓷印花油墨；或按油墨功能不同分为示温油墨、荧光油墨、导电油墨等。有些经典的油墨，由于印刷版材和印刷方式的改变已很少使用，如平台铅印油墨，铜版油墨等，而柔性凸版油墨、热固型胶印轮转油墨以及各种功能油墨的使用范围及用量则越来越大。下面，将按照印版特点不同分别介绍一些比较典型的、常用的油墨的特点及配方设计原则，并对以前曾普遍使用的经典印刷油墨作简单的介绍。

第二节　凸版印刷油墨

一、感光树脂凸版印刷油墨

用于圆压平或平压平凸版印刷机的油墨已不多见。这种油墨是依靠渗透固着和氧化结膜干燥的。纸张多为凸版印刷纸及新闻纸，印刷速度不高，约为 2000～5000 张/小时，油墨黏度为 0.5~2.5Pa·s，黏性 5~10。墨色主要以黑色为主，以炭黑为颜料，为纠正炭黑的偏棕色相，加入一些射光蓝、铁蓝作为提色剂；连结料主要是松香油和醇酸树脂油，并且加少量沥青油调整其流动性。

使用卷筒新闻纸的圆压圆型凸版印刷目前也很少见，这类新闻油墨完全依靠纸张的吸收作用而渗透固着。由于印刷速度比较高，要求油墨具有较好的流动性。

目前，国内书刊和报纸的印刷主要采用平版胶印的工艺，使用与印刷工艺相匹配的各种胶印油墨。而很多标签的印刷则采用固体感光树脂凸版，使用凸版印刷油墨，

二、柔性凸版印刷油墨

按照所用的树脂溶剂的类型，现在最常见的是溶剂型（包括苯型、醇型、酯型）、水型和混合溶剂型（醇/酯相混，醇/水相混）柔性版油墨。以苯为溶剂的油墨因为苯的强烈毒性已被禁止使用，酯溶剂价格比较贵，另外气味比较大，应用面稍受限制，醇型（乙醇、异丙醇）、水型或混合溶剂型油墨比较常用。

1. 应用于可吸收性材料的醇型柔性版油墨

这种油墨适于印刷吸收性好的牛皮纸、包装纸和纸板等承印物，树脂采用醇溶性的改性苹果酸树脂、硝化棉或虫胶；溶剂为乙醇或异丙醇和少量酯类溶剂，例如下列配方：

永久大红	13%
改性苹果酸树脂	14%
硝化棉	6%
异丙醇	58%
乙酸乙酯	6.5%
聚乙烯蜡（增滑剂）	2.5%

醇型油墨所用改性苹果酸树脂溶于醇类溶剂，具有较好的传递性能和光泽度。硝化棉耐热，与虫胶混合，油墨的耐油性好。醇型柔性版油墨的溶剂以乙醇、异丙醇为主，再加少量酯类溶剂和溶纤剂（乙二醇醚类）以提高树脂的溶解性，改善印刷适性。不同的溶剂其挥发速度不同，经过组合，可以使油墨的干燥速度适应印刷的要求。表 15-1 为这类油墨中常用的溶剂类别、名称及挥发速率（以水的挥发速率为 1）。

表 15-1　常用溶剂的类别、名称及挥发速率

类别	名称	挥发速率
醇类	甲醇	5.75
	乙醇	4.40
	异丙醇	4.00
	正丙醇	2.39
酯类	乙酸乙酯	10.36
	乙酸异内酯	9.50
	乙酸正内酯	5.78
烃类	己烷	24.72

续表

类别	名称	挥发速率
乙二醇醚类	溶纤剂	1.06
	二乙二醇(单)甲醚	0.06
乙二醇类	乙二醇	0.03
	丙二醇	0.03
其他	2-硝基丙烷	3.06
	水	1.00

2. 应用于非吸收性材料的溶剂型柔性版油墨

这类油墨主要用于印刷没有吸收性的塑料薄膜、铝箔和复合包装材料。油墨印到承印物表面后，靠油墨中溶剂挥发而干燥，印刷后，墨膜内部还存有少量的溶剂。如果印刷品叠在一起，这些溶剂可能会重新溶解已干燥的墨膜，使印刷品反面黏脏。为了避免这种现象，印刷机上一般都附有热风干燥设备。这类油墨采用聚酰胺树脂和硝基纤维素，近年来常用醇活性的丙烯醇树脂代替聚酰胺树脂，采用醇、烃与酯类等混合溶剂来改善溶解能力和黏着性。对聚乙烯或聚丙烯薄膜类承印物，印前必须经过电晕放电处理，以提高其表面附着能力。

典型的溶剂型柔性版油墨配方如下：

酞菁蓝　　　　　　　　　　　　　　　　13.5%
聚酰胺树脂　　　　　　　　　　　　　　23.0%
硝基纤维素（L型、1/4s）　　　　　　　　2.0%
异丙醇　　　　　　　　　　　　　　　　38.0%
石油溶剂（庚烷）　　　　　　　　　　　13.0%
乙酸乙酯　　　　　　　　　　　　　　　1.5%
聚乙烯蜡　　　　　　　　　　　　　　　4.0%
络合物添加剂　　　　　　　　　　　　　5.0%

3. 水型柔性版油墨

水型油墨主要使用水溶性丙烯酸树脂、顺丁烯二酸树脂和聚氨酯树脂，溶剂除水外还有部分异丙醇或乙醇以调整黏度和挥发速度。由于水基油墨是一种皂组合物，使用中产生气泡，因此都加入硅油作为消泡剂。同时还加入一些蜡质以增加耐磨性。使用可溶性丙烯酸树脂的水基油墨不仅可以在纸张、纸板上印刷，也能附着于塑料表面和铝箔上。用于印牛皮纸袋的水型柔性版油墨的配方是：

酞菁蓝 BGS　　　　　　　　　　　　　12%
硫酸钡　　　　　　　　　　　　　　　10%
可溶性丙烯酸树脂连结料　　　　　　　65%
水　　　　　　　　　　　　　　　　　7.75%
硅油（消泡剂）　　　　　　　　　　　0.25%
聚乙烯蜡　　　　　　　　　　　　　　5%

丙烯酸树脂是易溶于水的连结料。在不同类型的柔性版油墨中，水基油墨由于蒸发损失小，故印刷稳定性和印刷性能都比较好，同时对感光树脂版没有浸润膨胀作用。它无毒、安全（不会燃烧）、不污染环境，所以尽管有干燥速度稍低，墨膜光泽差，会导致纸张伸缩等不足之处，但是由于它的特点显著，用量仍在不断扩大。在包装印刷中很受欢迎，柔性版印刷具有与照相凹版竞争的能力。

在美国和澳大利亚等国，许多地方报纸已经改用柔性版印刷。柔性版印刷在各种印刷方式中所占比例正逐年提高，不仅用于单色印刷，也可以进行彩色网点印刷，其中多数柔性版印刷机使用的是水基柔性版油墨。因此，各种柔性版油墨特别是水型墨有很广阔的发展前景。

第三节　平版印刷油墨

由于平版印刷是基于油—水不相溶混的原理来进行印刷的，又是典型的间接印刷，所以，与之相匹配的平版胶印油墨具有一些与凸版油墨不同的性质。在油墨的配方设计原则上，首先要考虑到平版油墨在印刷过程中会与水频繁地接触，油墨要具有较强的抗水性，防止油墨过度乳化。这就要求油墨中的颜料必须是抗水性强的颜料，即不溶水和溶剂，否则在印刷过程中颜料会在机械摩擦的作用下脱离连结料，溶于润版液，导致印品非图文部分着色，影响质量；由于是间接印刷，转移的墨层比较薄，所以要求颜料的着色力要强，油墨中颜料的比例适当高一些（并不是越高越好，在很多情形下，颜料含量存在临界值）；另外，还要求颜料的分散性好，以保证油墨的流动性。连结料是油墨的心脏，对胶印油墨连结料来说更是如此。如果连结料抗水性不好，会产生严重乳化，引起油墨传递不良，也会影响油墨的干燥性能；另外，连结料的颜色、黏度、pH 值都会对油墨的性质产生明显的影响。一般地说，连结料的分子量越大则其抗水性越好，过去使用的油型连结料以亚麻油为主，它的抗水性差，干燥慢，已很少使用。现在的胶印油墨都使用各种树脂连结料。

平版印刷油墨按承印物种类，可以分为单张纸胶印油墨、卷筒纸胶印油墨、印铁油墨、软管油墨及特种平版油墨等。

一、单张纸胶印油墨

单张纸胶印油墨（Sheet－fed Offset Ink）除珂罗版油墨仍使用亚麻油为主要连结料，用于少量艺术品（如古代字画）的复制外，其余都使用树脂型连结料。

树脂型胶印油墨一般可分为普通型、亮光型、快干型和亮光快干型，其差别在于普通型光泽较差，固着较慢，但价格低廉；亮光型胶印墨光泽好，但固着较慢；快干型能在纸上快速固着，避免粘脏，但光泽较差；亮光快干胶印墨则综合了亮光型和快干型的特点，关键是在比较好地解决了炼制改性酚醛树脂油和胶质油的温度和时间的控制问题，能达到亮光快干的良好平衡，适宜在铜版纸上印刷，多用于制作画册、挂历、图片等精美印刷品。其干燥原理是先依靠连结料中的低黏度相——油墨油的迅速渗透而达到快速固着的目的，然后进一步依靠氧化结膜彻底干燥而形成有光泽的墨膜。这几种类型油墨在配方上有相近之处，区别在于使用的固体树脂、液体树脂和油墨油的比例不同，炼制树脂油的方法也不同。下面是亮光胶印青墨和快固着胶印黑墨的配方。

（1）亮光胶印青墨配方

酞菁蓝 GBS	15%
长油醇酸树脂	25%
酚醛树脂	42%
胶质油	15%
胶质碳酸钙	2%
油墨油（馏程为 250～290℃）	1%

（2）快固着胶印黑墨配方

炭黑	18%
射光蓝 AG 膏	8%
固体树脂型酚醛树脂油	46%
液体树脂型酚醛树脂油	12%
快固型胶质油	8%
油墨油（馏程为 250～290℃）	4%
蜡质辅助剂	2%
萘酸钴（6%）	1%
萘酸锰（3%）	1%

亮光快干型胶印油墨的细度要求很高，一般在 15μm 以下，黏度在 20～80Pa·s 之间。

二、卷筒纸胶印油墨

卷筒纸胶印油墨（Web – fed Offset Ink）用于高速的卷筒纸胶印机印刷，所以黏度要低一些，一般为 10～40 Pa·s/25℃，黏性比单张纸油墨小，只有 3～6/32℃，但仍需要有一定的触变性。用于新闻纸或胶印书刊纸印刷时，一般是用普通快干型胶印油墨，依靠渗透固着干燥为主；在铜版纸上印刷时，就必须采用有烘干设备的多色卷筒纸胶印机。

1. 普通卷筒纸胶印油墨

（1）卷筒纸胶印普通黑色油墨配方

槽法炭黑	16.5%
酞菁蓝	1.5%
快固型酚醛树脂油	40%
长油醇酸树脂	2.0%
沥青油	30%
油墨油（馏程为 250～290℃）	5%
蜡质辅助剂	5%

高速卷筒纸胶印机印报油墨以渗透固着为主。要求油墨黏度更低一些，为 5.0 Pa·s/25℃，黏性值仅为 2.8/32℃，油墨配方也有些不同。

（2）卷筒纸胶印印报黑墨配方

优质炭黑	16%
酞菁蓝	2%
碱性蓝色色浆	3%
松香改性酚醛树脂调墨油	23%
石油树脂调墨油	23%
沥青油	5%
亚麻油调墨油	5%
矿物油（机油）	15%
油墨油	8%

2. 用于卷筒铜版纸印刷的胶印油墨

这种油墨含有较多的油墨油（馏程为 240～260℃），必须在印刷后通过烘干设备，使溶剂挥发，所以是以挥发干燥为主，兼有氧化结膜作用的油墨，所用树脂是高软化点的热固型松香改性酚醛树脂。加入亚麻油调墨油可提高墨膜光泽和流平性；加入干燥剂和蜡质可以使油墨快干，墨膜光滑、耐摩擦，还有降低黏性，防止蹭脏的作用。这种油墨称为热固着（heat set）油墨，下面是品红热固型卷筒纸胶印油墨配方：

洋红 6B	15%
松香改性酚醛树脂油	27%
亚麻油调墨油	8%
油墨油（馏程为 240～260℃）	42%
三癸醇	3%
石蜡辅助剂	3.5%
钴催化剂	1.0%
胶化剂	0.5%

上述油墨在印刷后必须经过 200～250℃ 的干燥装置烘干，快速结成有光泽的墨膜。卷筒纸加热后温度很高，要用冷却辊冷却并喷水增加湿度，使纸张含水量恢复正常。

应当指出的是，由于这类油墨的溶剂是靠加热挥发的，这就要求干燥装置具有良好的废气处理功能，避免由此造成的环境污染问题。这也促使人们使用无溶剂的油墨，如 UV 固化胶印油墨，这种油墨的应用已越来越受到关注。

三、印铁油墨

1. 印铁油墨

印铁油墨是在金属表面上用橡皮布滚筒转印的油墨，印铁属于平版印刷的范畴，所以印铁油墨的性质基本上与胶印油墨相同。但在耐热性与附着能力上有特殊要求。另外，考虑到某些特殊用途，如印刷制作玩具的铁皮油墨，必须使用低毒（各项有害金属含量不能超标）的油墨。

2. 印铁彩色油墨

印铁彩色油墨是一种耐高温烘烤的平版油墨，细度应在 15μm 以下，流动度为 23～

31mm，黏性为 15～23。为了调节干燥速度，可以加入少量干燥剂，如果在印刷机墨辊上出现结皮现象，也可以加入一些干燥抑制剂。

印铁彩色油墨的配方见表 15－2 所列。

表 15－2　印铁彩色油墨的配方　　　　　　　　　　　　　　　　　　%

原料 ＼ 油墨色相	中黄	金红	孔雀蓝	黑墨
中铬黄	10.5			
联苯胺黄	13.5			
金光红		26		
酞菁蓝			18	
酞菁绿			2	
炭黑				16
铁蓝				6
青莲				3
醇酸树脂	23	20	22	14
高黏度酚醛油	26	36	39	44
低黏度酚醛油	8	10	10	10
胶质油	8	4	7	
碳酸钙	11	4	2	7

3．软管打底油墨和彩色油墨

用于软管的直接胶印，或者由铜凸版接受油墨，再经胶辊转印到软管表面，不与水辊接触的印刷。这种软管印刷一般是先印白色打底油墨，烘干后再套印彩色文字图像。油墨性能与印铁油墨相似。

四、其他平版印刷油墨

1．无水胶印油墨（Waterless Offset Ink）

无水胶印是一种新型平印技术，其印版为在铝版基上涂布感光层和硅酮橡胶；硅酮橡胶不需润湿也不黏附印刷油墨。晒版时用阳图底片曝光，见光部分固化与硅酮橡胶一起形成非图文部分。当用 1∶5 的甲苯与环己烷溶剂显影时，未感光部分的硅酮橡胶与感光膜一同洗去，形成亲油表面，处理后即可上机印刷。其结构类似平凹版，耐印力已达 2 万～5 万印，并且具有网点清晰，色彩鲜艳，光泽强，层次再现好等优点，但版材较贵，硅酮橡胶容易被划伤，对纸张表面强度要求较高。

无水胶印油墨与一般平印油墨不同，它不要求抗水性，但需要高黏度，低黏性，触变性大，有良好的传递性能。无水胶印油墨的连结料由分散在苯二甲酸二丁酯或二辛酯中的氯化橡胶与分散在油墨中的二聚松香季戊四醇酯组成。用油墨油调整其黏度，填充料常使用滑石粉，借以减少摩擦；还可以加入少量黏度为 10～15Pa·s 的硅酮油达到消除和降低表面张力的目的。将上述物质一起混合加热到 90℃±5℃约 20～30min，冷却后加入颜料与填充料在三辊轧墨机上轧细。无水胶印油墨的价格也高于普通胶印树脂墨。

无水胶印油墨印在铜版纸上干燥快，但在墨辊上容易因温度升高导致黏度下降，出现脏版故障。最好在墨辊中通水冷却，使油墨保持一定的黏度和较高的内聚力。

2. 轻印刷用平版油墨

轻印刷使用小型胶印机和纸基氧化锌版、银盐扩散版或薄铝基 PS 版印刷，使用的纸张多数是书籍纸、胶版纸以及办公用纸，有一定的吸收油墨溶剂的能力。为了避免经常洗涤墨辊，轻印刷用的平版油墨最好能在墨辊上不氧化结膜，放置几天也不会干燥。但一旦印在纸张上以后，连结料的溶剂能很快释放出来，被纸张所吸收，油墨较快地固着于纸面。为此常使用特殊的环化橡胶连结料。

环化橡胶由天然橡胶经催化剂处理制成，又名异构橡胶，其结构式如下：

$$
\left[\begin{array}{c} CH_3 \\ C-CH_2 \\ HC \qquad CH_2 \\ C \quad C-CH_2-CH_2 \\ H \quad H \ CH_3 \end{array} \right]_n
$$

它是一种淡黄到琥珀色的坚硬固体树脂，分子量在 3000～5000 之间，碘值为 50～100，熔点 110～140℃，密度为 1.0，酸值小于 4，以 1∶1 的配比溶于馏程 260～290℃的油墨油中，黏度约 8～14 Pa·s/25℃，在加热情况下可以与植物油连结料混溶。

将上述的连结料与适当的颜料、填充料混合分散后，就能制成在小胶印机上不干的墨辊、印到纸张上以后由于油墨油渗入纸内，较快地结膜固着的轻印刷用的平印油墨。由于不用经常洗涤墨辊，可以避免浪费。缺点是当印刷速度较高时，比较容易出现飞墨现象。

3. 大豆油环保胶印油墨

早在 1979 年，美国就提出开发一种新型油墨的想法，以替代报纸印刷中长期使用的以石油为基础的新闻油墨。为了找到合适的原料替代品，全美新闻协会的研究人员在测试了两千多种植物油之后，选定了广泛应用于制造食用油的的无毒性大豆油。SUN CHEMICAL 油墨公司首先制造出以大豆油为原料的新闻油墨，并于 1987 年进行了新闻纸印刷测试，从此大豆油油墨在印刷行业中开始使用。最初，只有六家报纸使用，现在，大豆油油墨（主要是彩墨）已经得到了普及。新闻纸用彩色大豆油油墨与以石油为原材料的油墨相比，不仅价格低，同时还具颜色鲜艳，环保等优势。目前，美国 1 万多种报纸中，有 1/3 左右的报纸使用大豆油油墨印刷；1500 多种期刊中，有 90% 以上使用大豆油油墨印刷。随着大豆油油墨在报纸印刷行业中的普及，越来越多客户要求油墨生产厂家提供以大豆油为原材料的其他油墨，其中包括单张纸胶印油墨，热固轮转油墨，冷固轮转油墨、商业表格油墨以及柔印油墨。但由于 100% 使用植物油溶剂会影响油墨的干燥速度，因此在实际生产的大豆油胶印油墨中，VOC（挥发性有机化合物）成分仍占 20%～40%，普通大豆油油墨中也占15%～20% 的含量。为此，美国大豆协会（ASA）规定油墨中大豆油成分必须达到以下标准：

热固化轮转胶印油墨 ≥ 7%

单张纸胶印油墨 ≥ 20%

新闻油墨 ≥ 40%

新闻油墨（彩色）≥ 30%

商业表格油墨 ≥ 20%

（1）大豆油油墨连结料的组成

松香改性酚醛树脂	40% ~42%
大豆油	30%
桐油	10%
矿物油	8% ~10%
成胶剂	0.7%

（2）大豆油墨的特点

①优秀的环保性。传统的石油基油墨中通常含有大量的挥发性有机化合物成分（VOC），且多为多环芳烃化合物（Poly Arcromatic Hydrocarbons，PAH），如 3 - 硝基苯丙酮等，近代医学已经证明此类物质具有强烈的致癌作用。油墨制造、印刷、干燥过程或清洗制造设备及印刷设备时，有机成分挥发，严重危害健康。而大豆油墨特别是纯大豆油油墨是以100% 大豆油为基础，多环芳烃化合物含量低，使用时不会排放 VOC（挥发性有机化合物），不会对环境造成危害，改善印刷车间环境，利于制造者及使用者的健康。同时，传统油墨依赖的石油是不可再生资源，随着使用而日益枯竭，能源危机已成为人类面临的第一大问题，很多产业已将目光转向可再生的植物资源，如生物柴油等。大豆油墨中的大豆油取自天然，可以无限再生，又能生物降解，无论从资源利用还是从环保角度都有传统油墨无可比拟的优势。

②优良的耐擦性。传统石油基油墨的印刷耐擦性不良，容易沾黑读者的手。据美国报业协会报道，通常情况下，报纸读者在阅读时特别关心其手沾黑。大豆油墨本身耐擦，使报纸读者不受手沾黑的困扰，同时又没有不良刺激异味。

③耐光耐热性好。大豆油墨的沸点比石油挥发成分的沸点高很多，而当油分受激光打印机或复印机加热时，不会挥发而粘在纸上，亦不会污染机器零件。

④废纸脱墨容易。以造纸技术闻名的美国西密歇根大学的科研人员通过研究发现大豆油墨比传统油墨容易脱油墨，而且对纸纤维的损伤少，回收再生纸品质佳。通常报纸用纸80% 以上采用再生纸，利用大豆油墨的这种特性，废纸回收再生时废料少，回收成本较低，极具行业竞争力。脱墨处理后的废大豆油墨残渣比较容易降解，利于污水处理和控制排放水的品质。

⑤综合印刷成本低。大豆油墨颜色范围广，色彩丰富而亮丽，少量油墨即可展现大量传统油墨所能展现的效果。据报道，大豆油墨可以增加10% ~15% 单位印刷量，从而使印刷成本降低。另外，由于传统油墨中含有有机化合物，为了避免引起环境污染，其废弃处理成为困扰油墨制造厂及印刷厂的一个难题。然而大豆油墨可以回填在新油墨中混合使用，不仅利于环保，同时降低了生产成本。

⑥符合产业政策。我国是一个农业大国，也是全球大豆的主产国，发展以大豆油墨为代表的植物油基油墨，不仅符合国家能源产业发展的政策，同时可推进国内植物油脂工业的发展，扩大植物油脂的应用范围，减轻不可再生石油的消费与进口，节省外汇，同时也符合农

村产业政策，带动农业种植结构的调整，利国利民。

⑦应用前景。近年来，环保与健康已成为全球性问题，报纸杂志等印刷品和生活息息相关，印刷油墨的环保问题必然备受瞩目。在美国，按照职业安全与健康管理局化学危害规范的规定，若油墨产品中致癌物质的含量超过 0.1%，则必须在产品上予以标识，报纸亦不例外。美国环保署（EPA）也公布石油基印刷油墨潜在的致癌作用，以警示注意石油基油墨的毒性。因为传统油墨的种种负面因素，致使美国印刷业逐渐趋向于使用低多环芳烃为原料油的植物油墨。1992 年美国清洁空气修订案为降低化学发挥物的排放而鼓励报纸印刷采用非石油基油墨配方，从而导致印刷业者逐渐转换采用大豆油墨，以达到清洁空气修订案规定的废气排放标准。1994 年美国又以《植物油墨印刷措施法案》的形式规定在成本相当的情况下，政府机关的印刷品优先采用大豆油墨印刷，以利环保。

但由于大豆油油墨采用的是植物型材料，干燥速度相对比较慢，价格也稍贵。为了解决大豆油油墨干燥速度相对较慢的问题，有的公司开发出"CLS 干燥体系"技术。CLS（Cross Linking Structure）体系能促进墨层快速成膜，使大豆油油墨拥有了比普通油墨更好的干燥性和耐摩擦性，3~4 色叠印也能显示出优于普通油墨的固着性，并且可以形成牢固、耐磨的墨层。

第四节　凹版印刷油墨

一、雕刻凹版油墨

雕刻凹版油墨（Intaglio Ink）主要用于印刷有价证券，如钞票、邮票等精细印刷品。其特点是稠度大，黏性较小，墨丝短（易擦净），具有适当的触变性，通常在50℃左右使用。因此，其配方设计要求所使用的颜料是耐光性好，遮盖力强的无机颜料。近年来，也使用着色力高，密度小，分散性好的有机颜料。另外，要加入较大比例的填料，以调整油墨的流变性能；油墨中所用连结料为聚合油、氧化油和合成树脂，属于氧化结膜型干燥。同时加入一些助剂，如蜡质可以防止蹭脏；干燥剂加速干燥。这类油墨的防伪性和保密性要求很高，所以，通常还使用一些特殊的颜料和助剂。下面列举两个配方实例。

1. 黄色雕刻凹版油墨配方

铬黄	53%
氧化油	24%
高岭土	22%
硼酸锰	1%

2. 蓝色雕刻凹版油墨配方

铁蓝	20%
4 号聚合油	39%
6 号聚合油	11%

碳酸钙	30%

在目前的雕刻凹版印刷中，由于印刷速度较高，部分溶剂挥发导致油墨黏性逐渐提高，出现擦版不净及油墨传递困难现象，这是很难解决的问题。最近，研制出一种具有表面活性作用的树脂，将这种树脂应用在油墨配方中，再加入一定比例的水以取代部分溶剂，可以形成稳定的油包水结构。初步试验的结果表明，这样的油墨配方既可以保证雕刻凹版油墨的特性，又能使油墨的黏度、黏性保持相对稳定，同时又无环境污染问题，是很有意义的尝试。

二、照相凹版油墨

照相凹版是由于最早采用照相腐蚀法制版而得名，但近年来普遍采用电子雕刻机雕刻制版法，所以事实上照相凹版只是一种习惯的叫法而已，并不严格。

与雕刻凹版油墨相比，照相凹版油墨（Photogravure Ink）很稀，主要依靠溶剂的挥发干燥。出版行业用于印刷画报、期刊类印量较大的产品，包装装潢、工业材料的印刷也常采用照相凹版印刷，所以承印物可包括各种纸张、金属箔、塑料薄膜、建筑装饰板等。油墨配方常根据承印物不同而选择适合的树脂与溶剂。总的说来，其配方设计要求颜料的着色力强，吸油量低，与使用的树脂、溶剂不发生化学反应，而且易于分散，不发生沉淀现象。要求所用树脂软化点较高，颜色浅，光泽好，在选定的溶剂中有较好的溶解性；而且树脂间拼混性好，溶剂释放性好，对承印物有良好的黏结力。这样才能保证油墨适时干燥，同时墨膜有光泽，有一定硬度。油墨中溶剂应不易燃，无毒，对树脂连结料有很好的溶解能力；价廉而易于回收。照相凹版油墨通常按照承印物品种不同或溶剂品种不同分为不同的类型，下面分别介绍几种典型的配方。

1. 书刊凹版油墨

在国外，很多书刊印刷使用凹版印刷。这类凹版油墨过去常用苯类溶剂，具有干燥速度可方便调节，印刷品层次丰富，网点清晰，并有较好的光泽等优点，但由于苯易燃，而且对人体有危害，现在基本上用无苯溶剂代替苯类制造照相凹版油墨，它可以用于纸张、纸板，或塑料包装材料的印刷。

（1）深红溶剂型照相凹版油墨配方

耐晒大红	6%
耐晒深红	10%
季戊四醇酯树脂	42%
异丙醇/乙酸乙酯	42%

为了防止火灾和空气污染，在纸张或纸板上印刷时，可以用水型凹版油墨，它不污染环境，无刺激性臭味，不燃不爆，能安全生产并有利于工人健康。现在使用最多的是水溶性丙烯酸树脂，它由丙烯树脂与有机胺或氨水作用，生成能溶于水的有机胺盐类，印刷在纸张或纸板表面上以后，干燥过程中胺盐或氨盐分解蒸发，恢复为不溶水的丙烯酸树脂，形成耐水的墨膜，水型照相凹版油墨的配方举例如下。

（2）黑色水型凹版油墨配方

炭墨（长春色素）	8%
酞菁蓝（稳定型）	1.5%

紫红 F2R	1%
胶质钙	1%
丙烯酸树脂水溶液（pH=9）	69%
磷酸三丁酯	0.5%
蒸馏水	15%
乙醇	4%

配方中的磷酸三丁酯是消泡剂。黏度用 4 号福特杯测定为（80±30）s，细度 20μm 以下，能在 170s 以内干燥。由于这类油墨很稀，制造时应采用砂磨机，在使用时往往还要加入一些蒸馏水，使黏度下降到 25~40s 内。

水型凹版油墨的缺点是印刷品的光泽和阶调层次较差，渗入纸内的水分会导致纸张伸缩，产品质量比不上苯墨及汽油墨。

2. 包装用凹版印刷油墨

这一类凹印油墨常根据承印物的性质而选择合适的配方。

（1）普通玻璃纸用凹印油墨

酞菁蓝	12%
硝酸纤维素（H 型，1/2s 或 1/4s）	13%
邻苯二甲酸二辛酯（DOP）	3%
顺丁烯二酸树脂	10%
异丙醇（IPA）	40%
乙酸乙酯	5%
甲苯	15%
聚乙烯蜡	2%

（2）聚乙烯薄膜用凹版油墨（白色）

钛白粉	30%
碳酸钙	8%
树脂连结料	57%
（其中聚酰胺树脂 50 份，异丙醇 20 份，二甲苯 30 份）	
异丙醇	2%
聚乙烯蜡	3%

（3）铝箔凹版油墨

在铝箔上印刷的凹版油墨，需要有较强的耐热性，以便制袋后进行热封，其配方举例如下（黄色凹版油墨）：

联苯胺黄	12%
氯化橡胶	18%
丙烯酸酯树脂	2%
环氧化大豆油（增塑剂）	3%
甲苯	62%
聚乙烯蜡	3%

3. 建筑装饰材料用凹版油墨

照相凹版滚筒没有接缝，印刷速度高，油墨干燥快，特别适合生产成卷的壁纸、地板革和贴塑板（印刷胶合板）等装饰材料，下面介绍两种建材用照相凹版油墨的配方。

（1）聚氯乙烯用凹版油墨

有机颜料	12%
氯乙烯、乙酸乙烯酯共聚体	12%
聚甲基丙烯酸树脂	3%
乙酸乙酯	16%
甲乙酮	55%
石蜡	2%

（2）三聚氰胺贴面（塑）板凹版油墨

三聚氰胺贴面板是使用很广的建筑和家具材料，它使用的贴面纸称做钛纸，是以精制纸浆加入二氧化钛而制成的纸张，在表面上用照相凹版印刷印出各种颜色的木纹，再浸透三聚氰胺树脂加工液，热压后就成为光滑耐用的贴面板材了。所用油墨的颜料和固着剂必须耐光、耐热，不妨碍热压时树脂固化作用，所以通常选用耐热性强的乙酸纤维和适当的溶剂配制，也可以使用前面介绍过的水溶性丙烯酸树脂。

如果将以醇酸树脂和硝酸纤维素配成的凹版油墨印刷在薄纸上，与胶合板裱合，再在表面上涂布保护清漆，可以制成美观的印刷胶合板。将偶氮二异腈发泡剂加入挥发干燥型的凹版油墨内，印成的壁纸经过加热，可以产生凸出的图案花纹，具有良好的立体感效果，比用花纹轧辊简便。还可以将发泡剂加入聚氯乙烯胶内，再用发泡抑制剂无水偏苯二甲酸印在凹下部分，涂以透明聚氯乙烯层，加热发泡，也能形成立体效果。

第五节　孔版印刷油墨

孔版印刷是在压力作用下，使油墨从印版的网孔中通过而转移到承印物表面的印刷方法。誊写油墨、普通丝网油墨都属于孔版油墨的范畴。孔版印刷油墨（Porous Printing Ink）种类很多，根据承印物的不同，可以分为用于纸张、纺织品、塑料、金属以及玻璃、陶瓷等不同材料印刷的孔版印刷油墨。根据承印物不同，其干燥的类型可以分为氧化结膜干燥型、挥发干燥型、渗透干燥型、二液反应型、紫外线干燥型等，下面介绍几种常用的孔版油墨。

一、誊写油墨

誊写油墨要求稠而不黏，易于顺利通过蜡纸，附着在纸张上，依靠渗透作用固着。

目前，很多学校、机关都使用速印一体化机来印刷文件、试卷等，这种印刷方式的制版、印刷都非常方便、迅速，但与之配套的速印机油墨长期依靠进口。最近，国内也在研制这种油墨，并已取得初步成效。这种速印一体化机油墨是一种典型的油包水乳液型油墨，主要由作为内相的水和作为外相的多组分油，以及作为界面相的表面活性剂组成，依靠表面活性剂的作用，大大降低油—水界面张力，使水能稳定地、均匀地分散在油相中，这种油墨的黏度很高，但黏性很小，易于通过印版，主要依靠油墨的渗透而快速干燥。

油墨配方如下：

炭黑	4%
松香油（松香＋20号机油）	20%
油墨油（馏程240～260℃）	5%
半干性植物油	5%
非离子表面活性剂	15%
水	50%
助剂	1%

二、丝网印刷油墨

丝网印刷油墨（Screen Printing Ink）根据承印物的不同，可以选择不同的树脂和溶剂，油墨的性能不尽相同，干燥机理也不同。

1. 塑料薄膜用网印油墨

这一类油墨属挥发干燥型油墨，黏度比凹版油墨和柔性版油墨高一些，依靠热风加速干燥，塑料薄膜在印刷前要经过电晕放电处理，以提高附着力。油墨配方如下：

酞菁蓝	6.5%
聚酰胺树脂	28%
胶质钙	6%
异丙醇	24%
醋酸丁酯	3%
乙二醇醚	7%
丁醇	5.5%
二甲苯	20%

2. 金属、玻璃用网印油墨

印刷这一类材料可以使用氧化聚合型丝网油墨，但常用两液反应型油墨，利用化学性质完全不同的两个组分在印刷前充分混合，立即进行印刷。印刷后发生化学反应，进行高分子聚合而干燥结膜。二液反应型油墨配方举例如下：

甲组：

钛白粉	40%
环氧树脂	37%
乙二醇－丁醚	13%
100号溶剂油	10%

乙组：

聚酰胺树脂	74%
乙二醇－丁醚	10%
100号溶剂油	16%

甲组全部在印刷前混合，乙组混合物的 15% ~ 25% 在即将印刷前与甲组混合。用于金属、玻璃和处理过的聚烯烃塑料的印刷。加热至 100℃，15 ~ 20min 后指触变干，但彻底固化需 5 ~ 7 日。

3. 陶瓷贴花纸用丝网油墨

配方如下：

陶瓷用颜料	58%
甲基丙烯酸丁酯	14%
醇酸树脂	12%
乙二醇醚	8%
松油醇	8%

陶瓷贴花纸印刷是将油墨印在特制的转移纸上，干燥后再反贴在陶瓷表面，撕去纸基。陶瓷颜料的煅烧温度一般在 400 ~ 500℃，最高在 800℃ 左右。

陶瓷贴花纸油墨按照印刷工艺不同或陶瓷装饰工艺不同还可以分为很多种，其组分也不尽相同，具体内容可以参阅有关专著。

4. 纺织品印刷用丝网油墨

这类油墨是水包油型乳液油墨。固着剂是丙烯酸系列乳液。颜料一般占 10% ~ 15%，依靠烷基磺酸钠一类阴离子型表面活性剂将颜料分散于水型连结料中制成乳液，用丝网印刷方法印在织物上，干燥后再进行热处理，印成的纺织品能耐摩擦和洗涤。配方举例如下：

镉红	13%
聚乙烯丙烯酸乳液	45%
氨水（28%）	3%
蒸馏水	20%
乙醇	19%

第六节　特种油墨

一、紫外线和电子束固化油墨

随着技术不断发展，辐射固化体系，尤其是紫外光和电子束固体体系，在印刷油墨中正获得越来越多的应用，特别是在上光油、金属软管油墨、表格印刷油墨中应用很广，其特点及组成介绍如下。

1. 紫外线干燥油墨（Ultra – Violet Drying Printing Ink）

简称 UV 油墨，它具有下列优点：

（1）在印刷过程中不会在墨辊上干燥，一旦印刷在承印物表面，受到 300 ~ 400nm 紫外光的照射，就能立即固化，只需 1s 左右，因此不必喷粉防脏，用作上光油干燥快，效果好。

（2）与加热烘干等干燥方式相比，节省场地，在很快时间内得到结实的墨膜，各种化学抵抗力好，特别适合于金属软管和容器印刷。

（3）由于不含溶剂，没有可燃性气体逸出，所以不会发生火灾，对人也没有毒害，不会造成空气污染。

但 UV 固化油墨价格还很昂贵；其溶剂单体对普通的胶印印刷版、辊、橡皮布有腐蚀作用；单体对人体皮肤有刺激、腐蚀性，需要做好防护工作；UV 光源设备也占较大的投资；紫外线光束对油墨的穿透能力有一定的限度，一般仅 $1\sim2\mu m$，对于四色或更多色印刷，要加装数套设备；油墨中的光引发剂副产物有特别怪味道，在一些产品中应用有时受限制（如对气味要求严格的食品包装、药品包装、香烟包装）；但 UV 油墨膜为百分之百的固化，印刷品的后加工（覆膜、上光、烫金）时不会由于油墨不干燥而受影响。

2．电子束干燥油墨（Electron Beam Drying Printing Ink）

简称 EB 油墨，无光引发剂（如二苯甲酮和安息香醚），其他成分基本与 UV 油墨相同。

EB 油墨需要电子束照射源和隔断氧气（充满惰性气体）的辐射炉，电能消耗少。但为了保障人身安全，需要昂贵的辐射防护装置，所以虽然在理论上有一定优点，实际上使用的例子却很少，目前国内正在引进应用于印刷行业中。由于这种干燥方式能使较厚的墨膜彻底干燥，今后可能在金属软管与金属薄板印刷中首先实用化。

二、数字印刷油墨

随着印刷数字化步伐的加快，数字印刷 CTP 等新技术如火如荼，已经成为当今印刷不可逆转的主流发展技术。数字印刷的印刷适性也与传统印刷有明显的不同，对印刷设备印刷材料，印刷技术提出了新的要求。为了达到良好的印刷质量和高速度生产，数字印刷材料，尤其是数字印刷油墨的研究和开发显得更为重要。经过几年的发展，数字印刷油墨技术已日臻成熟，但数字印刷油墨的高价位仍是制约数字印刷发展的瓶颈。

1．数字印刷成像原理

要谈数字印刷油墨，必然要谈到数字印刷机，因为不同厂家推出的数字印刷机成像原理不同，对所用数字印刷油墨的组成性能、性状的要求也不同。目前使用的数字印刷设备的成像原理可以分为六大类。

（1）电子照相。又称静电成像，是利用激光扫描方法在光导体上形成静电潜影再利用带电色粉与静电潜影的电荷作用，将色粉影像转移到承印物上完成印刷。

（2）喷射成像。油墨以一定的速度从微细喷嘴有选择性地喷射到承印物上实现油墨影像再现。喷墨印刷分为连续喷墨印刷和按需喷墨印刷。连续喷墨系统是利用压力使墨水通过细孔形成连续墨流，高速下墨流变成细小液滴之后使液滴带电，带电的墨滴可在电荷板控制下喷射到承印物表面需要的位置而形成打印图文。墨滴偏移量和承印物上墨点位置由墨滴离开细孔时的带电量决定。

按需喷墨与连续喷墨的不同在于作用于储墨盒的压力不是连续的，而是受成像数字信号的控制，需要时才有压力作用而喷射。按需喷墨由于没有墨滴偏移，可以省去墨槽和循环系统，喷墨头结构相对简化。

（3）电凝聚成像。电凝聚成像是通过电极之间的电化学反应导致油墨发生凝聚，并固着在成像滚筒表面形成图像，没有发生电化学反应的空白区域的油墨仍然保持液态可通过刮板刮除，而滚筒表面由固着油墨形成的图文通过压力即可转移到承印物上，完成印刷。电凝聚数字印刷机的代表机型是 Eicorsy 公司的产品，分辨率为 400dpi。

（4）磁记录成像。磁记录成像是依靠磁性材料的磁子在外磁场作用下定向排列形成磁性潜影。再利用磁性色粉与磁性潜影在磁场力下相互作用完成显影，以磁性色粉转移到承印物上形成图像。这种方法一般只用于黑白印刷。

（5）静电成像。静电成像是应用最广的数字印刷成像技术，它是利用激光扫描法在光导体上形成静电潜影。利用带电色粉与静电潜影间的电荷作用形成潜影，转移到承印物上即完成印刷。以显影方式不同分为两种：一种是采用电子油墨显影，分辨率达 800dpi 或更高，以 HP Indigo 为代表。另一种是采用干式色粉显影，分辨率为 600dpi，Xeikon，Xerox、Agfa、Canon、Kodak、Man Roland 和 IBM 等的数字印刷机都采用此方法。

（6）热成像。热成像是以材料加热后物理性能的改变在介质上成像的。分为直接热成像和热转移成像。直接热成像是使用经专门处理的带有特殊涂层的承印材料，加热后涂层发生颜色转变。热转移成像的油墨涂布于色带上。对色膜或色带加热即转移到承印材料上，成像质量可达照片级。

2. 数字印刷油墨

（1）干粉数字印刷油墨。干粉数字印刷油墨由颜料粒子助于电荷形成的颗粒荷电剂与可熔性树脂混合而形成的干粉状油墨。带有负电荷的墨粉被曝光部分吸附形成图像转印到纸上的墨粉图像经加热后墨粉中树脂熔化，固着于承印物上形成图像。

（2）液态数字印刷油墨。液态数字印刷油墨常用于喷墨印刷，油墨种类与喷墨头结构有关。喷墨头可分热压式及压电式两大类，而压电式有高精度和低精度两种，EPSON 的喷头属于高精度喷头，Xaar 及 Spectra 的喷头属于低精度喷头。高精度喷头多采用水性染料或颜料油墨，后者以采用溶剂型颜料油墨居多。

与传统油墨不同的是：电子液体油墨在介质上的固化不依赖于墨膜干燥时间，而是遇到高温（130℃）橡皮布立即固化在橡皮布上，橡皮布上的油墨图文再 100% 地转印到纸或其他介质上。另一方面，电子液体油墨的基本材料是新型树脂材料，它的微观形状为多边形。在压力作用下不像传统油墨容易扩散，而是结合紧密与纸张或其他介质接触后立即固化，使印刷图像更加清晰网点边缘稍有虚化及扩散。

电子液体油墨分为水性油墨和油性（溶剂型）油墨。水性油墨由溶剂、着色剂、表面活性剂 pH 值调节剂、催干剂及必要的添加组成。对于热压式喷墨印刷系统来说，只能选用水性油墨。按需喷墨印刷油墨通常也是基于水性的油墨。油性（溶剂型）油墨由着色剂、溶剂、分散剂等其他调节剂组成。

（3）固态数字印刷油墨。固态数字印刷油墨主要应用于喷墨印刷其在常态下呈固态印刷时油墨加热，黏度减小后而喷射到承印物表面上。固态数字印刷油墨由着色剂、荷粒电荷剂、黏度控制剂和载体等成分组成。

（4）电子油墨（电子纸和电子墨）。电子油墨是用于印刷涂布在特殊片基材料上作为显示器的一种特殊油墨，由微胶囊包裹而成其直径在纳米级。微胶囊内有许多带正电的白色粒子和带负电的黑色粒子，且分布在微胶囊内透明液体中。当微胶囊充正电时，带正电的微粒子聚集在朝向观察者一面，而显示为白色，充负电时，带负电的黑色粒子聚集在观察者一面，而显示黑色。粒子的位置及显示的颜色由电场控制，控制电场由高分辨率的显示阵列底板产生。

（5）喷墨印刷用油墨（Jet Printing Ink）。喷墨印刷是20世纪60年代以后发展起来的一种无压力印刷方式（Non-impact Printing），它不需要制作印版，是利用计算机图文信息对压电晶体进行控制，使喷嘴中的墨水在一定压力下，从极细的喷嘴喷出，喷射在纸张上形成点阵字或图像。油墨在飞行途中通过电极控制可以改变飞行方向，不落在纸上的墨滴可以回收到墨槽中再一次用泵送到喷嘴处。

为了防止喷嘴堵塞，一般使用水性的染料墨水，黏度很小，只有2~10mPa·s。

黑色喷墨印刷用墨水配方如下：

黑色直接染料	4.0%
三甘醇（保湿剂）	6.0%
防霉剂	0.1%
蒸馏水	89.9%

保湿剂的作用是防止墨水过快挥发，堵塞喷嘴。这一类墨水的表面张力在22~72 dyn/cm范围内，电阻率100~150Ω/cm，喷射到纸上以后立即被纸面吸收，在50s以内即可固化。喷墨印刷速度很快，每2min可印一页A4纸，是一种很有前途的信息记录方式，并可以用来进行彩色打样，现在已用于印刷邮政贴头。

除了普通喷墨油墨，现在还有一种UV/EB固化的喷墨打印油墨在印刷中的应用日益广泛。UV/EB油墨在数字印刷中的最大特点是稳定性好，只在UV光或电子束照射下才能固化的优势可以有效避免打印头堵塞，延长打印头的实际使用寿命。但不足之处是，采用UV/EB油墨打印将导致印刷速度降低，因此要对油墨供应环节加以限制，并控制大量油墨通过打印头的速度。

现在，世界范围内数字印刷油墨的研究正方兴未艾，各数字印刷机生产厂家如Canon、EPSON、Scitex、Xeikon、HP Indigo等都根据自己数字印刷机的特性而研究开发出适应其系统特性的数字印刷油墨。另外，全球其他著名的油墨制造商，如DIC、太阳化学、富林特、SakataInx Corp等公司也都开始涉足数字印刷油墨的开发与生产。相信随着数字印刷机的普遍使用，对数字印刷油墨的研究开发将更加深入，新的数字印刷油墨会不断出现。

3．数字印刷油墨与普通胶印油墨色料的差异性

数码印刷产品与胶印印刷产品之间的最大差异之一就是印刷到纸张上的呈色物质。数码印刷所用的色料与胶印印刷用的油墨有着完全不同的化学机理。如干粉式数码印刷的色料在印刷到纸张上时是干性的，然后通过加热使色料树脂熔化，色料与纸张表面黏合。而胶印印刷油墨是液体的，是通过油墨中的固体色料与液体连结料之间的平衡，实现油墨干燥以及墨膜与纸张的黏合。

数码印刷的色料在纸张上的干燥与胶印印刷油墨在纸张上的干燥过程也是不同的。当胶印印刷油墨干燥时，液体连结料渗入纸张表面，固体色料与部分干燥连结料留在纸张表面；而数码印刷色料并没有液体成分渗入纸张中。这一点差异提醒我们，对数码印刷品的印后加工必须十分注意，因为它有可能影响到某些印刷品印后加工的质量。比如，胶印印刷品经常进行的覆膜加工方法在应用于数码印刷品时，表面的色料就可能导致薄膜无法很好地复合。

另外，由于硅油的作用，也会导致印后加工的一些困难。许多印后加工人员已经发现，如果纸张上有大量的硅油，会导致印后上光加工和覆膜出现困难。

三、其他特种油墨

1. 金墨、银墨和珠光墨（Gold Ink，Silver Ink and Pearl Lusting Ink）

过去当印刷品需要金色或银色装饰时，常使用揩金（擦金）方法，即先在纸面上印中黄色图文，在未干时擦上黄铜粉（含锌10%以下）或青铜粉（含锌25%左右），粉末细度为200目/英寸，干燥后即呈金色。现在则多采用凸版、平版或凹版印刷。

（1）金墨。一般购置油墨厂生产的成品印金油，在印刷前与800～1000目/英寸的细铜粉混合，并加入较多的催干剂。下面是平印金墨的配方比例：

青铜粉（800～1000目/英寸）	55%
树脂调墨油（低酸值）	30%
胶质油	9%
号外调墨油	3%
催干剂（钴干燥剂）	3%

印刷时要控制润湿液的pH值。由于金墨印刷适性差，印刷速度要慢一些；印成品应避免与硫化物、酸类和水接触，防止变色。

（2）银墨。是先将铝粉分散在石油溶剂中，再加入树脂调墨油，一般由油墨厂制造。鳞片状的铝浮在墨膜表面，光泽很强，而颗粒状的铝粉则均匀地分散在墨膜中，外观像银白色金属。银墨的印刷性能比金墨好，也不易变色。

用下列配方的连结料可以制成凹版印刷的银墨。

聚酰胺树脂	40%
二甲苯	31%
异丙醇	29%

也可以再加入5%～10%硝酸纤维，将配成的挥发干燥型连结料80%加入20%银粉，即成为凹印银墨，如果减少20%的二甲苯，用19%的异丙醇与1%的乙酸乙酯代替，可以配成柔性版银墨。

（3）珠光油墨。用天然的珍珠母粉或合成的无机晶体物质代替金粉或银粉，可以配成珠光油墨，常用于印刷包装材料。

2. 荧光油墨和磷光油墨（Fluorescent Ink and Laminous Ink）

荧光颜料在日光照射下，能反射出鲜艳夺目的荧光，所以用它们制成丝网油墨、凸版油墨、柔性版油墨和凹版油墨，印成的招贴、广告、贺年片、指示器等，宣传效果特别好。丝网印刷可用最大颗粒直径为40～50μm，柔性版和凹印版最大粒径为10～15μm，胶印最大粒径为4～5μm，所以最好用丝印、凹印或柔性版印刷。下面分别介绍两个配方。

（1）荧光丝网油墨的配方

由荧光染料制成的固体颜料	45%
乙基羟乙基纤维素（EHEC）	5%
松香季戊醇酯	16%

石油溶剂　　　　　　　　　　　　　　　28%

丁基溶纤剂　　　　　　　　　　　　　　3%

甲苯　　　　　　　　　　　　　　　　　3%

油墨配方中最好再加入2%~3%紫外线吸收剂。

（2）荧光柔性版油墨的配方

荧光颜料　　　　　　　　　　　　　　　45%

乙酸正丙酯　　　　　　　　　　　　　　27.5%

乙醇　　　　　　　　　　　　　　　　　27.5%

因为墨层较薄，所以荧光颜料的含量较多，磷光颜料由含有少量不纯物的硫化锌（ZnS）制成，它吸收了入射光后一定时间内再发射出来，因此可能在夜间发光。它颗粒较粗，不能研磨，只能用丝网印刷方式印制表盘、铭牌、安全符号等，也用于广告。连结料要采用中性的环己酮树脂，不可与酸碱接触。

3．磁性油墨和光学符号识读（OCR）油墨

（1）磁性油墨。磁性油墨可印刷有特定形状的符号和字母，墨层中含有能残留磁性的氧化铁黑和氧化铁棕等磁性颜料，磁化后可以在磁性读取装置MICR上根据磁场的变化自动读取数字，分类统计，常用的磁性符号与字母形状如图15-1所示。磁性油墨多采用凸印和胶印。

1234567890

图15-1　常用的磁性符号与字母形状

磁性油墨的配方见表15-3。

表15-3　磁性油墨的配方　　　　　　　　　　　　　　　　　　　　　　　　　　　　　　　%

油墨品种	磁性氧化铁	连结料	炭黑	干燥剂	液体抗氧剂	其他辅助剂
凸印油墨	15~60	20~35	3~4	4~5	1~2	6~11
胶印油墨	50~65	25~45	3~4	1~2	0.5~1	1.5~5

这种油墨主要用于支票和票据印刷，便于票据在MICR上自动统计分类。由于颜料密度大，印刷适性较差，容易转移不良，印刷时注意保证墨膜的厚度。

（2）光学符号识读油墨。现在银行、邮局和类似机构使用较多的是光学符号识读器（OCR），利用光线扫描向计算机输入信息，其中使用最广的是条形码，如图15-2所示。

可以识读的OCR印刷可使用一般的磁性黑油墨，通过光学读取设备即能读取数码。但还有一种叫做漏失信息彩图系，人的眼睛可以识别，但用OCR读取时会漏掉，借以识别和进行分类，这种OCR油墨常用蓝色、橘黄色或红色，油墨中颜料含量较低，一般在1%~5%之间，条形码在商品包装上应用广，为超市售货计价提供了方便，邮政工用于自动分拣、挂号统计。

挂号0467唐山　　　　063020

图15-2　条形码

4. 微球发泡油墨和香味油墨

过去为得到凸出的文字或图像，常用树脂凸字粉，方法是先用凸印在名片或广告上印刷，在油墨未干时，撒上松香一类树脂粉，使它们黏附在文字或图像上，吹去空白部分的树脂，然后用热风或红外线灯使松香熔化，就得到凸出文字的名片或广告，具有良好的宣传效果。

现在是用聚氯乙烯一类的合成树脂，经过特殊加工，制成直径为 5 ~ 80μm，中间充有低沸点（30 ~ 40℃）溶剂受热能够发泡的微型球体，再与其他成分配成丝网印刷用的油墨，印在纺织品或纸张上，在低温下干燥，当热风机或红外线将印成品加热到 100 ~ 140℃，微球内的低沸点溶剂立即汽化，微球体积迅速增大 5 ~ 30 倍，在纺织品或纸上形成明显浮凸的文字或图像，可用于盲文印刷、广告和旅游纪念品的印刷。由于工艺简单，效果突出，很受用户欢迎。

微球发泡油墨的配方如下：

微球	20%
丙烯酸酯与树脂共聚物	60%
色浆	10%
尿素	5%
辅助剂	5%

色浆可使微球发泡油墨色泽鲜艳；聚丙烯树脂则是保护凸起的墨膜，使其具有耐磨性并可洗涤数次，不会脱落。

还有一种发泡剂是偶氮二异丁腈，它加入由聚氯乙烯树脂为连结料的油墨中，丝印后低温干燥，送入发泡机上加热，发泡剂即分解放出气体，使油墨发泡凸起，但其膨胀能力不如微球发泡油墨，用于要求有浮雕效果的壁纸，也可以在纺织品上印刷。

香味印刷使用的芳香油墨，也是用类似的方法制作。将各种香精制成易碎的树脂微球（囊），内储香料，将这种香料微球加入平印或凹印油墨中印刷广告、日历或其他宣传品。在使用过程中微球破裂，香料逸出，印刷品中的香味可散发半年到一年，在玩具、文具、日历和广告、宣传品中有一定市场。

5. 示温油墨和安全油墨（Temperature Indicating Ink And Safety Ink）

（1）示温油墨。是一种能在一定温度条件下变换颜色的油墨，用于印制包装容器、室内温度计或玩具等物品，例如将医学用的针头、针管等放入包装袋中用蒸汽灭菌，当温度达到灭菌要求时，袋上的示温油墨就改变了颜色，说明袋内医疗器械已经完成消毒灭菌处理。其中，示温物质是不可逆性的感热有机染料和酚醛化合物，具有鲜明的色彩变化。

还有一种是使液晶囊化制成的液晶油墨，它们是由胆甾醇型液晶制成的，和一些无机金属络盐一样，是可逆性的。当温度升高到一定限度，颜色明显改变；而当温度下降以后，又恢复到原来的颜色。两者相比，无机金属络盐耐光性好，但变色的精确度不如胆甾醇型液晶，因为液晶是由分子方向性变化而变色的，更适合于制造室内温度显示计。

（2）安全油墨。安全油墨又称防伪油墨或感应油墨，也是印刷支票、有价证券时常用的安全措施，它通过凸版或雕刻凹版，在支票或有价证券上印出底纹图案，以防止伪造与涂改。当用钢笔在这种支票上写上文字或数字以后，如果用退色灵进行涂改，底纹会与文字、数字一起退去。如果伪造支票，也很容易用化学药品进行鉴别。

还有一种发色型的安全油墨，是由有机胺类如二苯胍、噻唑胍等发色剂与树胶或糊精等黏结剂配成，它一接触退色灵就会产生颜色反应，使涂改金额或文字无法进行。

退色型的水型油墨是由盐基性染料，例如蓝基品蓝、奥拉明黄、罗达明红溶解在糊精或阿拉伯树脂溶液中制成的，用凸版、雕刻凹版或干胶印（凸版经过橡皮布转印到纸张上）印刷，有时还加入防雾剂和表面活性剂（如三乙醇胺油酸盐），凹印安全油墨也可采用 5% ~ 9% 的乙基纤维素作为连结剂。有一种含有荧光增白染料和荧光颜料的油墨也属于安全油墨，用它印制的证件，表面上看与普通油墨差不多，但在紫外光照射下会发出荧光，极易辨别真伪。

复习思考题十五

1. 柔性版印刷油墨有哪几种类型？在组成和干燥类型上有何不同？
2. 单张纸胶印油墨与商业轮转胶印油墨在组成和性能上有什么不同？
3. 简述新闻油墨的组成和性质。
4. 大豆油油墨在成分上的变化和特点是什么？
5. 简述 UV 喷墨油墨的优势和存在的主要问题。
6. 什么叫示温油墨？
7. 凹版印刷油墨有几种类型？各有什么特点？
8. W/O 型速印一体机油墨在组成上与普通油墨最大的区别在哪里？主要应用是什么？
9. 列举几种典型的数字印刷油墨，它们与经典的胶印油墨有哪些主要区别？

第三篇　其他印刷材料

概述

除了承印材料和油墨之外，在印刷过程中，在油墨传递和转移的行程中，还需要各类胶辊、橡皮布，在平版胶印中，还需要润版液。这些材料的成分和性能对印刷工艺过程及印刷品质量有着明显的影响。

胶辊、橡皮布的成分和制造工艺决定了其硬度、表面能、弹性及压缩变形等性能，而这些性质直接影响着油墨的传递和转移。

平版胶印是利用油水不相溶的原理实现的，为了使印刷顺利进行，在实际印刷中，所用的水并不是纯水，而是由各种弱酸、盐、氧化剂、胶体、表面活性剂等物质溶于水中所组成的具有特定性能的混合溶液。从材料的角度，润版液的成分不同，配制润版液时所用的润版液原液的比例不同，甚至配制或稀释润版液时所用的水质不同，都会对润版液的 pH 值、表面张力、对油墨的乳化等特定性能构成明显的影响。

本篇主要从材料的角度，重点讨论胶辊、橡皮布和平版胶印的润版液等印刷材料的作用、组成、分类及印刷适性。

第十六章

胶辊

胶辊是胶印机输墨系统和润湿系统的主要构件，其功能是向印版传递、涂布油墨或润版液。胶辊辊面材料的性能，对印版上涂布的墨膜和水膜的均匀性、印版的耐印力及印刷品的质量有着较大的影响。

第一节　概述

在胶印机上，供墨系统由供墨、匀墨和着墨三个部分组成，而润湿系统由供水、匀水和着水三个部分组成。这两个系统的各部分组成构件均是胶辊。

一、墨辊和润湿辊的结构

胶辊是以金属为辊芯，胶层为辊面的圆柱体，辊芯的两端是轴颈。在胶印机上，按胶辊的工作性质及其功能，一般分为墨辊和润湿辊。

1. 墨辊

输墨系统中的墨辊，除刚性辊之外，多数是软质胶辊，一般由辊芯和橡胶层组成，如图16-1所示

图 16-1　墨辊的结构

1—表面胶层；2—过渡胶层；3—硬胶层；4—金属辊芯

橡胶层主要是由表面胶层、过渡胶层和硬胶层三部分构成。表面胶层是墨辊的主要部分，起着均匀传递油墨的作用，厚度为6~8mm；过渡胶层起着粘接表面胶层和硬胶层的作用，其厚度在8~10mm；硬胶层起着粘接金属辊芯和过渡胶层的作用，厚度为2~3mm。

金属辊芯是印刷墨辊的骨架部分。为了使橡胶层能更好地与辊芯结合，在辊芯表面车有螺纹，螺纹一端为左旋，另一端为右旋，中间一段没有螺纹，作为检验辊体对轴头的跳动之用。金属辊芯是一个实心或中空圆柱体，辊芯的壁厚应均匀一致。金属辊的重心必须平衡，不允许有摆动和弯曲。

2. 润湿辊

润湿系统中的水辊，除刚性辊之外，通常在胶辊表面包套绒布，如图16-2所示。

图16-2 水辊的结构

1—外套绒布层；2—辊面胶层；3—辊芯体

二、胶辊的分类与规格

胶印机所用的胶辊，由于所处工作位置及其作用不同，其种类、规格和尺寸也不尽相同。

1. 胶辊的分类

（1）按辊芯结构分：有重型胶辊和轻型胶辊两类。

（2）按辊面材料分：有橡胶胶辊、塑料胶辊、尼龙胶辊和合成树脂胶辊等几类。

（3）按胶层硬度分：有硬质胶辊和软质胶辊两类。

（4）按工作性质分：有输墨用胶辊（简称墨辊）和润湿用胶辊（简称水辊）两大类，其中又包含传墨辊、传水辊、匀墨辊、匀水辊、着墨辊、着水辊等。

（5）按使用机型分：有打样机用胶辊和印刷机用胶辊两类。

2. 胶辊的规格

指胶辊的直径、长度和胶层厚度等指标，也包括辊芯两端的轴颈尺寸和几何形状。

（1）直径。胶辊的直径因机型不同而不同，即使是同一机型，同一类胶辊的直径也有可能不同。胶辊直径误差一般在±0.5mm内。

（2）长度。这里是指胶辊辊面胶层的长度，它主要取决于胶印机的印刷幅面的最大尺寸。一般地，国产全开胶印机不应小于1250mm，对开胶印机不应小于910 mm，四开胶印机不应小于650mm。

（3）厚度。胶辊辊面胶层的厚度主要取决于辊芯的直径和胶层结构尺寸。一般地，当辊芯直径为40~60mm，胶层的总厚度通常在10~25mm。

三、胶印对胶辊的基本要求

（1）胶辊的表面应尽可能地光滑。当然，有些场合下胶辊需要做成有纹理的，但大多数胶辊还是要求具有光滑的表面。胶辊应是规则的圆柱体，其尺寸须严格地控制在公差范围内，而且辊子的尺寸在温湿度变化的情况下也不允许有很大的变动，这就要求制作胶辊的材料要有较高的熔点，并能适应印刷车间所具有的高湿度条件。如果生产的胶辊是用来供应各地的，则生产时要考虑到材料能否适应潮湿气候和干燥的气候环境。实际上，胶辊在变化的条件下可以允许有一定的膨胀或收缩，但不能发生较大的变形或丧失机械强度，不至于对印刷效果造成太大影响。

（2）胶辊必须能耐油墨腐蚀，而且不会使油墨中的任何成分析出，同时在油墨的作用下尺寸不应发生变化，也不能发生变形，油墨中的组分不应渗透进入胶层内部中。否则，胶辊变形将无法使用，且进入到胶辊孔隙中的油墨组分容易干结固化，难以清洗除去。

（3）胶辊要有很好的亲墨性能，要使油墨能黏附在胶辊的表面，同时又能很容易地传递到其他辊子的表面。

（4）胶辊必须有足够的弹性，以保证不需使用太大的压力就能对硬质印版（如 PS 版）表面着墨，且要求辊子在将油墨传递到印版上之后，脱离印版后能立刻恢复原来的形状。另外，胶辊在高速转动过程中会因摩擦而升温，从而导致胶辊弹性和其他性能改变，因此常在胶辊中通入中空冷却水。

（5）胶辊的包覆材料必须具有一定的硬度和足够的耐久性，以抵抗在高速运转下墨层剥离的力量。要求包覆材料不氧化、老化，并具有很好的耐磨特性。同时，胶辊包覆材料和芯轴的黏接能力应良好，并且能持久保持一定的强度。

四、胶辊的选择、使用与保养

胶辊在印刷机上用作供墨胶辊、传墨胶辊、匀墨胶辊和着墨胶辊，不同用途的胶辊要求具有不同的性能。另外，各种印刷方法不同，印版的结构不同，对着墨胶辊的要求也不同。因此，选择好合适的胶辊，不仅可以降低胶辊的损耗，还能提高印刷的质量。

1．平版印刷胶辊的选择

（1）胶辊与调墨油或树脂接触不会发生膨胀也不会发生其他变形。

（2）应具有足够的表面黏性，对油墨也有足够的亲和性。

（3）胶辊的硬度和弹性要合乎需要，并在整个使用期间都必须保持基本不变。

（4）金属芯轴和最终完成的胶辊要求有精确的尺寸，偏差在公差范围内，以保证在较低的压力作用下就能很好地传递油墨。

（5）胶辊应不受水分的影响，不能因与水分接触就发生膨胀和体积变形。

（6）胶辊能吸附油墨但不能吸收油墨，否则胶辊难以清洗干净。

（7）对芯轴黏接牢固，便于储存。

（8）胶辊本身加工精度和稳定性都要求很高，故不能安装缓冲装置。

综合以上性能要求，平版印刷用胶辊大多采用天然橡胶辊，它适合高速胶印机和快固着油墨，但其表面黏度不够好，且承载油墨的能力有限，并会吸收油墨中的一些成分。而聚氨基甲酸酯胶辊有极好的表面黏度，在印刷大面积实地时不会出现环状白斑。对于网目调印刷来说，聚氨基甲酸酯胶辊有较好的印刷效果。

2．柔性版印刷用胶辊的选择

柔性版印刷常采用橡胶辊或合成橡胶辊，其硬度稍低，以减少印版的磨损。由于辊子通常都是由齿轮传动的，对胶辊的直径要求很严格，允许的公差为 ±0.12mm。由于软质靠版辊难以留住较稀的溶剂型油墨，因此网纹辊在柔印中普遍采用，其传墨效果非常好，而且能够实现计量供墨。

3．凹版印刷用胶辊的选择

凹印用胶辊必须有很高的耐磨损能力，压缩变形不可过大，不因挠曲而发生局部发热现象。这是因为凹印所用压力一般较大，用以补偿滚筒和纸张的尺寸误差。在压力变化时，胶辊容易产生较大的应力。在现代凹印机上采用的自动液压平衡系统能把压力变化控制在最小的允许范围内。

天然橡胶是制作凹印用胶辊的理想材料，这是因为天然橡胶有很好的弹性，因挠曲产生的热聚集现象比同级别的合成橡胶辊要轻，但天然橡胶不易清洗，而且清洗后易发黏。

4. 胶辊的使用

（1）要注意胶辊在印刷机上必须安装好，否则就无法适当地调整辊子，而且在印刷机运转时辊子不能出现摇摆和磨损的现象。安装时，辊颈与轴承配合要保证一定的技术精度。拆卸时，应轻拿轻放，不应碰撞辊颈和辊面胶层。

（2）胶辊必须在适当的压力下才能很好地匀墨，着墨辊所受压力要比匀墨辊稍大一些，这样它就不会与印版之间发生滑动。着墨辊必须与印版的所有部分都接触上，而且要求压力实而均匀。

（3）当印刷机停止运转时，印刷机上不得有任何辊子变热和变干，也绝不允许仍有辊子压在印版上，应及时脱离接触，卸除负荷，以防静压变形。胶辊也绝不可掉在硬地板上（如水泥地面），否则会损坏芯轴。

（4）胶辊必须在油墨干燥变硬之前进行清洗。不进行有效的清洗，胶辊就不能很好地匀墨，而且其亲墨性能也将受到破坏。

（5）油墨中不得含有损坏胶辊的溶剂，否则溶剂会使胶辊膨胀或润胀，最后使其失效。

5. 胶辊的保养

保养的目的在于使胶辊保持稳定的机械性能、化学性能和印刷适性，以延长使用寿命。胶辊的保养，一般应注意以下几个环节。

（1）养护。胶辊在使用前或使用后，均须及时用清洗剂将辊面彻底清洗干净，以保持辊面的黏着性能和理想的工作状态。如清洗不净，残留的污垢会使辊面形成凹凸不平，甚至氧化结皮。若长时间不用胶辊，清洗洁净后，还应在辊面涂布防黏剂。在使用过程中，对于不同的胶辊辊面材料，应注意其温度变化情况，一般应控制在 70℃ 以内。应防止胶辊与强酸、强碱或有机溶剂长期接触，以免遭受侵蚀。

（2）保管。胶辊应妥善地呈垂直或水平状态，架空存放在室温为 10～30℃，相对湿度为 50%～80% 的库房内，或存放在通风、阴凉和干燥的场所。严禁辊面互相堆叠、挤压，以防胶层粘连及受压变形。应避免阳光直射或热辐射，防止胶层加速老化。更不可与酸碱、油类和尖硬物质等存放在一起，以免碰伤胶层、腐蚀辊颈。

（3）储存。胶辊入库时，应标明储存性质（如备用品或轮休品）、所属机型、规格、保效期限（或出厂日期），以防储存过久引起胶层老化、龟裂、辊颈锈蚀等现象。

第二节　胶辊的基本性能

无论采用何种印刷方法，胶辊都用于传递油墨和润版液，并要与印版接触，因此印刷工艺对胶辊在外观性能、机械性能和化学性能等方面都有着共同的要求。

一、外观性能

1. 光洁度

光洁度是指胶辊辊面胶层所呈现的光滑的显微程度。胶层的光洁度取决于铸模内壁的粗糙度或表面磨光加工时所选用的砂轮粒度及其工艺条件，胶辊表面的光洁度一般要达到细磨级。胶层表面上润版液或油墨的铺展和附着性除了取决于胶料自身固有性质外，还与其表面光洁度密切相关。若胶辊表面过于光滑或过于粗糙，都会造成辊面附着的润版液或油墨膜层不均匀或凹凸不平，从而影响油墨及润版液的传递和转移，严重时甚至无法形成均匀一致的膜层。

2. 洁净度

洁净度是指胶辊辊面胶层清洁、干净的程度。胶辊辊面胶层是接受和传递润版液或油墨的作用面，其表面洁净状况直接影响着润版液和油墨的吸附作用。一般地，洁净的表面能使胶层的表面性能得到充分显现。反之，如果辊面存在着局部或细微的脏污时，则会降低或失去表面应有的特性。严重时，还会造成局部或整体脱墨。

3. 均匀性

均匀性是指胶辊表面橡胶层在各个方向上均匀分布的程度。胶辊的均匀性差，主要表现在胶辊表面色泽不均匀，墨辊表面或橡胶层内有气泡、砂眼、针孔、缺胶和杂胶等现象，并直接影响到胶辊的其他性能，如弹性、硬度和机械强度等。

4. 圆柱度

圆柱度是指胶辊整体在其长度方向上的圆直程度。胶辊的圆柱度主要取决于辊芯体与其复合胶层的同轴度。由于胶辊在制作时所采用的材料和工艺不同，在其成型过程中受铸模、定位部件精度或磨削加工精度的影响，其圆柱度和同轴度一定会存在一些偏差。在印刷过程中，胶辊的圆柱度不仅影响胶辊在径向转动和轴向移动时的工作平稳性、胶辊与刚性辊间的接触精度和压力大小，而且也直接影响着润版液和油墨的转移和分离状态，尤其影响着胶辊与印版间的接触精度和压力大小。目前，胶辊的圆柱度允许公差为0.3mm。同轴度偏差小于0.7mm。

二、机械性能

胶辊的机械性能主要取决于所用胶料的分子结构和助剂的性质。一般地，胶辊的机械性能包括如下几项。

1. 硬度

硬度是指辊面胶层在受力作用时，抵抗外力压入的能力。胶辊表面胶层的硬度，主要取决于所用胶料的种类以及胶辊本身胶层的结构特性，它是决定胶辊机械性能和传递性能的重要指标。特别是与印版直接接触的着水辊和着墨辊，如硬度偏高时，对印版的图文部分和空白部分都会造成不同程度的不良后果，影响印版的耐印力；若硬度偏低时，则会影响其传递性质。胶辊的硬度也与弹性有关，其硬度愈大，弹性愈小，对油墨的吸附能力也小；反之相反。

在印刷过程中，胶辊因滚压摩擦而逐渐生热，从而使其产生"热老化"现象，长时间后会使其硬度上升，直至出现龟裂故障。

目前，胶印机上所用胶辊的硬度一般是按照其系统中的工作位置和条件而设定的，表16 - 1列出了胶印机上各种胶辊的硬度。

表16 - 1　胶印机上所用各种胶辊的硬度

用途	机速 硬度（邵氏度）	低速	中速	高速
润湿系统	传水胶辊		23	
	着水辊		30	
输墨系统	传墨胶辊		35	
	匀墨胶辊		40	
	串墨胶辊			
	着墨胶辊	30	35	40

2. 回弹性

回弹性是指辊面胶层在受外力作用压缩变形后能瞬间恢复原有外形尺寸的性质。胶辊回弹性的大小与其所选用原料的性质、加工方法等有关。在胶印过程中，胶辊的回弹性是影响润湿和着墨状况的主要因素，它对于润版液和油墨液膜的传递、转移和分离，以及印刷质量的形成都有着重要的作用。若胶辊的回弹性不足，容易造成受压后产生永久变形，对润版液和油墨的传递均不利。

3. 抗张强度

抗张强度是指胶辊的橡胶层在受拉力作用至断裂时单位面积上所能承受的最大拉伸应力。胶辊在运转中，虽然工作位置不同，其所受外力亦各有差异，但它们都受到一定的外力作用。一般来说，刚性辊与弹性辊承受压力接触运转时，弹性辊的表面胶层就会被拉伸，尤其是与串墨辊接触时，由于同时存在着由左到右和由右到左的轴向移动和径向转动，因而使辊面胶层受到一定的拉伸作用。若胶辊的抗张强度不足，使用一段时间后，胶层就会出现裂纹，严重时会扯断胶层。为了满足高速印刷的要求，胶辊必须具有足够的抗张强度。

4. 伸长率

伸长率是指胶辊的胶层在受力拉伸时伸长的长度与原长度的百分比值。胶辊的伸长率与其硬度有一定关系，胶辊硬度越低，其受力时伸长率越大。另外，胶辊的伸长率与其吸收局部冲击负荷的能力和吸收振动的能力有关，胶辊吸收局部负荷和吸收振动的能力越强，就越有利于印刷机的平稳运转。

5. 耐疲劳性

橡胶承受交变循环应力或应变时会引起局部结构变化和内部缺陷的加大，橡胶抵抗这一变化的能力称为耐疲劳性。橡胶疲劳的实质就是受力和受热作用时橡胶产生老化的现象。胶辊在使用时受到拉伸、压缩和摩擦生热的作用，特别是着墨辊和着水辊受到周期性力的作用，如果其耐疲劳性差，则辊面易出现龟裂，严重时会断裂，这将大大影响油墨和润版液的供应及传递。

三、化学性能

1. 耐油墨性

耐油墨性是指胶辊的胶层抵抗油墨渗透侵蚀的能力。胶辊的耐油墨性不仅取决于所用胶料的固有性质、胶层结构的致密性，还与油墨中连结料的化学性质有关。在印刷过程中，胶辊在高速滚压下周而复始地接受、传递和转移油墨，附着在辊面上的剩余墨层，其连结料中的干性植物油、油墨油和溶剂会不断地向胶层内部渗透，日积月累，致使胶辊出现膨胀、发黏甚至开裂，从而影响其对油墨的吸附、传递和转移能力，严重时无法使用。

2. 耐酸性

耐酸性是指胶辊的胶层抵抗酸性物质侵蚀的能力。在润湿系统中，对于包覆外套（如水绒套）的胶辊来说，由于连续不断地接受、传递润版液，这些附着在外套上的润版液会因毛细管作用逐渐渗透入胶层内部，使胶层产生膨胀，进而影响其对润版液的吸附和转移。

3. 耐溶剂性

耐溶剂性是指胶辊胶层抵抗各种化学溶剂渗透侵蚀的能力。胶辊在日常的使用和保养过程中，为了保持辊面的洁净，通常要用汽油、煤油或清洗剂等有力溶剂，将附着在辊面上的油墨、堆积物等除去。这些溶剂与胶辊接触后，会逐步地渗透进入胶层内部，使橡胶分子产生加成、取代、裂解和结构变化等反应，导致橡胶失去高弹性，并产生溶胀现象，也有因渗入的溶剂挥发而产生体积收缩的现象。若此时受力过大，容易造成胶层局部脱芯等故障。

4. 耐老化性

耐老化性是指胶辊在受到光、热、氧气等作用时所表现出的抵抗老化的能力。胶辊胶层老化是由于各种化学变化而引起的，伴随老化现象的加重，胶层逐渐变得僵硬、发脆，丧失弹性，其机械性能也大大下降。

印刷油墨中添加的干燥油，由于含有钴、锰化合物，它们会加速胶辊的老化作用，因此印刷完成后对胶辊的及时清洁和保养是十分重要的。为了保持胶辊的各种良好性质，防止过早老化，在设计配方时，通常都添加防老化剂，并注意正确使用和保管，否则防老化剂不但起不到抑制老化的作用，反而会加速胶辊的老化。

第三节　胶辊的印刷适性

在胶印过程中，胶辊的印刷适性是指胶辊水斗辊接受润版液或从墨斗辊接受油墨开始，经匀水和匀墨后，直至将润版液和油墨先后均匀地铺展在印版表面，其在传递、转移过程中表现出的与润版液、油墨、印版和其他工作条件相匹配，适合印刷作业的性能。

一、润湿性

润湿性是指胶辊与油墨或润版液接触时，其辊面被液膜（或墨膜）浸润的能力。胶辊的润湿性不仅取决于油墨（或润版液）的内聚力与附着力的大小，也取决于两相界面自由能或界面张力的大小。胶印机输墨系统的胶辊，主要利用极性橡胶或其他高聚物作为辊面材料，它们具有亲油斥水性，保证了图文部分良好的着墨效果。润湿系统的胶辊一般包覆着水绒套，若是直接利用辊面传递、转移润版液的胶辊，也应具有亲水抗油性能，以保证空白部分良好的润湿状态。

胶辊在使用和保养过程中，如有不当则辊面会出现硬化、龟裂等现象，或自然老化加快，这将引起辊面润湿性的改变，并最终影响到胶辊对润版液和油墨的传递及转移能力。

二、传递性

传递性是指胶辊在接触力的作用下，对油墨或润版液的吸附、传递和转移能力。在输墨系统中，油墨在墨辊间的传递是由于辊隙的分离作用将其转移到印版表面的，墨层在两个墨辊间对等分离。通过控制胶辊间的接触压力和接触带宽度，可以保持墨辊良好而又稳定的传递性。墨辊的表面状态、弹性、硬度以及油墨的流动性会影响到墨辊对油墨的传递性。

三、耐气候性

耐气候性是指胶辊耐抗环境温度、湿度变化的影响及其自身在滚压状态下抗摩擦生热的能力。在胶印过程中，胶辊的尺寸稳定性是保持其各项物理机械性能的基础。一般地，胶辊在滚压状态下传递、转移油墨时，由于其辊径小，角速度快，所受摩擦较大，尤其是在高速印刷状态下，容易导致辊体和辊表面积聚热量，长时间后会加速胶辊的热老化，致使胶层逐渐软化而改变其外形和尺寸。目前，胶辊的工作温度常控制在 20～70℃ 之间。温度过低，胶辊也会因硬化而失去高弹性。

四、耐磨性

耐磨性是指胶辊在印刷时抵抗磨损而保持其物理化学性能的能力。在印刷过程中，各个胶辊之间都存在着摩擦，这必然会造成对胶辊的磨损，致使其形状和尺寸变化，并最终影响胶辊对油墨、润版液的传递、转移能力。胶辊的耐磨性与其工作温度有密切关系。当低于 15℃ 时天然橡胶的耐磨性较好；而温度高于 15℃ 时丁苯橡胶的耐磨性则更好。墨辊的耐磨性还与橡胶层的材料有关，一般地，聚氨酯橡胶的耐磨性要好些。

第四节　常用的胶辊

一、橡胶胶辊

在平版印刷中，早期使用绒毛状皮革辊，后来采用了天然橡胶胶辊，现在则以合成橡胶胶辊为主。橡胶胶辊主要用于单张纸和卷筒纸胶印机润湿系统的传水辊、润湿辊和输墨系统的传墨辊、匀墨辊和着墨辊等。

1. 组成结构

橡胶胶辊由辊面橡胶层和金属辊芯组成，如图 16 – 3 所示。

辊面是胶辊的主体组成部分，其结构一般由三层（或两层）胶层构成。辊面是传递和转移油墨或润版液的工作面，一般选用含量为 25% ～30% 的丁腈橡胶，其厚度随层数不同而有差别。中间层是表面层和里层的连接层，由天然橡胶和丁腈橡胶混合而成，其厚度在8～10mm之间，硬度在 50 邵氏度左

图 16 –3 橡胶胶辊的结构示意图
1—表面胶；2—连接胶；3—里层胶（硬胶）；4—金属辊芯

右。里层是与辊芯黏合的胶层，多选用硬质天然橡胶，其厚度一般为 5mm 左右，硬度较大，在 98 邵氏度以上。胶辊辊面的总厚度通常控制在 20～25mm。

辊体是由辊颈和辊芯两个部分组成的，其结构按其在印刷机上的工作位置和工作特性，分为重型辊和轻型辊两种，均选用优质碳素钢加工而成，其辊芯部分包覆着橡胶层。

2. 性能特点

辊面具有一定的粗糙度、爽滑性和黏性，其弹性好，机械强度高，运转时温度升高小，耐油墨性、耐溶剂性和耐气候性都较好，形状稳定性佳，但换色（尤其是深色换成浅色）清洗性不佳。

3. 制作工艺

橡胶胶辊的制作工艺一般有模压、注压和贴合三种，其中以贴合工艺最为复杂，但它能任意加工不同的规格，其工艺过程简要如下。

（1）辊芯处理。彻底清除表面油污、锈蚀斑迹，使其完全洁净，以保证其与里层胶的复合黏结牢固。

（2）贴合成型。经辊芯清洁处理后，在辊芯部涂刷胶液，稍过一段时间，将混炼好的各层胶片，依次贴合，并用纸、帆布包裹，两端用盖板、夹具固定，用铁丝将辊面整齐地扎紧扎实，然后装入硫化罐内硫化定型，取出后使其自然冷却。

（3）辊面处理。硫化定型后的胶辊，将辊面经磨削处理至规定尺寸。

4. 对印刷的影响

橡胶胶辊具有较高的硬度值，印刷中容易对印版的版面产生磨损，使印版的耐印力降低。同时，橡胶胶辊的硬度值偏高，还会对油墨的转移产生一定的影响。印刷中，橡胶胶辊吸附油墨后，会吸收油墨中部分溶剂或其他连结料，天长日久，胶辊的表面硬度就会增加，表面黏度下降，导致其亲墨性下降，因此影响了油墨的转移性。另外，由于橡胶胶辊反复不断地吸附溶剂等连结料，这会加速胶辊的老化，使其各项性能发生变化，最终影响印刷质量。

5. 质量要求和使用

橡胶胶辊应达到如下质量要求：橡胶表面光洁，并且有一定的砂目；色泽均匀，无条痕、凹坑、针孔、脱皮等外部损伤；橡胶辊面与金属辊芯黏结牢固；橡胶辊面硬度合适，应在规定的邵氏硬度范围内。

橡胶胶辊在使用时，要避免阳光的直射和高温烘烤，否则会引起橡胶硬化、结皮或龟裂，失去黏性和弹性，影响油墨的转移和传递。当然，也不能使橡胶胶辊处于低温环境中，

这样也会使橡胶老化失效。因此，保持印刷车间恒定的温湿度条件对于维护胶辊的印刷适性是很重要的。橡胶胶辊放置时间较长时，应用汽油擦洗干净，涂上滑石粉。放置时，橡胶胶辊应架空平放，彼此分开，避免相互间挤压变形。橡胶胶辊应绝对避免与氯化碳氢化合物、醚、酯、松节油和挥发性芳香烃类溶剂接触。

二、聚氨酯胶辊

20 世纪 50 年代，国际上出现了聚氨酯胶辊，它是一种塑料型胶辊。我国自 20 世纪 70 年代后也逐渐将其应用于平版胶印。该胶辊主要用于单张纸胶印机输墨系统的匀墨辊或着墨辊。

1．组成结构

聚氨酯胶辊由辊面聚氨酯胶层和金属辊芯构成，如图 16 – 4 所示。

图 16 – 4　聚氨酯胶辊的结构示意图
1—辊面胶层；2—里胶层；3—金属芯体

辊面有单层和双层之分，其中双层结构的里层一般是再生时留的橡胶层或聚氨酯胶层。辊面的总厚度一般在 20～25mm。

辊体由辊颈和辊芯两部分构成，按其在印刷机上的工作位置和工作特性，可以分为重型辊和轻型辊，均选用优质碳素钢加工而成，其辊芯部分复合着聚氨酯胶层。

2．性能特点

辊面平滑、光洁、细腻，具有良好的柔韧性和黏性。其弹性优良，机械强度高，受温湿度变化影响小，耐油墨性、耐溶剂性、耐磨性较强，性能稳定，印刷适性好，换色清洗性好。

3．制作工艺

聚氨酯胶辊的制作工艺如下。

（1）铸模和辊芯处理。彻底清除铸模内壁和辊芯表面残留的污脏或锈迹，然后将铸模加温至 70～80℃，均匀地涂布脱模剂，连同辊芯一并安装到位。

（2）浇铸成型。将胶料脱泡后，令其沿辊芯浇入铸模。浇铸完毕，再将辊芯在铸模中心定位。

（3）加热成型。将浇铸成型的胶辊连同铸模置入烘箱，加热固化、定型。

取出脱模，静置 48h 后，即可备用。

三、印刷润湿辊

平版印刷机的润湿系统是由水斗辊、传水辊、串水辊和着水辊组成的。在印刷复制过程中，润湿辊起着吸水、匀水和传递水的作用。

1．结构与组成

润湿辊是由三层结构组成的，最内层是合成橡胶，中间层是纤维织物（如法兰绒），最外层是针织纤维织物，如图 16 – 5 所示。

2．织物材料

润湿辊通常都要在合成橡胶的外部包覆织物材料，这样才能进行传递润湿液的工作。织物材料一般有以下类型。

（1）绒布。绒布是由双面厚绒纯棉织成的长毛绒织品，又称法兰绒。其特点是质地紧密，柔软有韧性，有良好的吸水、保水性能，在吸水润湿的情况下，仍保持有一定的弹性。还有较好的耐磨性、耐酸碱性和一定的机械强度。但随着长时间使用之后，绒布会逐渐变硬且变形。

（2）绒布套。它是由全棉纤维或化学纤维

图 16 – 5　润湿辊的结构示意图
1—针织纤维织物；2—纤维织物；
3—合成橡胶；4—金属辊芯

针织而成的单面短毛绒织品，简称水辊套。绒布套的特点是质地紧密，柔软有韧性，具有很高的纤维强度和拉伸强度。绒布套的表面绒均匀、稠密、厚实。由于纯棉纤维经过脱脂处理，所以绒布套吸水量大且均匀、快速，弹性良好，棉纤维还不易脱落，在胶印润湿辊上已被广泛应用。绒布套的规格是以织物口径为标准的，有 89mm、95mm、108mm、114mm、120mm 等多种规格。

3．使用与管理

科学合理地使用润湿辊，可以稳定润湿液的供给，有利于印刷中的水墨平衡，保证印刷质量，避免印刷故障的产生。因此在使用时应注意如下事项。

（1）润湿辊在套装前，使用水抹布润湿，然后再用汽油将辊体表面请洗干净。

（2）新安装的润湿辊必须进行磨合，即合上润湿辊开动印刷机，通过磨合稳定润湿辊的形状，并除去润湿辊表面的短绒纤维。

（3）合理确定着水辊与印版、着水辊与串水辊、传水辊与串水辊、水斗辊等之间的压力，防止产生不应有的变形。

（4）定期检查润湿辊的辊体圆度，凡不符合要求的都应该修整或更换。

（5）在印刷过程中，要随时注意润湿辊、串水辊和水斗辊等表面的清洁问题，出现墨迹粘脏应及时用温水清洗。

润湿辊绒布套已由以前的有缝绒布套发展到现在广泛使用的无缝绒布套。使用该绒布套时，应事先按橡胶辊径选择相应规格的绒布套，长度方向上要比橡胶辊略长出 3cm 左右。先在辊面上涂布一层桃胶液，然后套上绒布套，并用丝线或尼龙线把两端余留出的绒布套缝合收紧，使辊面平服。

第五节　胶辊的使用故障及解决方法

胶辊在使用时会出现一些问题，下面进行了归类，并且提出了解决办法。

1．吸墨性能下降

胶辊清洗不干净，油墨会在粗糙表面的毛孔中干燥，使胶辊表面形成一层膜，这样会降低胶辊的吸墨性能，影响传墨。

解决方法：通过研磨的方法除去胶辊表面形成的膜层；用20%氢氧化钠溶液清洗膜层，

然后用弱酸中和，再用水清洗干净。

2. 脱胶

胶辊工作条件很差的情况下，其表面会出现凹痕和凹槽，黏合层之间也可能产生内部脱胶，脱胶一般发生在芯轴和胶层之间。使用的黏合剂不当时，有些辊子外层甚至能从芯轴上脱落下来。

解决方法：使用较温和的清洗剂及时清洗胶辊，防止胶辊出现凹痕和凹槽；选择性能好的黏合剂制作胶辊；发生内部脱胶，应及时更换胶辊。

3. 明胶辊的硬化

明胶辊长时间使用后，受热或受化学试剂的作用后会被氧化变硬，在潮湿和温暖的条件下更易硬化。硬化后的明胶辊匀墨能力下降，而且易造成胶辊表面开裂。

解决方法：明胶辊应避免接触氧化性药品；应避免在高温高湿环境中使用。

4. 橡胶辊变形

长时间使用后，橡胶辊会因氧化作用而发生变形，能够软化橡胶的溶剂也会造成橡胶辊变形，溶剂还进一步促进氧化作用，最终胶辊变得发黏并且蓬松，这些部位易因墨层或机械的接触而被成块的粘掉。

解决方法：胶辊不可储存在大电动机开关设备或发电机附近，这些装置产生的臭氧会使辊子因氧化而开裂；避免使用能氧化橡胶的溶剂。

复习思考题十六

1. 胶辊在印刷中起什么作用？印刷对胶辊有哪些基本要求？
2. 胶辊主要由哪几部分组成？每部分的作用是什么？
3. 胶辊有怎样的分类？其规格如何？
4. 印刷对胶辊的表面性能、机械性能和化学性能各有什么要求？
5. 平版印刷用胶辊的选用原则是什么？
6. 如何保养印刷胶辊？
7. 胶辊为什么要架空放置？在停机时间较长时，为什么要及时卸除胶辊的负荷？
8. 胶辊的硬度对印刷质量有何影响？
9. 胶印对水辊绒套有哪些要求？
10. 怎样正确使用和保养润湿辊？
11. 胶辊在使用时常出现哪些故障？有什么解决办法？

第十七章
橡皮布

第一节 概述

现代印刷正向高速多色方向发展，橡皮布作为胶印中网点转移的中间媒体被广泛应用，已成为印刷生产中不可缺少的常用材料之一。平版胶印依靠橡皮布转移印刷图文，具有良好弹性的橡皮布能在较小的压力下使滚筒处于完全接触的滚压状态，从而使印刷出的网点清晰度高，阶调、色彩再现性好。橡皮布的好坏直接关系到印刷质量的高低及印刷生产任务能否顺利完成。

一、橡皮布的结构

目前，常用的橡皮布有普通型橡皮布和气垫型橡皮布，图17－1为普通型橡皮布结构示意图，图17－2为三层织布的气垫型橡皮布结构示意图。下面以气垫橡皮布为例来说明橡皮布的结构和性能。

图17－1 普通型橡皮布结构示意图
1—表面胶层；2—织布层；3—布层胶

图17－2 气垫型橡皮布的结构示意图

1．表面胶层

表面胶层应选择耐油性强的丁腈橡胶，因为在印刷过程中橡皮布始终担负着转印任务，表面胶层起着重要作用，它不断地与印版上的油墨、润湿液、油墨等接触，同时还要承受着动态压缩力和弹性恢复力的作用，因此表面胶层应具有良好的油墨吸附性、传递性以及耐酸碱和耐溶剂性能，同时还应具有较高的弹性、强度和硬度。该层添加的填充剂和增塑剂，就是为了改善和调节上述诸多性能的。表面胶层的厚度要根据不同类型橡皮布的结构厚度来确定，一般在 0.6 ~ 0.7mm 之间。过厚会使印刷品网点变形，影响套印质量；过薄则硬度偏高，弹性不足，使网点转移不实，并可能出现墨杠，影响印版的耐印力和印刷品的质量。

名　称	结构	厚度/mm	总厚度/mm
表面胶		0.7	
织物		0.26	
弹性胶		0.09	
织物		0.26	1.8 ~ 1.9
弹性胶		0.05	
织物		0.26	
弹性胶		0.02	
织物		0.26	

图 17 – 3　橡皮布的构成示意图

2. 弹性胶层

在整体结构中，弹性胶层的主要作用是使织布层之间能牢固地黏合成为骨架，并使其具有适当的硬度与弹性，因此要求具有良好的弹性、压缩变形和复原性，并具有很好的黏附性。一般采用天然橡胶作为弹性胶层的原料。弹性胶层在橡皮布的各纤维织布层间的厚度是不同的（见图 17 – 3），这是为了适应印刷表面胶层的可压缩性、回弹性和柔软性。弹性胶层的总厚度一般控制在 1.1 ~ 1.2mm。对于气垫橡皮布而言，弹性胶层包括织布、充气层和布层胶。

充气层是具有微孔结构的海绵橡胶层，孔径一般为 5 ~ 10μm，它使气垫橡皮布具有可压缩性，因此克服了普通橡皮布因受力挤压而在压区两侧产生的"凸包"。高速印刷状态下，"凸包"不能在瞬间恢复原状，容易造成产品套印不准、网点变形等问题，而气垫橡皮布能有效改善网点的再现性，提高图文复制质量。

3. 织布层

织布层是橡皮布的基础支撑层，要承受较大的挤压和拉伸作用，因此常选用高强度的长绒棉布作为骨架材料，它能使橡皮布在印刷中具有较高的抗张强度和最小的伸长率。整个织布层一般有三层或四层织布，依靠弹性布层胶牢固粘接在一起，形成橡皮布的骨架结构。

二、橡皮布的分类、规格

橡皮布的类型和品种较多，其结构和质量也各不相同。根据橡皮布的结构特性来分类，有普通橡皮布和气垫橡皮布两种；根据橡皮布的用途来分类，有转印用橡皮布和压印滚筒衬垫用橡皮布；按照胶印机类型来分类，有单张纸胶印机用橡皮布和卷筒纸胶印机用橡皮布，而卷筒纸胶印机用橡皮布又可以分为卫星式和 B – B 式胶印机用橡皮布；按照橡皮布的颜色来分类，有浅蓝、绿色、红色、灰色、橙色和乳黄色等橡皮布。

橡皮布的规格是指橡皮布的包装形式、尺寸及其厚度。橡皮布的包装形式通常是根据使用要求或按订货规定而定的，一般有平板状和卷筒状两种形式。对于平板状橡皮布来说，橡皮布的尺寸是指其宽度和长度，而对于卷筒状橡皮布来说，是指其宽度，因为长度相对是固定的。橡皮布的厚度主要是根据胶印机滚筒间距和衬垫量而设定的，一般为 1.8 ~ 1.9mm。

三、胶印对橡皮布的基本要求

胶印橡皮布不同于一般的橡胶制品，它担负着将印版上的油墨传递到纸张上的作用，因此有一些重要的性能要求。

1. 硬度

硬度是指橡胶抵抗其他物质压入其表面的能力。从印刷工艺要求来说，橡皮布硬度过高或过低都不可取。硬度过高，容易磨损印版，且要求纸张的表面平滑度也较高；而硬度过低，网点在转移过程中会产生变形，因此要根据印刷品的质量、印版的寿命、印刷机及橡皮布本身的精度来确定橡皮布的硬度，一般在 65～70（邵氏硬度）。

2. 弹性

弹性指橡皮布在除去其变形的外力作用后立刻恢复原状的能力。印刷过程中，当橡胶皮滚筒与压印滚筒接触时，橡皮布就受到一定的压力而变形，当压印滚筒表面转离橡皮滚筒表面时，就要求橡皮布迅速恢复原状再去接受印版上网点部分的油墨，所以橡皮布必须具备很高的弹性。否则，来不及回弹的橡皮布接触不到印版上的油墨或接触不充分，就会造成转移的网点不实或丢失。

3. 压缩变形

压缩变形指橡皮布经多次压缩后橡胶变形的强度。橡皮布在印刷时，每小时要受到几千次甚至上万次的压缩，无数次的压缩回复过程，橡皮布便会产生压缩疲劳而带来永久变形，这时，橡皮布厚度将会减小，弹性也会减小，硬度增大，致使橡皮布不能继续使用。因此，橡皮布的压缩变形越小越好。

4. 扯断力

扯断力指橡皮布被扯断时所用的力。橡皮布在印刷时受到的拉力将近 1000kg，所以，在考虑骨架材料时，底布经纱要具有相当高的强度，因为橡皮布受到拉力时主要靠底布来承受这些作用力；此外表面橡胶层也必须有一定的强度，以避免表面胶被纸张里的沙粒或折叠的纸张所挤破。

5. 油墨的传递性

油墨的传递性指橡皮布转移油墨的能力。橡皮布只有具备较强的接受油墨的能力（即吸咐能力）、良好的转移油墨的能力和较强的疏水能力，才能保证印张套印准确、图文密度足够。

6. 表面胶层的耐油、耐溶剂性

表面胶层的耐油、耐溶剂性指橡皮布表面胶层抵抗油或某些溶剂渗入的能力。在印刷过程中，橡皮布要接触油墨、润湿液以及汽油、煤油等清洗剂，如果缺乏这种抵抗能力，橡皮布就会因接触化学物质而膨胀，影响其使用和印刷质量。

7. 伸长率

伸长率指橡皮布在一定张力下超出原来长度的量，橡皮布伸长的大小一般用伸长率来表示。橡皮布伸长率越小越好，这样能在印刷过程中套印准确、网点完整、图文清晰。若伸长率较大，橡皮布易被拉伸，胶层变薄，弹性降低，会引起网点扩大变形、套印不准等弊病。橡皮布伸长率的大小主要取决于底层织布的层数和强度，并要求底布织物细密均匀、光洁牢固、伸缩性小，与内胶层交叠黏合性能好。

8. 外观质量

橡皮布的表面应像印版一样要经过表面处理，使其表面均匀分布无数细小的砂目，并达到表面细洁滑爽，无细小杂质。如果不经表面处理，橡皮布表面太光滑，其吸墨性就差，且容易吸附细毛、纸粉等杂质。另外，橡皮布的厚度要均匀，平整度误差在 ±0.04mm 之内，否则容易导致印刷压力不均匀，产品墨色均匀性差等问题。

四、橡皮布的保管、使用和保养

橡皮布的质量与印刷质量有着直接的关系，正确保管、使用和保养橡皮布，确保橡皮布的有效使用期限和印刷性能的稳定，是保证印刷品质量的前提条件。

1. 橡皮布的保管

保管橡皮布时，应注意以下事项。

（1）橡皮布应存放在密闭的容器内或通风好、干燥、阴凉的地方，避免强光照射，温湿度环境以温度为20℃左右，相对湿度为70%左右为宜。

（2）橡皮布不能与电磁场、化学药剂、酸碱溶剂类接触。这些物质会使其表面胶层发黏、结皮、硬化或干裂，影响橡皮布的使用甚至使其表面产生细小裂缝而报废。

（3）橡皮布应面对面或背对背地平放，避免橡胶层和织布层接触，同时不应受到过分挤压。

（4）橡皮布也有保效期限，一般为1年或1.5年（从成品日期起计）。如超期保存而未使用，橡皮布的机械和化学性能都将逐渐下降，因此应根据实际需要确定橡皮布的储备量。

2. 橡皮布的使用

印刷橡皮布的使用，要根据印刷机类型、纸张及印刷品质量的要求等来选用，并且正确掌握使用方法和技术要求，包括橡皮布的裁切、打孔、安装与检测等内容。

（1）裁切橡皮布时要注意其上的标记线，按照规定裁切实际尺寸，并使标记线与滚筒轴线垂直。若橡皮布裁切歪斜，就会因受力不均而加大橡皮布的伸长率，容易产生蠕动或扭曲，引起图文或网点的变形，严重时产生"双印"等工艺故障。另外，裁切的橡皮布长边与短边必须垂直，橡皮布的咬口边与拖梢边的裁切线必须平行，橡皮布拉紧后各点受力应均匀。

（2）在裁切好的橡皮布上，按铁夹板孔眼的位置，在橡皮布两边冲出两排相互平行的小孔，小孔的直径应略小于铁夹板孔眼的直径。孔与孔之间的中心连线应与橡皮布的标记线成直角，铁夹板的一边应与橡皮布的边线重合。装夹时，橡皮布两端的孔眼位置要保持平行，夹板螺丝应均匀紧固，一般是交错张紧咬口边和拖梢边的螺丝，不能紧固完一边再去紧固另一边。

（3）橡皮布固定在铁夹板上后，把橡皮布的反面（纤维织布面）润湿，然后安装在胶印机的橡皮滚筒上，橡皮布的下面应放置衬垫，用扳手将橡皮布张紧。张紧时应从中间开始，再向两端将夹板螺丝拧紧，用力要均匀一致。装完橡皮布后，可通过印刷实地版来检测安装质量，出现问题进行调整或重新安装。

3. 橡皮布的保养

正确地保养好橡皮布，可以提高其印刷适性，延长使用寿命，提高印刷质量。防止橡皮布老化，可以从以下几方面入手。

（1）勤清洗橡皮布，除去其上的纸粉、纸毛等脏物，注意清洗剂要合适。用清洗剂擦洗完橡皮布后，应立即将清洗剂擦干，否则清洗剂中的溶剂会渗透到橡皮布中，严重时会使橡皮布产生膨胀、脱层等问题。

（2）若停机时间较长，必须松开橡皮布，使其处于松弛状态，并在表面涂抹滑石粉，这样有利于橡皮布恢复内应力。

（3）橡皮布的衬垫物要平整，厚度要符合要求。

第二节　橡皮布的基本性能

为了获得墨色均匀、网点清晰、层次丰富、色彩鲜艳的印刷品，橡皮布必须具备优良的机械性能、化学性能等。

一、外观性能

1. 平整度

平整度是指橡皮布平服以及厚薄均匀的程度。橡皮布的平整度是选择衬垫条件、确定印刷压力的主要依据之一。一般可采用千分卡尺来测量橡皮布的平整度，并在中心部位和边缘部位进行多点测量，保证各处测量结果的误差不得大于 0.04mm。如果平整度误差超过 0.04mm，就会造成印刷压力不均匀，印刷品的墨色（尤其在实地部分）出现明显不匀，网点变形或残缺，印迹变粗或空虚、模糊不清等弊病，影响印刷质量。

2. 表面光滑度

表面光滑度是指橡皮布表面胶层光洁平滑的程度。橡皮布的表面光滑度对油墨和润版液的吸附与转移、纸张的剥离以及印刷图文的再现有着重要的作用。但表面过于光滑的橡皮布，其吸墨性和对油墨的转移效果都将下降，而且容易产生釉光，并吸附纸毛，因此橡皮布在生产时应对其表面作适当的粗糙处理，使表面均布着无数细小的砂目。当橡皮布使用时间很长而变得光滑时，应用清洗剂把表面的这层亮膜清洗除去。

3. 硬度

硬度是指橡皮布表面胶层受外加压力作用下而不产生压缩形变的能力。不同类型的橡皮布，其硬度都不相同。一般地，橡皮布的硬度是根据胶印机类型、工作速度而设计的，通常以满足滚筒的转印条件为原则。在印刷过程中，橡皮布是在压印力作用下工作的，其压缩程度与压力和衬垫的性质有关。橡皮布硬度的高低与印版耐印力、油墨转移、印刷网点的清晰度和印刷机制造精度等有密切关系。若橡皮布的硬度较高，印刷的网点清晰、完整，但印版容易磨损，会降低耐印力，而且对印刷机的制造精度要求较高。若硬度较低，则容易引起橡皮布的扭曲而使印刷网点变形，降低了印刷品质量。

橡皮布硬度的测定可采用肖氏 A 型硬度计来进行，如图 17-4、图 17-5 所示。首先把橡皮布试样制成高 6mm，底面直径为 60mm 的圆柱体或边长为 60mm 的正方体，然后将试样置于压针下，在一定负荷的压力条件下，使压针压入试样，其压入的深度即由指针示出。经 30s 后可直接读出其硬度值，以肖氏硬度来表示。

4. 厚度

厚度是指橡皮布上下两表面的垂直距离。根据不同的印刷方式和印刷机的要求，橡皮布的厚度有不同的要求，如转印橡皮布的厚度一般为 1.6~1.9mm，而衬垫橡皮布的厚度范围

图 17 – 4　橡胶硬度计示意图（单位：cm）

图 17 – 5　橡胶硬度计

较宽，在 0.5 ~ 2.6mm 之间。橡皮布在被张紧后，厚度会相应减小，减少的厚度要靠衬垫来弥补。滚筒上橡皮布和衬垫的厚度决定着印刷压力的大小，并最终影响印刷品的质量。

图 17 – 6　橡皮布厚度测定

　　测定橡皮布的厚度有两种方法：一种方法是把橡皮布张紧在滚筒上，用滑动的千分卡尺测量橡皮布表面与印刷滚筒滚枕表面的差值，以确定其厚度。另一种方法是对被测橡皮布表面施加一个固定的压力，使橡皮布产生压缩变形，橡皮布产生压缩变形量的大小与橡皮布的强度、硬度和弹性有关，从橡皮布的压缩变形量就可获知橡皮布的厚度，如图 17 – 6 所示。这时橡皮布的厚度值是在固定压力下所得到的厚度值，而对橡皮布所施加的固定压力所产生的压缩变形量相当于橡皮布在张紧状态下所产生的压缩变形量。

二、机械性能

　　橡皮布的机械性能主要取决于表面胶和布层胶所用橡胶的分子结构及其织物的技术质量。一般地，橡胶是由单体聚合而成的高分子化合物，未硫化的橡胶分子是一种线型结构，经过硫化后交联成体型的网状结构，其塑性降低，弹性增加，强度得到提高，如图 17 – 7、图 17 – 8 所示。

图 17 – 7　橡胶分子结构示意图（硫化前）

图 17 – 8　橡胶分子结构示意图（硫化后）

1．抗张强度

抗张强度是指橡皮布在受张力作用时抵抗拉伸变形的能力，其大小是由橡胶层和纤维织布层所决定的，但主要取决于纤维织布层。安装在橡皮滚筒上的橡皮布在圆周方向受到很大的拉力作用，这会促使橡皮布的长度、厚度、硬度和弹性等发生变化。如果橡皮布的抗张强度不足，橡皮布易在张紧状态下突然断裂或在滚筒的滚压周期内不能瞬间回复弹性，以致增大压缩变形量而被扯断。

橡皮布的抗张强度可以采用橡胶抗拉试验仪来测定，如图 17 – 9 所示。首先把被测试样按标准要求裁切好，如图 17 – 10 所示，然后固定在试验仪的夹子上，在拉力作用下，夹子以一定速度拉伸，直到橡皮布被拉断，记录下拉断单位宽度（工作部分宽度）试样所用的力，并通过下面的公式计算出抗张强度：

$$抗张强度（kgf/cm^2）= \frac{拉断试样所用的力}{原试样工作部分的宽度 \times 原试样的厚度}$$

式中，原试样工作部分是指按标准要求裁切后试样的中间部分，即 3.2mm × 25mm 这部分。

图 17 – 9　橡胶抗拉试验仪

图 17 – 10　抗拉试验用的橡胶试样（单位：mm）

2．伸长率

伸长率是指橡皮布经向在一定拉力作用下被扯断时所伸长的长度与原长度的百分比值。橡皮布的伸长特性主要取决于橡皮布纤维织布层的密度和结构强度。印刷要求橡皮布伸长率越小越好，一般张紧在滚筒上的伸长率应不超过 2%，这样才能保证图文在复制过程中的套印精度和网点的完整与清晰。若伸长率过大，橡皮布容易被拉伸而变薄，弹性降低，硬度增大，会引起网点增大变形。

橡皮布的伸长率同样是在橡胶抗拉试验仪上进行测定。首先将橡皮布裁切成 25mm × 350mm 的试样，并垂直夹在试验仪的上下夹子上，使下夹子以（50 ± 5）mm/min 的速度向下拉伸直至试样断裂，然后按下式计算出橡皮布的伸长率：

$$E = \frac{L_1 - L_0}{L_0} \times 100\%$$

式中　E——橡皮布的伸长率,%;

　　　L_0——测试前橡皮布试样的工作标距,mm;

　　　L_1——橡皮布试样扯断后的工作标距,mm。

3. 压缩变形量

压缩变形是指橡皮布在经过多次压缩后产生的永久变形的程度。印刷过程中,橡皮布是在周期性的压缩—回复—压缩—回复的变化中进行的。这种无数次的周期性变化使橡皮布产生压缩疲劳直至出现不能恢复的永久变形,致使橡皮布的厚度变小,弹性降低,硬度增加,严重时橡皮布不能继续使用。因此,印刷时要求橡皮布的压缩变形越小越好。

图 17 – 11　橡胶疲劳试验仪

1—上压板；2—试样；3—下压板；4—偏心轴；5—电机

橡皮布的压缩变形程度主要取决于橡皮布的组成和结构特性。不同结构的橡皮布其压缩变形程度是不同的。据试验表明,在 10kgf/cm^2 的压力条件下,普通橡皮布的压缩率一般为 $3\% \sim 4\%$,而气垫橡皮布的压缩率一般为 $4\% \sim 8\%$。压缩率越大,则压缩变形越小。

橡皮布的压缩变形采用橡胶疲劳试验仪进行测试,如图 17 – 11 所示,即以一定的压缩频率和一定的变形幅度,反复压缩橡皮布试样,并最终测量出其压缩变形性。其方法是把被测橡皮布试样做成底面直径为 $(32 \pm 1)\text{mm}$,高为 (38 ± 1) mm 的圆柱体,在 20℃ 左右的室温下,在 40% 压缩程度下连续压缩 25min 后,再静置 1min,然后测量其高度值,用下式计算出橡皮布的压缩变形量:

$$S = \frac{H_0 - H_1}{H_0}$$

式中　S——橡皮布的压缩变形量;

　　　H_0——橡皮布试样的原高度值,mm;

　　　H_1——橡皮布试样经压缩试验后的高度值,mm。

三、化学性能

橡皮布的化学性能主要是指橡皮布表面胶层对所接触的润版液、印刷油墨和清洗剂等物质的耐抗性能。

1. 耐酸性

在印刷过程中,橡皮布在吸附油墨的同时,也不断地吸附印版上一定量的润版液,而润版液多数是酸和盐的组合物,其 pH 值在 $4.5 \sim 5.5$ 之间,它对橡皮布的结构和各项性能有直接的影响。若橡皮布的耐酸性不足,则印版上的润版液吸附在橡皮布表面的同时,也会渗透进入橡皮布表面胶层内部,长此以往会造成胶层老化,降低纤维织布层的强度,并使橡皮布的耐酸性能进一步恶化。如果长时间不清洗橡皮布表面,则润版液易在表面形成一层薄的亮膜层,使表面胶层对油墨产生排斥性,油墨转移率下降。

测定橡皮布的耐酸性时,一般是将称定重量的橡皮布试样浸入温度为 40℃ 标准润版液中，充分浸润48h，然后取出用水冲洗干净，待干燥后再次称重，其增重率（≤1.0%）可以根据下式计算：

$$Z = \frac{W_1 - W_0}{W_0} \times 100\%$$

式中　Z——橡皮布的增重率，%；

　　W_0——橡皮布试样的原始重量，g；

　　W_1——橡皮布试样浸润后的重量，g。

2．耐溶剂性

在印刷和保养过程中，常使用清洗剂洗净橡皮布表面的残留墨膜和其他物质，以保持表面的爽滑性和平滑度，维持对油墨和润版液的吸附能力。而在目前的印刷生产中，大多还使用汽油或汽油—煤油的混合液，也有采用酯类、醇类和苯类等溶剂的。这些化学溶剂对橡皮布表面胶层的结构和性能会造成一定的影响。

可以采用称量法来测定橡皮布的耐溶剂性。一般是将橡皮布试样称重后进入标准溶剂（汽油：苯 = 3∶1）中，经48h充分浸润后取出干燥，再次称重，然后按下式计算增重率（≤1.0%）：

$$Z = \frac{W_1 - W_0}{W_0} \times 100\%$$

式中　Z——橡皮布的增重率，%；

　　W_0——橡皮布试样的原始重量，g；

　　W_1——橡皮布试样浸润后的重量，g。

3．耐油墨性

印刷过程中吸附在橡皮布表面胶层上的油墨，在印刷压力的挤压作用下，很容易使其中的干性油和石油溶剂等渗透至胶层内部，长时间会引起橡胶膨胀发黏，导致橡皮布的弹性和机械强度下降，从而会破坏其印刷适性，缩短橡皮布的使用寿命。

橡皮布的耐油墨性也可以采用称重法来测定。一般将称重后的橡皮布试样浸入到标准的植物油、树脂型调墨油或矿物油（油墨油）中，充分浸润48h或72h后取出，用汽油迅速擦洗干净并干燥，再次称重，然后据下式计算增重率（≤3.0%）：

$$Z = \frac{W_1 - W_0}{W_0} \times 100\%$$

式中　Z——橡皮布的增重率，%；

　　W_0——橡皮布试样的原始重量，g；

　　W_1——橡皮布试样浸润后的重量，g。

4．耐老化性

老化是指橡皮布出现膨胀、胶层发黏、龟裂或硬化的现象。耐老化性是指橡皮布在光、氧、热、化学溶剂和气候条件等各种因素长时间的作用下，抵抗老化，维持原有功能的能力。橡皮布的老化主要是由其本身的结构所决定的，也与橡皮布的使用和保养有着密切的关系。

一般采用热空气老化试验来测定橡皮布的耐老化性。先将橡皮布试样放在常压或加压的规定温度（通常为70℃）环境中，经过一段时间后，测定其抗张强度和伸长率等机械性能的变化。可用抗张强度老化系数、伸长率老化系数等来描述橡皮布的耐老化性。

第三节 橡皮布的印刷适性

橡皮布的印刷适性是指橡皮布与其他印刷材料以及印刷条件相匹配，适合于印刷作业的性能。橡皮布良好的印刷适性可使网点再现性好、墨色均匀、印迹清晰度高、套印准确。橡皮布的印刷适性主要包括压缩变形性、拉伸变形性、回弹性、吸墨性、传墨性和剥离性等。

一、拉伸变形性

拉伸变形性是指橡皮布在拉力作用下产生形变的能力。橡皮布的拉伸变形性表现在三个方面：即在拉力作用下，橡皮布在受力方向上的长度增加、横向尺寸缩短、厚度减小。

在印刷时，橡皮布是包覆在滚筒上使用的，在橡胶和织布的抗张应力范围内，拉力越大，橡皮布的伸长率也越大，横向尺寸缩短率和厚度减小率也越大。因此安装橡皮布时，应在橡皮布的咬口和拖梢部位两端都施加均匀拉力，这样才能使橡皮布在滚筒上具有足够的、均匀的拉紧程度，从而保证橡皮布在高速运转中不发生相对位置的变动。另外，橡皮布在拉伸时所引起的厚度变化会对橡皮布的弹性和硬度产生影响。要使安装在滚筒上的橡皮布具有最佳的张紧程度，又要控制橡皮布的拉伸变形、横向缩短以及厚度变化，就要严格掌握拉力的大小，这不仅能保证印刷质量，还能有效提高橡皮布的使用期限。

二、回弹性

回弹性是指橡皮布在外力作用去除后能否瞬间回复到原来状态的能力，又称瞬时复原性。胶印的转印过程就是利用橡皮布所具有的高弹性能，以最小的压力和摩擦系数，便可完成图文墨膜的传递，达到图文清晰、层次丰富、墨色饱满的印刷效果。若压印后的橡皮布回弹性不好，则橡皮布会产生一定的塑性变形，不能完全回复到原状，这样橡皮布与印版滚筒、压印滚筒之间就不能充分接触并保持原有的线压力，橡皮布表面就无法良好地吸附和传递油墨，导致前后墨色不均等故障。

橡皮布的回弹性与橡胶分子的结构形状以及橡胶中硫化剂、填料、软化剂的品种和质量有关。橡皮布的回弹性随印刷压力及橡胶老化程度的增加而逐渐降低。橡胶的回弹性一般在冲击弹性试验机测定，如图 17－12、图 17－13 所示，其方法是将试样置于底座上，以摆锤冲击，其回弹的高度与原高度之比，称为回弹率（％）。

三、吸墨性

吸墨性是指橡皮布在印刷压力的作用下，其表面吸附油墨的能力。橡皮布的吸墨性取决于橡皮布的表面状态和印刷条件。橡皮布表面在成型前需要经过精磨处理，以获得一定的砂目，增强表面的吸墨能力。长时间使用后的橡皮布表面会出现一层亮膜，它会降低吸墨性，必须按一定的时间周期把这层亮膜清除掉。

图 17－12　橡胶冲击弹性试验机示意图

1—指针；2—摆臂；3—橡胶试样；4—底座；
5—弹簧片；6—刻度盘

图 17－13　橡胶冲击弹性试验机

四、传墨性

传墨性是指橡皮布在印刷压力的作用下，把油墨转移到承印物表面上的能力。在胶印过程中，橡皮布从印版上所吸附的墨量约为 50％，从橡皮布转移到纸张上的传墨量为 75％左右，故实际上从印版转移至纸张上的墨量只有 38％左右。橡皮布的传墨性与印刷压力、印刷速度、纸面平滑度、橡皮布表面胶的品种与质量、橡皮布的表面状态以及橡皮布的硬度、弹性和老化程度等有关。

五、剥离性

剥离性是指在压印力作用下，橡皮布与印张的剥离能力。一般来说，影响橡皮布剥离特性的主要因素是表面胶层的化学成分、硬度及其表面光滑度和电性能等。当然，还与油墨物理性能、纸张的表面形状、印刷品的图文状态等因素有较大关系。在剥离过程中，从橡皮布上剥离的印张，由于在高的剥离速度下会受到较大的剥离张力，常会引起印张伸长或起皱、拉毛，甚至剥纸断裂故障。这不但增加了废品率，还会引起纸毛、纸粉在橡皮布或印版表面的大量堆积，从而损伤橡皮布。现在已出现一种快速剥离的橡皮布，其组成结构中具有快速剥离纸张的表面胶层，能适应黏性较高的油墨，不致引起拉毛或剥纸现象。

气垫橡皮布已将剥离性列入技术考核指标。橡皮布的剥离性一般可用其对印张的黏着力和剥离角度的大小来评价。橡皮布对印张的黏着力小，表明其受到的剥离张力也较小，故形成的剥离角度也小，所以剥离速度较高。目前，橡皮布的剥离性，主要通过其体积电阻和表面电阻来表示。

第四节　常用的胶印橡皮布

在平版胶印中，常用的橡皮布主要有两类：普通型橡皮布和气垫型橡皮布。

一、普通型橡皮布

普通型橡皮布常用于印制一般书刊、画报、彩色图片和包装纸盒，承印图文多为线条、色块等，故又称实地型橡皮布。

1.组成与结构

普通型橡皮布由表面胶层、弹性胶层和织布层组成（图17-1），其厚度一般在1.80~1.95mm之间，分有三层结构和四层结构等品种。

2.性能与特点

普通型橡皮布具有良好的弹性和瞬间复原性，吸墨传墨性能好，有一定的抗酸性。在动态压印状态下，被压缩部分橡皮布的表面胶层会向两端伸展，产生挤压变形，出现"凸包"现象，如图17-14所示，容易导致图文印迹或网点位移及变形。

图17-14　普通橡皮布受挤压出现"凸包"

3.品种与规格

普通型橡皮布常用的品种与规格见表17-1。

表17-1　普通型橡皮布常用的品种与规格

生产厂家	上海来富驰印新公司	湖北宜昌中南橡胶集团
型号（品牌）	春蕾牌	YP-1型
尺寸 （mm×mm）	1220×1220（全张） 915×915（对开） 710×680（四开） （最宽可达1370mm，或成卷≤27m）	1220×1220（全张） 915×915（对开） 615×733（四开） 卷筒幅宽1220mm或915mm
厚度（mm）	1.85或1.65	1.80~1.95
表面胶层颜色	蓝色	绿色
用途	一般胶印机胶印	一般单色机或双色机

4.印刷适性

主要适用于印刷速度为10000r/h以下的单张纸单、双色胶印机，可以与PS版以及树脂型普通或亮光型胶印墨和单双面胶版纸或普通胶版印刷涂料纸匹配使用。

二、气垫型橡皮布

气垫型橡皮布常用于印制精美画册、艺术图片、美术画报、高级包装商标以及彩色报纸和期刊，是一种可压缩型的高级橡皮布。

1．组成与结构

气垫型橡皮布由表面胶层、气垫层、弹性胶层和纤维织布层组成，其厚度一般在1.65~1.90mm之间，也分有三层结构和四层结构等品种，如图17-15所示。气垫型橡皮布与普通型橡皮布的区别在于气垫型橡皮布的表面胶层与第二层织布之间有一层厚度为0.40~0.60mm的微球体（孔径为5~10μm）组成的微孔状气垫层，该气垫层使气垫型橡皮布具有了可压缩性。

2．性能与特点

气垫型橡皮布具有优良的吸墨、传墨和抗酸性，对印版磨损小，耐印力高，剥离性好。其可压缩性或瞬间复原性良好，特别是在动态受压过程中，微球体中的气体会产生压缩，微球体体积缩小，使气垫橡皮布在压印中产生正向压缩变形，而不会向两端扩张，故不会出现"凸包"现象，如图17-16所示。因此，气垫型橡皮布在压印区域内的受力得到均匀分布，在印刷图文复制过程中不易出现网点变形和重影等故障，能适应多种规格产品的印刷。气垫橡皮布的可压缩量为0.15~0.25mm。在印刷过程中，可在规定范围内任意调整印刷压力，气垫橡皮布均能保持良好的工作状态，并获得最佳的印刷效果。另外，气垫橡皮布良好的可压缩性对印刷机易产生的"墨杠"、"条痕"等故障能起到很好的缓解作用。

图17-15　气垫型橡皮布的组成与结构示意图
1—表面胶层；2—微泡气垫层；3—布层胶；4—织物层

图17-16　气垫型橡皮布的受压示意图

3．品种与规格

印刷中常用的气垫型橡皮布的品种与规格见表17-2。

表17-2　印刷中常用的气垫型橡皮布的品种与规格

生产厂家	上海来富驰印新公司		上海新星印刷器材有限公司
型号（品牌）	春蕾牌		5000型
尺寸 （mm×mm）	915×1050 915×915 733×680 或成卷（≤27m）	600×900 1200×900 或成卷（≤27m）	915×915
厚度（mm）	1.90或1.65	1.65	1.95或1.70
表面胶层颜色	蓝色	蓝色	绿色/蓝色
硬度（邵氏度）	81	81	79
用途	双色机/多色机胶印	B-B轮转机卷筒纸胶印	多色胶印、印铁、UV、B-B、表格

4. 印刷适性

主要适用于印刷速度为 20000r/h 以下的单张纸或卷筒纸胶印机,可以与 PS 版以及快干亮光型或非热固性胶印墨和胶印新闻纸、书刊纸、胶版纸或胶印铜版纸匹配使用。

第五节　橡皮布的使用故障及解决方法

橡皮布在使用时会产生一些印刷弊端,它会影响印刷过程和印刷品质量,现对其进行归纳,并提出了相应的解决办法。

1. 釉光

橡皮布表面覆盖了一层坚硬发亮的薄膜,导致橡皮布对油墨的吸附力下降,印刷后的墨色较浅。这主要是橡皮布表面吸收了油墨后膨胀且在表面形成了一层坚硬的皮膜所致。

解决方法:对橡皮布彻底清洗一次,消除表面亮膜;应及时清洗橡皮布,防止油墨在橡皮布表面干燥结膜。

2. 橡皮布表面沟痕

橡皮布表面的沟痕主要是由压力调整不当造成的,夹具卡得不合适、使用变皱的卡纸也会造成这种故障。

解决方法:轻微的沟痕可拆下橡皮布吊放使其恢复原状;严重的沟痕必须修补才可恢复;如果印实地或单线条的印品,出现这种故障可通过垫橡皮布来排除。将薄棉纸的边缘弄成毛状,然后垫在橡皮布有沟痕部位的下面,如果有包衬,最好垫在衬纸和滚筒之间。

3. 起包

在张紧轴的附近,由于溶剂的渗透和润胀,造成橡皮布表面起包,破裂后会留下小坑。

解决方法:选择合适的橡皮布清洗剂并注意清洗方法,防止橡皮布表面润胀;橡皮布表面出现凹坑后,应及时用橡皮布修复剂修补。

4. 变黏

橡皮布吸收了油墨中或清洗剂中的溶剂、油、树脂等物质,表面会变得发黏。当然,橡皮布表面的氧化反应也会造成表面变黏。橡皮布表面发黏后,在印刷过程中更易黏起纸粉、纸毛等。

解决方法:橡皮布清洗剂中加入少量抗氧剂,用来补充橡皮布表面在使用过程中失去的抗氧化剂;避免使用松节油,它会使橡皮布表面因发生氧化而变黏;清洗橡皮布时,溶剂挥发速度不可太快,较慢的挥发速度可完全除去橡皮布上的油脂;清洗墨迹后,在其表面涂上硫磺粉和滑石粉,并放置一段时间,发黏的现象就可基本去除。

5. 伸长

纤维织物层的伸长会造成橡皮布的伸长,应把伸长量控制在张紧力 78.4N/cm,伸长率不大于1%。张紧力不均匀会导致橡皮布两端印出的图文比中间的紧。

解决方法:在橡皮布两端冲两排略带弧形的小孔,而不是两排直线排列的小孔,使两端所受张力比中间略大。

6. 划痕

橡皮布表面的划痕主要是由尖锐的金属物品碰撞造成的。

解决方法：将划痕清洗干净，在划痕处涂上一层修补橡胶溶液，等干燥后，再涂上一层，直到填满划痕为止；在版面允许的情况下，移动橡皮布，使橡皮布划痕处在印刷时避开图文部分。

7. 凹凸

使用溶胀性强的油墨会造成橡皮布膨胀，产生不均匀的挤压，印刷时会造成网点重影。

解决方法：选用合适的油墨，防止橡皮布溶胀；及时更换已出现凹凸的橡皮布。

复习思考题十七

1. 印刷橡皮布的组成材料和结构是什么？
2. 胶印对橡皮布有哪些基本要求？
3. 对印刷橡皮布进行裁切和打孔时，应注意些什么问题？
4. 如何保养印刷橡皮布？
5. 印刷为什么不能使用表面十分光滑的橡皮布？
6. 什么是橡皮布的印刷适性？它包括哪些内容？
7. 橡皮布的耐抗性包括哪些内容？如何测定？
8. 气垫橡皮布的组成结构是怎样的？有哪些基本特性？它与普通橡皮布有何区别？
9. 橡皮布在使用过程中常出现哪些故障？有何解决办法？

第十八章

润版液

第一节　润版液的作用

在有水参与的平版胶印印刷中，印版上不着墨的空白部分和着墨的图文部分几乎处于同一个平面（相差几个微米），无法利用印版上图文部分或空白部分的凸起或下凹来选择性吸附油墨，而是利用油水不相溶的原理实现选择性吸附的。通过印前图文信息处理后得到的平版印版，无论是传统的 PS 版还是 CTP 印版，由于印版上的图文部分是由感光性高分子构成的，空白部分主要是由氧化铝构成的，在没有开始印刷之前，印版上图文部分是亲油墨而排斥水的，而印版上空白部分则对油墨或水没有明确的选择性。因此，在平版印刷中，一定要先对印版供水，在印版的空白部分覆盖一层抵抗油墨的"水"膜，再对印版供墨，使油墨附着在印版的图文部分，再在印刷压力的作用下，印版图文部分的油墨经橡皮布滚筒转移到承印物上，完成一次印刷。

这里的水并不是纯水，而是由各种弱酸、盐、氧化剂、胶体、表面活性剂等物质溶于水中所组成的具有特定性能的混合溶液。

平版印刷中使用的润版液，其主要作用有三个：

（1）在印版的空白部分形成均匀的水墨，以抵制图文上的油墨向空白部分浸润，防止脏版。

（2）由于橡皮滚筒、着水辊、着墨辊与印版之间相互摩擦，造成印版的磨损，而且纸张上脱落的纸粉、纸毛又加剧了这一过程，所以，随着印刷数量的增加，版面上的亲水层便遭到了破坏。这就需要利用润版液中的电解质与因磨损而裸露出来的版基金属铝或金属锌发生化学反应，以形成新的亲水层，维持印版空白部分的亲水性。

（3）控制版面油墨的温度。一般油墨的黏度，随温度的微小变化会发生急骤的变化。实验表明，温度若从 25℃上到 35℃，油墨的黏度便从 50Pa·s 下降到 25Pa·s，油墨的流动度增加了一倍（见第十四章第二节中的四）。这必将造成油墨的严重铺展。有人曾经在 25℃的印刷车间，不供给印版润版液，连续使平版印刷机运转 30min，测得墨辊的温度是 40℃。为了使版面的油墨与室温相同，必须向印版供给低于 25℃的润版液。

第二节　润版液的组成和类型

　　根据润版液的成分不同，目前使用的润版液主要有普通润版液、酒精润版液和含非离子表面活性剂的润版液及强化水润版液等几种类型。各种不同类型的润版液都是在水中加入某些化学成分，配制成浓度较高的原液，使用时用水稀释或制成粉状固体溶于水中而成的。

1. 普通润版液

　　普通润版液是一种很早就开始使用的润版液。普通润版液的配方很多，主要成分有弱酸、弱酸盐、氧化剂、水溶性胶体及一些有机酸，如柠檬酸等，可以根据胶印机或印刷材料不同对以上组分进行组合，形成在性能上略有区别的普通润版液。表 18 - 1 列出了几种普通润版液的配方。

表 18 - 1　普通润版液的配方

组分	润版液				
	1	2	3	4	5
H_3PO_4（磷酸，ml）	50	200	25	9	200
NH_4NO_3（硝酸铵，g）	150		250		
$NH_4H_2PO_4$（磷酸二氢铵，g）	70	150	200		210
$(NH_4)_2Cr_2O_2$（重铬酸铵，g）	10	300			
柠檬酸（g）					250
阿拉伯胶或 CMC	200ml（4~8°Be）				120g
水（ml）	3000	3000	3000	3000	3000

　　PS 版的空白部分覆盖着亲水的氧化铝薄层，在印刷过程中，由于着水辊、着墨辊、橡皮滚筒对印版的挤压和摩擦，亲水层会被磨损，如果得不到及时的修补，版面空白部分的润湿性能将遭到破坏。润版液中的磷酸能和印版空白部分裸露出来的金属发生化学反应，重新生成磷酸铝，这样便维持了印版空白部分的亲水性，化学反应如下：

$$2Al + 2H_3PO_4 = 2AlPO_4 + 3H_2\uparrow$$

　　磷酸属于中强酸，除了具有维持印版空白部分亲水性的作用外，还具有清除版面油污的作用。从反应式可以看出，当磷酸和金属版材上的铝发生化学反应时，有氢气生成，微小的氢气泡被版面空白部分吸附，逐渐会聚成较大气泡，如果不及时清除，便会影响润版液对印版的润湿，与此同时，润版液中的氧化剂（常用重铬酸盐）发挥作用，氧化剂将反应中释放出来的氢离子氧化成水，消除了印版上的气泡，离子反应式如下：

$$CrO_7^{2-} + 14H^+ + 6e \longrightarrow 2Cr^{3+} + 7H_2O$$

　　重铬酸铵的还原产物 Cr^{3+} 能够在版面上生成一层致密坚硬的 Cr_2O_3（三氧化二铬），提高了印版抗机械磨损的能力。同时，重铬酸铵电离出的 NH_4^+（铵离子）为感胶离子，使润版液成分中的胶体在版面上凝聚得更加牢固，但是，由于重铬酸铵本身呈淡黄色，而且，对环境有污染，因此，目前，都使用硝酸铵替代，其作用与重铬酸铵相同。

在润版液中，为了维持一定的酸碱度，一般在加入弱酸的同时加入弱酸盐，以构成缓冲溶液，达到控制润版液酸碱度的目的。

润版液中的胶体，如阿拉伯树胶，是一种亲水性可逆胶体，不仅对印版空白部分有保护作用，而且改善了润版液的印版的润湿性，除了阿拉伯树胶之外，还可以使用其他有机合成胶体，如羧甲基纤维素钠（CMC），其性能比阿拉伯树胶要好，不干感脂性比阿拉伯树胶好，也不会腐蚀变质。

有些润版液配方中含有柠檬酸，柠檬酸的学名是 2 - 羟基丙烷 - 1，2，3 三羧酸，是无色晶体或粉末，是一种对金属有良好的清洗作用的有机弱酸，价格低廉，副作用小，在 PS 版的润版液中，加入适量的柠檬酸，可以提高润版液去除版面墨污的效果。

普通润版液中所含的物质都是非表面活性物质，这些物质加入水中以后，不但不会使水的表面张力降低，反而会使水的表面张力略有上升，这无疑会影响润版液对空白部分的保护，必须通过增大供水量来维持水墨平衡，但这样又会给印刷过程带来很多麻烦，因此，虽然普通润版液配制容易，而且便宜，但目前使用的厂家越来越少。

图 18 - 1　水溶液表面张力与乙醇浓度的关系

2. 酒精润版液

为了提高润版液对印版空白部分的润湿能力，必须设法降低水溶液的表面张力，在普通润版液中加入乙醇、异丙醇等低碳链的醇，可以起到降低水溶液表面张力的作用。实验表明，水溶液的表面张力随着乙醇浓度的增加而缓慢降低，水溶液表面张力与乙醇浓度的关系如图 18 - 1 所示。欲使润版液的表面张力达到（4.0～5.0）× 10^{-2} N／m，乙醇的浓度应在 10%～20% 的范围内。

酒精润版液一般是在普通润版液中加入乙醇或异丙醇构成的，润版液中各组分的作用与前述相同，异丙醇与乙醇相比，价格上便宜一些，但由于分子量比乙醇大一些，所以，异丙醇的挥发速率比乙醇低一些（参见第十二章第四节的内容）。表 18 - 2 列出了几种酒精润版液的配方。

乙醇改善了润版液在印版上的铺展性能，大大地减少了润版液的用量，因此也减少了印张沾水引起尺寸变形而导致的套印不准和由于水量过大而引起的油墨的乳化（见第十六章第二节的内容）。同时，由于乙醇的蒸发潜能比水要低，更容易挥发，挥发时能带走大量的热量，使版面温度降低，对保持油墨黏度的稳定性有很大作用，从而，可以减少网点扩大，非图文部分不易沾脏。因此，使用酒精润版液，能印刷出高质量的印刷品。

表 18 - 2 酒精润版液配方

组分	润版液			
	1	2	3	4
H_3PO_4(85%)	22ml	5ml	15ml	10ml
$(NH_4)_2Cr_2O_7$		30g		
$NH_4H_2PO_4$			25g	
C_2H_5OH(乙醇)	340ml	340ml	250ml	
$CH_3CH(OH)CH_3$(异丙醇)				300ml
柠檬酸			30g	
阿拉伯胶	(4~8°Be)40ml	(14°Be)15ml	10g	5g
水	1000ml	1000ml	1000ml	1000ml

但是，在润版液中使用乙醇，也有一些弊端。首先，乙醇挥发快。如果控制不当，会使乙醇浓度降低，润版液表面张力升高，润湿效果减弱，必须及时检测和补充消耗掉的乙醇，并设法降低润版液的温度以减少乙醇挥发量，一般润版液的温度应控制在10℃以下。

第二，乙醇的挥发对环境不利。在各行各业越来越重视环境保护的今天，如何减少印刷中的 VOCs，是亟待解决的问题。

3. 非离子表面活性剂润版液

为了有效地降低润版液的表面张力，同时又不产生对环境的不利影响，近些年，将非离子表面活性剂加入到润版液中，替代酒精来降低润版液的表面张力。表面活性剂分子具有特殊的两亲结构，加入到体系中，可以明显降低水溶液的表面张力或界面张力，根据表面活性剂分子解离或不解离及解离后的状态，可以将表面活性剂分成阴离子、阳离子、两性离子、非离子等种类（参见本书第十一章第二节）。不同种类的表面活性剂具有不同的亲油—亲水平衡值（HLB 值），在很多领域包括油墨、涂料行业有着广泛的应用。为了减少表面活性剂解离所生成的离子与润版液中其他电解质发生反应，在润版液中都选用一些非离子表面活性剂，如聚醚（2080）、烷基醇酰胺（6501）或低分子硅酮树脂等。

非离子表面活性剂润版液，一般是把非离子表面活性剂加入到含其他电解质的水溶液中配制而成的。例如，聚氧乙烯聚氧丙烯醚(2080)的 HLB 值是 7，属于润湿剂，它加入水中，可以明显降低水溶液的表面张力，2080 的临界胶团浓度(CMC)约为 0.3%，实验表明，在水中加入 0.1%的 2080，水的表面张力就可以从 7.2×10^{-2}N/m 下降到 4.2×10^{-2}N/m。

图 18 - 2 是 2080 浓度与水溶液表面张力的关系曲线。由于非离子表面活性剂在体系中的含量很低，因此，对润版液的其他组分几乎没有影响。表 18 - 3 列出了非离子表面活性剂润版液的配方。

非离子表面活性剂润版液比酒精润版液的成本低，无毒性，不含 VOC（挥发性有机化合物），从工艺和印刷机的构造上，不需要配置专用的润湿系统。可以方便地使用。

除了以上几种类型的润版液，还有一种利用"场"来控制水和油墨界面的理论研制而成的强化水润版液。这是一种新型润版液，该润版液不需要添加任何化学药剂，不仅省掉了

图18-2 2080浓度与水溶液表面张力的关系曲线

表18-3 非离子表面活性剂润版液的配方

组分	润版液	
	1	2
H_3PO_4（85%）	50ml	15ml
NH_4NO_3	80g	50g
$(NH_4)_3PO_4$（磷酸铵）	30g	25g
2080	约占0.1%	
$(NH_4)_2Cr_2O_7$		4g
水	1000ml	1000ml

配置润版液的烦琐工序，而且，不存在任何环境污染问题，但是，需要在不同的部位安装强化水装置。利用强化装置产生的"场"效应降低水的表面张力。目前，这种装置在日本有较多的应用，在国内的应用还比较少。由于时间短，对"场"的稳定性的研究还不充分，如何控制"场"的增强或减弱对润版液表面张力的影响还不是十分明确。有待进一步研究。

第三节　润版液的性质

润版液的pH值、表面张力及电导率等对平版胶印印刷过程有重要影响，不仅润版液的组分不同、含量不同会影响润版液的性质，而且，配制润版液所使用的水的品质不同也会对润版液的性能造成影响，进而对油墨的流变性质、对油墨的乳化造成影响。

1. 润版液的pH值

润版液的pH值对平版印版的耐印力。对油墨的转移、对润版液的表面张力等都有影响，必须严格控制。

（1）平版印版中的金属铝在强酸和强碱中很不稳定。在弱酸性介质中，有利于形成亲水盐层，如果润版液pH值过低或过高，印版的空白部分就会受到深度腐蚀，出现砂眼。更为严重的是，随着印版空白部分腐蚀的加剧，印版图文部分的感光树脂与金属版基的结合可能遭到破坏，因为，印版图文部分的重氮感光树脂在碱性条件下会发生溶解，使印版图文部分脱落，发生"掉版"现象。这是平版印刷中的一种故障。

（2）平版印刷所用的树脂型油墨中，常常加入一些促进干燥的辅助成分，当润版液的pH值过低时，其中的H^+会与这些成分发生化学反应，使催干剂失效（见本书第十二章第四节）。实验表明，普通润版液的pH值从5.6下降到2.5时，油墨的干燥时间从原来的6h延长到24h；非离子表面活性剂润版液的pH值从6.5下降到4.0时，油墨的干燥时间从原来的3h延长到40h。油墨干燥时间的延缓，会加剧印刷品的背面蹭脏，还会影响叠印效果。然而，润版液的pH值较高时，润版液中的［OH^-］增加，由于电离平衡，会使［$RCOO^-$］

增加，而 RCOO⁻是典型的阴离子表面活性剂，会使体系中油墨—水的界面张力降低，从而加剧油墨的乳化。可见，润版液 pH 值过高或过低都会给平版印刷带来种种弊端。

影响润版液 pH 值的因素主要是润版液的品种和润版液原液的比例，目前，市场上大部分润版液原液的 pH 值在 2 左右，（也有少量的碱性润版液），使用时加水稀释，稀释所使用的水的性质（如硬度等）对润版液 pH 值的影响不大，不同品牌的润版液原液稀释相同的比例得到的润版液的 pH 值是不同的，但随着原液比例增大，润版液的 pH 值降低，酸性增强。在印刷过程中，要结合实际的印刷条件，增减润版液的加放量，控制润版液的 pH 值。一般认为，PS 版的润版液 pH 值控制在 5~6 之间为好，使用非涂布纸印刷时，若油墨的黏度较大，掉粉掉毛严重，应适当降低润版液的 pH 值，当使用高级涂布纸印刷时，润版液的 pH 值可以适当提高一些；采用实地印刷，润版液的 pH 值可以低一些，而用网点印刷，润版液的 pH 值却可以高一些；当车间温度升高时，油墨黏度下降，干性植物油分离出较多的游离脂肪酸，容易引起油墨乳化，版面上脏，故润版液的 pH 值应该低一些；油墨中干燥剂用量增加时，虽然干燥速度加快，但油墨黏度上升，颗粒变粗，对印版空白部分黏附性增大，容易发生脏版，可以适当增加原液的加放量，使润版液的 pH 值略有下降，对防止脏版有利。

上述各个需要调节和控制润版液 pH 值的原因，在印刷过程中一般不是独立存在的，往往是相互影响和交错的，彼此牵制，因为在润版液 pH 值变化的同时，润版液的电导率、润版液的表面张力等都可能发生变化，而这些参数的改变会影响印刷过程控制。因此，对润版液 pH 值的调整不是孤立的，要仔细分析，综合考虑，否则会适得其反。

2. 润版液的电导率

电导率是电阻的倒数，用 μS/cm 表示，其高低可以间接表示溶液中各种离子浓度的高低。在润版液中考虑电导率的问题，国外已经比较普遍，但国内的应用还比较少。润版液原液是由各种电解质和其他成分组成的，具有极高的电导率，一般在仪器上都显示 ∞，在印刷中都是使用水对润版液的原液进行稀释，这里，稀释所用的水的硬度会直接影响最终所使用的润版液的电导率。

国内很多印刷厂往往不考察水质情况，便使用自来水配制或稀释润版液；自来水中的钙、镁离子将会给印刷作业带来一定的影响。水硬度取决于水中钙、镁离子的数量，通常用度（°）表示，一般可分为五个等级：

级别	硬度（°）
很软水	0~4
软水	4~8
中硬水	8~16
硬水	16~30
很硬水	>30

硬度的表示方法随各国所定标准而不同，1ppm 表示每升水中含 1 毫克 $CaCO_3$；1 德制硬度表示每升水中含 10 毫克 CaO（目前我国沿用）；1 法制硬度表示每升水中含 10 毫克 $CaCO_3$（即法国度（°f））；1 英制硬度表示每加仑水中含 1 格令 $CaCO_3$；毫克当量/升表示每升水中所含 CaO 的碱毫克当量数。润版液的硬度过高会对印刷作业产生影响：会有沉积物出现在水斗、水箱内并造成输水管道变窄，甚至堵塞水孔，严重影响润版液的传输。钙、镁离子

沉淀后会改变水辊、墨辊、橡胶布表面的润湿性能，阻碍油墨的正常传递，造成印版图文部分发花，空白部分起脏，出现印刷故障。

图 18 - 3　水硬度对润版液电导率的影响

从理论上说，水硬度增大，会对润版液的 pH 值、电导率、表面张力及油墨乳化等都产生影响。但实验表明，用不同硬度的水去稀释润版原液，由于润版液缓冲体系的存在，使得润版液的 pH 值不会随之发生明显变化，但是，当用不同硬度的水配制稀释润版液时，润版液的电导率则呈现明显的变化，电导的高低直接反映出润版液中钙、镁离子的含量，即润版液的硬度高低。水硬度对润版液电导率的影响见图 18 - 3。

水硬度变化对两种系列润版液电导率的影响相同，且非常明显。国外印刷行业已经意识到这个问题，开始采用软化水或软化水和自来水各半去配制润版液，以保持水硬度的稳定。据相关资料介绍，润版液的电导率一般应控制在 800 ~ 1200μS/cm 的范围内。在日本对润版液电导率控制更严，甚至不得高于 200μS/cm。这只有使用软化水或处理过的水配制润版液才能达到。

润版液中钙、镁离子增多，长此以往会沉积水垢，不仅影响输水系统循环，还要影响水辊、墨辊、橡皮布表面的润湿性能，阻碍油墨的传递。此外，钙、镁离子增多还可能引起油墨的过度乳化，影响印刷的质量。看来，采用较高硬度水去配制润版液是十分不利的。实验证明，通过检测电导率可以准确掌握水硬度变化对润版液性能的影响。电导率的检测方法简单、快捷，可以直接检测润版液中各种离子浓度的变化，故不仅可以监测水硬度变化，也可以监测润版液原液的含量变化。它比检测 pH 值更准确、可靠。

3. 润版液的表面张力

表面张力是描述物体表面状态的物理量。液体表面的分子与其内部分子间作用力的受力情形是不同的，因而所具有的能量也是不同的。液体的表面张力是指气液的界面张力（γ_{LG}）。对于不同类型的润版液，由于含有不同的成分，其分子间作用力不同，因此具有不同的表面张力。

平版印刷是利用油水不相溶的规律进行油墨转移的。理想的情况是，润版液在印版的空白部分铺展，而印版的图文部分则都涂有一层厚薄均匀的墨膜，并将墨膜转移到承印物上。理论上认为，附着在平版空白部分的润版液和附着在图文部分的油墨，两相之间存在严格的分界线，水墨互不浸润，可以达到静态的水墨平衡，但实际上，这种静态的平衡在印刷生产中是不可能实现的，但是，可以从润版液和油墨的表面过剩自由能（或表面张力）出发，找出水墨互不侵扰的能量关系，寻找水墨平衡的条件。

图 18 - 4 是润版液表面张力和油墨表面张力之间的静态平衡关系图。平版空白部分附着有润版液，图文部分附着有油墨，若润版液的表面张力 γ_W 与油墨的表面张力 γ_0 如图 18 - 4（b）所示，在扩散压的作用下，润版液将向油墨一方浸润，使印刷品上的销网点和细线条

消失。如果润版液的表面张力与油墨的表面张力如图 18 – 4（a）所示，则在扩散压的作用下，油墨将向润湿夜一方浸润，使印刷品的网点扩大，空白部分起脏。只有当润湿液的表面张力等于油墨的表面张力，如图 18 – 4（c）所示，界面上的扩散压等于零，润湿液和油墨才能在界面上保持相对平衡，互不浸润，印刷品的质量才比较理想。因此，为了满足静态水墨平衡的要求，润版液和油墨应当具有同样大小的表面张力值，油墨的表面张力在（3.0 ~ 3.6）×10^{-2}N/m 范围内，润版液的表面张力也应在这个范围内。

图 18 – 4　润版液表面张力与油量表面张力之间的静态平衡关系

从热力学定律可以知道，要实现良好的润湿，必须满足以下的热力学条件，即：

$$S = \gamma_{SG} - \gamma_{SL} - \gamma_{LG} \geq 0$$

式中 S 为铺展系数，γ_{SG} 表示空白部分的表面过剩自由能，一般为（7.0 ~ 9.0）×10^{-1}J/m^2；γ_{LG} 表示润版液的表面张力，γ_{SL} 表示润版液和印版空白部分的界面张力。

上式表明，γ_{LG} 越小，S 越大，润版液的铺展性能越好。按照表面过剩自由能的理论，采用表面张力较低的润版液，有可能用较少的水量实现平版印刷的水墨平衡。但是，在实际的生产中，平版印刷中的水墨平衡是在动态条件下实现的，经验表明，润版液的表面张力略大于油墨的表面张力，一般认为，润版液的表面张力值在（4.0 ~ 5.0）×10^{-2}N/m 时，有利于实现水墨平衡。普通润版液中由于加入很多电解质，润版液的表面张力甚至比纯水的表面张力还要高，这就不利于润版液在印版空白部分的润湿，需要用比较大的水量来维持水墨平衡，通过在普通润版液中加入乙醇或非离子表面活性剂，可以有效地降低润版液的表面张力，提高润版液的润湿能力。另外，润版液的表面张力不仅受到酒精含量或非离子表面活性剂的影响，同时，配制润版液所使用的水的硬度过大也会影响润版液的表面张力。图18 – 5是用不同硬度的水以相同的比例稀释润版原液所得到的硬度与润版液表面张力的关系曲线。实验表明，随着所使用的水的硬度的提高，润版液的表面张力也呈现上升的趋

图 18 – 5　水的硬度与润版液的表面张力之间的关系

势。润版液的表面张力太高，会影响印版空白部分的润湿，难以形成均匀的抗墨水膜，要引起版面上脏。水硬度过高，润版液的表面张力会明显加大。这对于润湿版面和防止与油墨互相浸润明显不利。

4. 平版印刷中油墨的乳化

由于润版液和油墨同时存在于印版上，虽然理论上油墨和水互不相溶，但在着墨辊、着水辊和橡皮滚筒的高速剪切作用下，辊隙间既有润版液也有油墨，在辊隙的强力挤压下，油相和水相之间产生了相互作用，一种液体以细小液珠的形式分散在与它不相溶的液体之中，（具体到平版印刷中就是一部分润版液以极细小的液滴分散在油墨中）形成的体系称为"乳状液"。在平版印刷中，这种现象称为油墨的乳化。可以用相体积理论描述油墨和润版液的乳化状态，根据分散相和分散介质的不同，可以形成"水包油型乳状液"（用 O/W 表示）或"油包水型乳状液"（用 W/O 表示）。根据相体积理论，将分散相液滴视为圆球状，当以最紧密方式堆积时，分散相液滴的体积占乳状液总体积的 74.02%，其余的 25.98% 为分散介质。若水相体积占总体积的 26% ~ 74%，形成的乳状液可能是 W/O 型，也可能是 O/W 型；若小于 26%，形成的乳状液只能是 W/O 的；若大于 74%，则只能是 O/W 的。

在平版印刷的一次供水、供墨过程中，润版液和油墨要发生多次水和墨的混合，在高速剪切的动态过程中，要保持水相和油相的严格界线显然是不可能的，因此，在平版印刷过程中，油墨的乳化是不可能避免的。但一定是形成严格的 W/O 型乳状液，否则，会严重影响印刷的正常进行。要形成 W/O 型乳化油墨，润版液的体积占乳化油墨总体积的比例应在 26% 以下，即油墨的乳化率应控制在 26% 以下。（乳化率等于润版液的重量在乳化油墨中所占的比例，用百分比表示）大量实验证明，平版印刷机上油墨的乳化率在 16% ~ 22% 时，油墨的传递性能良好。油墨的适度乳化，可以适当降低油墨的黏度并保持一定的丝头长短，不影响油墨的传递和转移，同时，可以消化掉附在油墨表面的一层水膜，为排除附着在油墨上的润版液提供了一条途径。由此可见，平版胶印油墨的乳化不仅是不可避免的，而且还是油墨转移所需要的，绝对不乳化的油墨是不适用于平版印刷的。

图 18 - 6　油墨的乳化率随时间变化的曲线

油墨的乳化率受很多因素的影响，如油墨连结料的成分、油墨中颜料的品种、乳化的时间、润版液供给量等，另外，润版液的硬度不同也对不同油墨的乳化率有一定的影响。图 18 - 6 所示为几种不同种类的油墨的乳化率随时间变化的曲线。

可以看出，A 油墨的乳化率随时间延长，乳化率线性增加，造成油墨中含水量过量，不能正常传递和转移，因此不适于平版印刷。C 油墨几乎是排斥的，不能很好地消化附着在油墨表面的水膜，这同样妨碍了油墨正常传递和转移；曲线 B 所代表的油墨其乳化率随时间的延长，开始逐步增加但很快稳定在一个合适的范围内，最适用于平版印刷。

相同品牌不同颜色的油墨，由于其中颜料的亲水性不同，导致四色油墨的乳化率是不完全相同的。图 18 - 7 是以天狮牌 TCT - 239 - R 胶印亮光快干油墨为样品，用不同硬度的水配制润版液进行油墨乳化实验的结果。

使用相同的润版液进行油墨乳化实验，也得到相同的结果。图 18 - 8 是使用含有 0.1% 2080 非离子表面活性剂润版液进行油墨乳化实验的结果。青油墨的摄水量最大，乳化能力最高；黑墨的摄水量最小，乳化能力最低。如果采用这些油墨在四色胶印机上进行印刷时，应按照油墨摄入水量的大小，供给不同的水量，以防止油墨的严重乳化。特别是使用非离子表面活性剂型润版液，润版液的表面张力低，油墨和润版液之间的界面张力也会降低，这必然会使油墨的乳化加剧，因此，一定要严格控制润版液的供水量。在不引起脏版的前提下，尽量减少低表面张力润版液的供给量。

图 18 - 7　不同颜色油墨的乳化率

图 18 - 8　四色胶印油墨的乳化

复习思考题十八

1. 润版液的类型有哪几种？
2. 酒精润版液中酒精的作用有哪些？
3. 从理论上，润版液的表面张力与油墨的表面张力是什么关系？为什么？
4. 有哪些因素影响润版液的 pH 值？
5. 为什么需要控制润版液的 pH 值？
6. 水的硬度不同对润版液的性质有什么影响？
7. 非离子表面活性剂润版液的特点是什么？

参 考 文 献

[1] 向阳，王捷先，齐晓堃. 印刷材料及适性. 北京：印刷工业出版社，2000.

[2] 冯瑞乾. 印刷原理及工艺. 北京：印刷工业出版社，1999.

[3] 董明达，王城. 纸张、油墨的印刷适性. 北京：印刷工业出版社，2000.

[4] 齐晓堃. 北京印刷学院学报. 2005（1）.

[5] 齐晓堃，杨永刚. 包装工程. 2007（10）.

[6] 刘福平，齐晓堃，王安玲. 包装工程. 2006（2）.

[7] 周震等. 印刷材料. 北京：化学工业出版社，2001.

[8] 陈正伟，唐裕标. 印刷材料. 北京：印刷工业出版社，2006.

[9] 邓普君. 平版胶印. 北京：印刷工业出版社，2002.

[10] 陈杜发. 平版胶印印刷材料. 北京：印刷工业出版社，1996.

[11] 高晶等. 印刷材料. 北京：印刷工业出版社，1992.

[12] 严美芳. 印刷材料与印刷适性. 北京：化学工业出版社，2007.

[13] 褚夫强. 印刷实务速查手册. 青岛：青岛出版社，2003.